电力电子新技术系列图书

直流变压器拓扑、控制及应用

陈　武　舒良才　侯　凯　金浩哲　李容冠　著

机械工业出版社

本书针对面向中压直流配电场景的高效、高功率密度直流变压器技术，从拓扑结构、设计方法、控制策略与实际应用研究几个层面进行了系统阐述。本书共 11 章，除第 1 章绪论外，其余章节主要分为三个部分：第 2~6 章重点讨论了输入串联、输出并联型直流变压器的改进拓扑结构、工作原理、参数设计方法与控制策略，探索了直流变压器在运行效率、功率密度与故障处理能力方面的提升方法；第 7~9 章探讨了面向宽电压运行场景的基于高频链路结构的直流变压器改进方案，详细介绍了其工作原理、设计方法与控制策略；第 10、11 章则针对典型中压配电场合，重点讨论了直流变压器的硬件参数、控制策略以及大功率高频变压器的优化设计方法。

本书适合从事直流电力电子装备研究、开发和应用工作的工程技术人员，以及电气工程相关专业高年级本科生、研究生阅读参考。

图书在版编目（CIP）数据

直流变压器拓扑、控制及应用/陈武等著. —北京：机械工业出版社，2022.12

（电力电子新技术系列图书）

ISBN 978-7-111-71951-9

Ⅰ.①直… Ⅱ.①陈… Ⅲ.①直流变压器 Ⅳ.①TM41

中国版本图书馆 CIP 数据核字（2022）第 203628 号

机械工业出版社（北京市百万庄大街 22 号　邮政编码 100037）

策划编辑：罗　莉　　　　　责任编辑：罗　莉　赵玲丽
责任校对：郑　婕　李　婷　封面设计：马精明
责任印制：常天培

北京机工印刷厂有限公司印刷

2023 年 2 月第 1 版第 1 次印刷

169mm×239mm · 18 印张 · 368 千字

标准书号：ISBN 978-7-111-71951-9

定价：99.00 元

电话服务　　　　　　　　　网络服务

客服电话：010-88361066　　机 工 官 网：www.cmpbook.com
　　　　　010-88379833　　机 工 官 博：weibo.com/cmp1952
　　　　　010-68326294　　金 书 网：www.golden-book.com
封底无防伪标均为盗版　　机工教育服务网：www.cmpedu.com

第3届
电力电子新技术系列图书
编 辑 委 员 会

电力电子新技术系列图书
序　　言

　　1974 年美国学者 W. Newell 提出了电力电子技术学科的定义，电力电子技术是由电气工程、电子科学与技术和控制理论三个学科交叉而形成的。电力电子技术是依靠电力半导体器件实现电能的高效率利用，以及对电机运动进行控制的一门学科。电力电子技术是现代社会的支撑科学技术，几乎应用于科技、生产、生活各个领域：电气化、汽车、飞机、自来水供水系统、电子技术、无线电与电视、农业机械化、计算机、电话、空调与制冷、高速公路、航天、互联网、成像技术、家电、保健科技、石化、激光与光纤、核能利用、新材料制造等。电力电子技术在推动科学技术和经济的发展中发挥着越来越重要的作用。进入 21 世纪，电力电子技术在节能减排方面发挥着重要的作用，它在新能源和智能电网、直流输电、电动汽车、高速铁路中发挥核心的作用。电力电子技术的应用从用电，已扩展至发电、输电、配电等领域。电力电子技术诞生近半个世纪以来，也给人们的生活带来了巨大的影响。

　　目前，电力电子技术仍以迅猛的速度发展着，电力半导体器件性能不断提高，并出现了碳化硅、氮化镓等宽禁带电力半导体器件，新的技术和应用不断涌现，其应用范围也在不断扩展。不论在全世界还是在我国，电力电子技术都已造就了一个很大的产业群。与之相应，从事电力电子技术领域的工程技术和科研人员的数量与日俱增。因此，组织出版有关电力电子新技术及其应用的系列图书，以供广大从事电力电子技术的工程师和高等学校教师和研究生在工程实践中使用和参考，促进电力电子技术及应用知识的普及。

　　在 20 世纪 80 年代，电力电子学会曾和机械工业出版社合作，出版过一套"电力电子技术丛书"，那套丛书对推动电力电子技术的发展起过积极的作用。最近，电力电子学会经过认真考虑，认为有必要以"电力电子新技术系列图书"的名义出版一系列著作。为此，成立了专门的编辑委员会，负责确定书目、组稿和审稿，向机械工业出版社推荐，仍由机械工业出版社出版。

　　本系列图书有如下特色：

　　本系列图书属专题论著性质，选题新颖，力求反映电力电子技术的新成就和新经验，以适应我国经济迅速发展的需要。

　　理论联系实际，以应用技术为主。

　　本系列图书组稿和评审过程严格，作者都是在电力电子技术第一线工作的专家，且有丰富的写作经验。内容力求深入浅出，条理清晰，语言通俗，文笔流畅，便于阅读学习。

　　本系列图书编委会中，既有一大批国内资深的电力电子专家，也有不少已崭露头角的青年学者，其组成人员在国内具有较强的代表性。

　　希望广大读者对本系列图书的编辑、出版和发行给予支持和帮助，并欢迎对其中的问题和错误给予批评指正。

电力电子新技术系列图书
编辑委员会

序

为应对气候变化，我国大力推进新能源和节能减排，并在第七十五届联合国大会上向全世界宣布了我国的双碳目标。为实现双碳目标，我国将大力发展风电、光伏等可再生能源，大力发展电动汽车、高铁、城轨等电气化交通，提升电气化在能源生产、消费中的比例。然而无论快速发展的新能源还是不断涌现的电动汽车充电站、数据中心等新型负荷，都存在随机性、间歇性、波动性等问题，这对传统交流配电系统的稳定运行带来了严重挑战，因此，需要发展新型配电系统技术。

近年来直流配电或交直流混合配电等受到了国内外的关注，相关技术处于快速发展阶段。直流变压器作为新型配电系统的核心部件，除具有传统变压器的升降压和隔离功能外，还具有潮流控制、保护、系统稳定等独特功能，适用新能源电动汽车充电等接入，并显著提升配电系统的性能。高效率、高功率密度、高可靠性的直流变压器是实现新型配电系统的关键装备，成为当前电力电子领域的研究热点。目前直流变压器仍存在结构复杂、体积大、可靠性不高，且运行效率不如交流工频变压器高等问题。因此，有必要进一步深入开展直流变压器拓扑结构、控制、设计与制造技术的研究开发，以实现直流变压器技术实用化，助力新型配电技术的发展，促进新能源和电动汽车产业的发展。

东南大学陈武教授团队在国内较早开展直流变压器技术和中压直流配电的研究开发，先后获得国家自然科学基金优秀青年基金、国家重点研发项目等的支持，并积极与企业合作，成果在国内中压直流配电网示范工程中得到应用。作者在系统总结直流变压器关键技术研究成果的基础上，撰写了《直流变压器拓扑、控制及应用》。该著作凝聚了研究团队近十年的研究成果，首先回顾了直流变压器相关研究现状，梳理了直流变压器拓扑结构，并对不同拓扑结构进行了比较。在此基础上，介绍了高性能直流变压器拓扑结构、控制策略、样机研制。第一部分介绍了多模块串并联型直流变压器的优化方法，包括基于三相三倍压变换器的紧凑化直流变压器及控制，谐振/双有源桥变换器组合式直流变压器，以及电容间接串联式直流变压器方案；第二部分介绍了模块化多电平型直流变压器及控制；第三部分围绕直流变压器样机的设计，面向10kV直流配电系统介绍了120kW三相高频隔离变压器设计方法，以及2MW开关电容型直流变压器的设计与实验方法。

直流变压器作为中压直流配电系统中的关键装备，是支撑新型配电网稳定、可靠、高效运行的核心关键。目前尚缺乏该方面的系统性书籍，该著作的出版对相关技术的普及和推动具有很好的作用，为从事新型配电技术的科技工作者或研究生提供了很好的参考书，并对高性能直流变压器研发有良好的启迪作用，将促进我国新型配电技术的发展。

徐德鸿　浙江大学教授

前　言

为了应对因过度依赖化石能源所造成的生态环境问题和能源安全问题，推动社会与经济的绿色低碳转型，我国大力发展光伏、风电等可再生清洁能源，积极构建清洁、低碳、安全、高效的能源体系。构建含有新能源大规模接入的能源互联网，要求电网必须具备潮流柔性控制、多形态能源负荷接入等功能。在此背景下，传统交流配电网暴露出供电容量不足、潮流调节困难、电能质量难以保障等问题，且对直流负荷兼容性差、分布式新能源消纳能力不足。相比于传统交流配电技术，直流配电技术具有供电容量更大、方便灵活接入各类直流负荷与分布式新能源的特点。其中，直流变压器可以实现母线电压控制、不同电压等级母线间的电气隔离、双向潮流调度、故障阻断等功能，是直流配电网的核心设备之一。

应用于中低压直流配电系统的直流变压器应具备中压变换与电气隔离功能。而受限于现有商用半导体器件的电压、功率等级，传统隔离型直流变换拓扑难以适用于中压场合。为实现中压直流母线接入，目前隔离型直流变压器主要有三种解决思路：一是半导体器件串联或采用高压宽禁带半导体器件；二是采用模块化多电平变换器结构；三是采用输入串联、输出并联或输入串联、输出串联结构。本书将从这三种思路对应用于中低压直流配电系统的直流变压器进行详细梳理与阐述，并介绍近年来作者所在东南大学实验室所取得的研究成果和工程应用实例。恳请电力电子界、电力系统界的各位前辈和同行批评指正，提出宝贵意见和建议。

本书共分为 11 章。第 1 章介绍中低压直流配电系统的概念和发展历程，并阐述直流变压器的研究现状，包括目前直流变压器的拓扑结构、控制方法，以及存在的问题。第 2 章归纳高输入电压型直流变换器拓扑的构造思路，提出一种三相三倍压 DAB（Three-Phase Triple-Voltage DAB，T^2-DAB）变换器作为输入串联、输出并联（Input Series Output Parallel，ISOP）型直流变压器的功率模块，分析其工作原理、关键参数设计方法和控制策略。第 3 章提出一种基于非对称占空比调制与移相控制的混合优化控制策略，可实现 T^2-DAB 变换器在宽电压、全负载范围内的开关管零电压开通，同时降低器件电流应力。第 4 章提出一种三相三倍压 LLC（Three-Phase Triple-Voltage LLC，T^2-LLC）谐振变换器，研究了不同谐振参数、开关管寄生电容等对变换器软开关情况的影响，并据此建立损耗模型进行参数优化设计。第 5 章对比分析 DAB 变换器与串联谐振变换器（Series Resonant Converter，SRC），提出一种 DAB/SRC 变换器组合式 ISOP 型直流变压器，该变换器兼具 DAB 变换器灵活电压/功率控制能力与 SRC 高变换效率的优势。第 6 章提出一种电容间接串联式 ISOP 型直流变压器拓扑结构，解决了中压侧短路故障处理问题，分析该直流变压器的工作模态，提出基于非对称占空比控制的电压调控策略以及关键参数设计方法。第 7 章提出一种紧凑型模块化多电平直流变压器拓扑，并结合该拓扑运行特性，提出一种基于恒投入/恒切出子模块的宽电压增益范围准方波调制策略。第 8 章结合模块化多电平结构与开关器件串联技术，提出一种模块化多电平-串联开关组合式直流变压器拓扑，并分析其工作原理、控制策略以及参数设计方法。第 9 章提出基于子模块类方波调制改进的软开关优化控制、基于低压侧全桥内移相的电感电流优化控制、基于中压侧全桥换流移相的阀串支路电流优化控制三种控制策略，实现模块化多电平-串联开关组合式直流变压在宽电压、宽负荷工况下的低电流应力、高效率运行。第 10 章针对 T^2-DAB 变换器中的关键元件——大功率三相高频变压器，建立损耗与温升模型，以变换效率与功率密度为目标对结构参数进行优化设计，并完成 120kVA/10kHz 三相高频变压器的研制与测试工作。第 11 章介绍了一种具有故障隔离能力的开关电容型 ISOP 直流变压器，并以南瑞集团有限公司研制的 ±10kV/750V/2MW 直流变压器样机为例，分析其子模块以及直流变压器整体系统参数设计与控制方案，并给出测试结果。

　　作者所在东南大学课题组的同学先后参与了研究工作，他们是舒良才、薛晨炀、姚金杰、金浩哲、李容冠等。他们努力、勤奋，付出了劳动和心血，为课题的研究做出了重要贡献，在此对他们表示衷心感谢。

　　本书相关的研究工作得到了国家自然科学基金优秀青年基金（51922028）、国家电网有限公司科技项目（SGJSDK00PW2000236）的资助，在编写过程中，得到了许继电气股份有限公司和南瑞集团有限公司等单位的大力支持和帮助，在此也表示衷心的感谢。

　　本书的出版得到了机械工业出版社的大力支持，特此致谢！

作　者

目 录

第 1 章

绪　论

1.1　直流变压器背景概述

自 20 世纪末以来,为了应对化石能源过度消费、温室气体排放引发的气候变暖、极端天气频发等一系列全球性环境问题,世界各国达成了控制碳排放、实现经济绿色可持续发展的共识,如芬兰、瑞典、冰岛与日本等发达国家,已明确在 2035~2050 年前实现净零排放,而我国也提出了在 2030 年前实现碳达峰、2060 年前实现碳中和的目标[1]。为了实现"双碳"目标、推动社会与经济的绿色低碳转型,我国大力发展光伏、风电等可再生清洁能源,积极构建清洁、低碳、安全、高效的能源体系,且已经取得初步成效。图 1.1 所示为我国近 10 年的发电量数据[2],水电、风电、光伏等可再生能源在发电总量中的占比逐年攀升,其中,在 2020 年可再生能源发电量已达 2.45 万亿 kW·h,占发电总量的 31.5%。

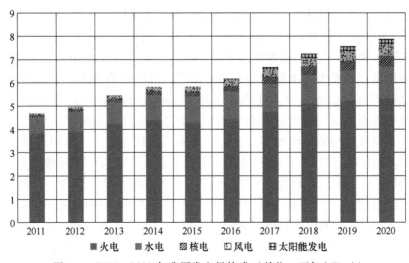

图 1.1　2011~2020 年我国发电量构成(单位:万亿 kW·h)

然而，随着大量分布式风电、光伏接入现有交流配电系统，可再生能源发电的随机性、间歇性对交流配电系统的运行造成了一定冲击，而且高渗透率分布式新能源的接入，使得配电网潮流由传统的单向传输变为双向流动，易引发线路容量过载、电压越限，弃光、弃风现象也时有发生。另一方面，随着经济的发展及电力电子技术的突破，负荷结构与用电需求呈现多样化趋势，电动汽车、数据中心、各类变频设备等直流负荷大量涌现，终端用户对高可靠性、高质量电力需求越发强烈。

在此背景下，传统交流配电网暴露出线路走廊紧张、供电容量不足、供电半径较短、电能质量难以保障等问题，且对直流负荷兼容性差、分布式新能源消纳能力不足。因而，人们逐渐将目光聚焦于直流配电技术，相比于传统交流配电技术，其具有供电容量更大、方便灵活接入各类直流负荷与分布式新能源的特点。国外对直流配电系统的研究开始较早，2008 年美国北卡莱罗纳州立大学提出了基于分布式能源与储能的未来可再生电能传输管理（Future Renewable Electric Energy Delivery and Management，FREEDM）系统[3]，该系统采用 12kV 中压交流母线作为主要配电线路，通过能量路由器（或称作电力电子变压器）产生 400V 低压直流母线与 120V 低压交流母线的即插即用接口，并基于开放标准的操作系统，协调各能量路由器，从而实现电能管理。日本仙台[4]、韩国巨次岛[5]等地也陆续建立了真双极低压直流配电系统，进一步探索了直流配电方式实际应用的可行性。目前，国外直流配电示范工程主要集中于直流楼宇、海岛电力系统等低压、小功率特定场景。我国在直流配电系统方面的研究起步较晚，但已有多个中低压直流配电示范工程建成投运或在建，如贵州中压五端柔性直流配电系统[6]、杭州江东新城智能柔性直流配电系统[7]、珠海唐家湾直流配电系统[8]、苏州中低压直流配电系统[9]等示范工程。区别于国外各直流配电应用，国内示范工程旨在探索工业园区等区域性配电系统直流化的可行性与经济性，解决城市供电与分布式发电结合的实际问题。

目前，中低压直流配电技术尚不完善，在未来较长一段时间内都需依托于现有交流配电网。典型中低压直流配电系统结构如图 1.2 所示，由 AC/DC 换流器或电力电子变压器连接交流配电网与中压直流母线，并采用直流断路器与联络开关对直流母线进行分段。通过直流变压器（DC Transformer, DCT）将中压直流电压转换为低压直流电压，或通过电力电子变压器连接低压直流母线，以连接分布式光伏、交直流负荷与储能电池等。大容量集中式光伏电站或风机则通过大功率单向 DC/DC 变换器连接中压直流母线。中压直流母线电压等级通常包含 3kV、10kV、35kV 等，而低压直流母线电压等级通常有 110V、375V、750V、1500V 等[10]。其中，直流变压器作为连接中、低压直流母线的关键设备，需承担母线电压控制、不同母线间的电气隔离、双向潮流调度、故障阻断等功能的一种或几种。另一方面，直流变压器还作为电力电子变压器中 DC/DC 级，实现电压变换与电气隔离的作用[11]。但目前受限于半导体器件与高频磁性元件的技术水平，现有直流变压器存在体积庞大、成本高昂的问题，变换效率与可靠性亦难以与传统交流配电网中的工频变压器相比，这间接阻碍了直流配电网的进一步推广与应用。而城市配电系统作为直流配电技术未来应用的可能场景之一，用地紧张的问题也对直流变压器的体积、功率密度提出了更高要求。因此，针对高功率密度型直流变压器关键技术的研究具有重要的学术意义与工程应用价值。

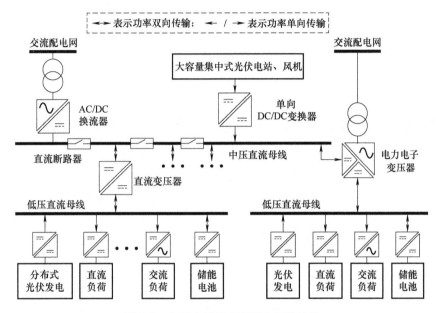

图1.2 典型中低压直流配电系统结构

1.2 直流变压器研究现状

直流变压器作为中低压直流配电系统中实现中、低压母线互联的关键设备，受到了国内外广泛关注与深入研究，也在各示范工程中得到了初步应用。一般地，直流变压器至少应具备电压变换与电气隔离功能，其基本结构如图1.3所示，通过交直流电压变换电路完成直流电压与中高频交流电压间的变换，利用中高频变压器实现电压变换与电气隔离。根据不同交直流电压变换电路的运行特性，在变压器回路中引入电感、电容等无源元件，以改善电路软开关、电气应力等性能，其中根据无源元件类型，直流变压器大致可分为双有源桥型（Dual Active Bridge，DAB）与谐振型两种。而受限于现有商用半导体器件的电压、功率等级，单个传统全桥、半桥等交直流变换电路难以支撑中压直流电压。为实现中压直流母线接入，目前隔离型DCT主要有三种解决思路：①半导体器件串联或采用高压宽禁带半导体器件；②采用模块化多电平变换器（Modular Multilevel Converter，MMC）结构；③采用输入串联、输出并联（Input Series Output Parallel，ISOP）或输入串联、输出串联（Input Series Output Series，ISOS）结构。本节将针对以上三种解决思路分别对其研究现状进行梳理归纳。

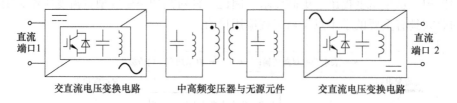

图 1.3　隔离型直流变压器基本结构

1.2.1　基于半导体器件串联/高压宽禁带半导体器件的直流变压器

直流变压器实际是一种电压、功率等级较高的隔离型 DC/DC 变换器，因此在现有各类全桥、半桥、DAB 或 LLC 等隔离型 DC/DC 变换器中采用高耐压的开关器件，是构建面向中压直流场合 DCT 最为直观的想法，其典型拓扑结构如图 1.4 所示。

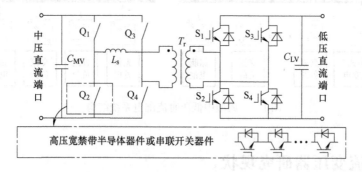

图 1.4　基于高压宽禁带半导体或开关串联的单模块直流变压器典型拓扑结构

近年来，随着 SiC 等高压宽禁带半导体器件与器件串联技术的发展，单个器件阀组的耐压能力、开关性能显著提升，使得这种想法成为可能。自 1997 年 J. N. Shenoy 与 J. A. Cooper 等人发布首例耐压为 750V 的 6H-SiC 平面沟道 MOSFET 以来[12]，Cree、Infineon 等公司对 SiC-MOSFET 进行了深入研发，不断提升 SiC 器件的耐压水平与通流能力。2004 年，Cree 公司首次发布了 10kV 级的高压 SiC MOSFET 器件[13]，并通过增大器件面积、改进 MOSFET 结构，不断降低器件导通电阻、提升开关性能。2011 年，D. Grider 等人成功完成了 10kV/120A 等级 SiC 半桥模块的研制与测试[14,15]，其 100A 下的导通电阻低至 44mΩ，但文献中未给出 10kV/120A SiC 半桥模块的开关损耗。2015 年，Cree 公司基于 8.1mm × 8.1mm 晶圆研制了新一代 10kV/15A 等级 SiC-MOSFET 与二极管[16]，并在 7kV/15A/150℃ 工况下测试得到 MOSFET 开关损耗约为 20mJ，仅是 6.5kV 级 Si-IGBT 开关损耗的

1/10。2017 年，Cree 公司进一步发布了 10kV/240A 等级 SiC-MOSFET 半桥模块[17]，并测试得到 3.6kV/250A 下的开关损耗为 130mJ，为 6.5kV 级 Si-IGBT 的 1/20。得益于较高的开关速度与较低的开关损耗，高压 SiC-MOSFET 在 6kV 电压下仍可工作于 10kHz 以上的开关频率，使得采用单一全桥、半桥实现直流变压器中压端口输出成为可能。但遗憾的是，10kV 级 SiC-MOSFET 造价高昂，并未实现商业化，仅仅在国内外研究机构与高校内有少量应用。同时，参考文献［18］指出，随着 SiC-MOSFET 耐压的升高，漂移区掺杂浓度下降，导致比导通电阻（定义为单位面积芯片的导通电阻）急剧上升，因此 10kV 以上的 SiC-MOSFET 存在导通电阻较大、通流能力不足的局限，这大大限制直流变压器的功率等级。

相较于采用高压 10kV 开关器件，现有 1200～3300V 级 Si 或 SiC 开关器件耐流可达数百 A 以上，且价格远低于 10kV 开关器件。因此，采用低电压开关器件直接串联方式不失为降低器件成本、提高直流变压器功率的一种可行方法。但由于各开关器件寄生参数、开关特性、驱动及外围电路、甚至对地（散热器）寄生电容的不一致性[19]，串联开关器件多存在电压不均的问题，需要增加额外的均压电路来保证串联开关器件在静态与动态工况下的电压均衡。参考文献［20-25］分析了串联 IGBT 器件电压失衡的原因，并提出了如并联缓冲回路[20]、驱动信号动态控制[21-24]、器件驱动自举[25]等器件均压方法。但由于大功率 IGBT 开关特性不佳、开关损耗较高，串联 IGBT 工作频率受限，多用作 AC/DC 换流器或固态断路器中的换向开关，而当其用于直流变压器时，将导致较低的开关频率及庞大的无源元件。

与串联 IGBT 方案相比，串联 SiC-MOSFET 器件兼具较高的开关速度与较低的开关损耗，在直流变压器场合中更具优势。参考文献［26-30］对串联 SiC-MOSFET 器件的均压方法进行了研究，提出了各类驱动信号调节方法。特别地，参考文献［29］和［30］分别提出了结合 SiC-MOSFET 与 SiC-JFET 的串联器件，如图 1.5 所示，通过控制 SiC-MOSFET 的通断，利用负载电流逐级实现 JFET 门极结电容充/放电，从而实现 SiC-JFET 逐个关断/开通，并且参考文献［30］在相邻 JFET 门极间连接电容均衡了各 JEFT 开关速度，进一步保证了串联 JFET 与 MOSFET 的均压。但由于各级 JFET 是依次开通与关断的，串联器件的开关时间较长，导致开关损耗增加。

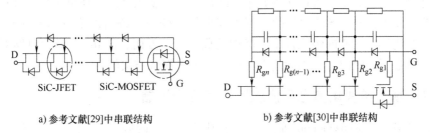

a) 参考文献[29]中串联结构　　　　b) 参考文献[30]中串联结构

图 1.5　基于 SiC-MOSFET 与 SiC-JFET 的串联器件结构

基于上述高压半导体器件，参考文献［29，31-36］进行了直流变压器样机研制，样机参数如表1.1所示，相关工作主要集中于瑞士苏黎世联邦理工学院（ETH）与美国北卡莱罗纳州立大学（NCSU）。2008年，J. W. Kolar等人基于低压SiC-MOSFET与SiC-JFET串联器件，提出了全桥/三电平混合DAB型直流变压器[29]，其工作频率可达50kHz，但论文中仅对串联开关与高频变压器进行了测试，并未给出整机测试结果。2016年，A. Tripathi等人结合三电平结构与15kV SiC器件，将中压端口电压推升至22kV，并对比了15kV SiC-IGBT与SiC-MOSFET损耗，在相同工况下，基于SiC-MOSFET的直流变压器效率较SiC-IGBT提升约1.4%，但该样机实际测试电压为8kV/10kW，远低于设计额定值。2017～2021年，ETH与NCSU团队继续对基于高压SiC-MOSFET的直流变压器进行了数次设计迭代，并完成了相应测试。2021年，浙江大学基于低压SiC-MOSFET串联技术，研制了5kV/400V/30kW半桥谐振型直流变压器，但该直流变压器低压侧采用整流二极管，无法进行功率双向传输。

表1.1　基于高压半导体器件的直流变压器样机参数

研究机构	拓扑结构	器件类型	电压、功率等级
2008,ETH[29]	全桥/三电平混合DAB	低压SiC-MOSFET、SiC-JFET串联	5kV/700V/25kW/50kHz
2016,NCSU[31]	基于多绕组变压器的三电平三相DAB	15kV/40A SiC-IGBT或15kV/20A SiC-MOSFET	22kV/800V/100kW/10kHz（实测:8kV/480V/10kW）
2017,NCSU[32]	对称半桥DAB	15kV/10A SiC-MOSFET	6kV/400V/10kW/40kHz
2019,ETH[33]	半桥/全桥混合DAB	10kV/15A SiC-MOSFET	7kV/400V/25kW/48kHz
2020,NCSU[34]	三电平三相DAB	两个10kV/15A SiC-MOSFET串联	22kV/22kV/40kW/20kHz（实测:8kV/480V/10kW）
2021,NCSU,GE[35]	三相DAB	10kV/90A SiC-MOSFET	7.2kV/800V/100kW/20kHz
2021,浙江大学[36]	半桥谐振LLC	低压SiC-MOSFET串联	5kV/400V/30kW/15kHz

根据表1.1，现有基于高压半导体器件的直流变压器工作频率可达10kHz以上，有效降低了母线电容、电感、变压器等元件体积，但受限于高压SiC器件的通流能力，直流变压器功率等级普遍较小（100kW以下），应用场景较为受限。而其在实际应用中还存在两个主要问题：①高压半导体器件可靠驱动、保护技术尚不成熟，且单一模块的结构难以实现冗余，降低了直流变压器的工作可靠性；②在直流变压器中压侧，高压SiC器件的高开关速度使得变压器绕组面临着恶劣的高dv/dt工况，对绕组、磁心的绝缘提出了严峻挑战。另一方面，高dv/dt导致电路对变压器寄生参数更加敏感，可能激励严重的开关电压振荡与尖峰[37]。

1.2.2　基于模块化多电平换流器的直流变压器

2011年，S. Kenzelmann等人提出了基于MMC的隔离型直流变压器（记作MMC-DCT），用于连接中高压直流母线，如图1.6所示，采用单相MMC将中压直流电压变换为中频交流电压，从而通过中频变压器实现电压隔离与变换[38,39]。模块化多电平结构的引入不仅有效降低了中压端口侧开关器件的电压应力，还带来了高冗余性的优势。该结构结合了 DC/DC 变换器与模块化多电平换流器的工作特点，从拓扑角度，该 MMC-DCT 拓扑可看作是采用由半桥模块组成的桥臂替换传统全桥型 DAB 变换器中开关器件得到，而从控制角度，MMC 中半桥桥臂的上管同时开关，占空比为 50%，也类似于全桥电路。自此之后，国内外学者针对不同应用场景需求与潜在问题，对 MMC-DCT 拓扑结构与控制策略进行了大量的研究。

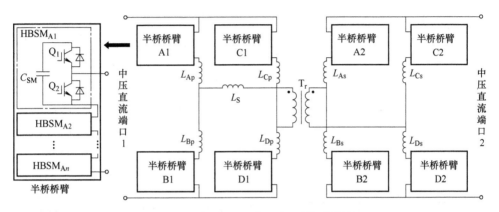

图 1.6　隔离型 MMC 直流变压器拓扑结构

1. 基于模块化多电平换流器的直流变压器拓扑结构演化

参考文献［40，41］采用如图 1.7a 所示的三相 MMC 与三相变压器构建直流变压器，提升了 MMC-DCT 的传输功率容量，降低了端口电流纹波。而参考文献［42-52］则针对 MMC-DCT 中模块数量多、体积庞大的问题，通过结合 MMC 与隔离型 DC/DC 变换器的研究成果，分别提出了不同的紧凑化 MMC-DCT 拓扑结构。参考文献［42］引入紧凑化多电平可控桥臂变换器（Alternative Arm Converter，AAC）替换 MMC，实现交直流电压变换，其典型结构如图 1.7b 所示。AAC 结合了两电平 AC/DC 换流器与 MMC 的工作特点[53]，采用全桥子模块桥臂输出基本正弦半波，通过桥臂开关 $Q_{Au} \sim Q_{Cu}$ 与 $Q_{Ad} \sim Q_{Cd}$ 实现交流电压换向。相较于 MMC，AAC 使用较少数量的子模块，即可输出相同的交流电压。然而，AAC 需使用全桥子模块组成桥臂，增大了开关器件的数量与成本，且桥臂开关（$Q_{Au} \sim Q_{Cu}$ 与 $Q_{Ad} \sim Q_{Cd}$）需要承受较高的电压应力，增大了工程应用难度，而这些问题也同样存在于 AAC 结构的 DCT 中。相似地，参考文献［43］采用如图 1.7c 所示的开关混合型模块化多电平换流器拓扑构建了 DCT，实现交直流电压变换。不同于参考文献［42］，参考文献［43］采用类 DC/DC 变换器控制方式，即同一桥臂内半桥模块开关驱动一致，DCT 工作模式类似于传统三相 DAB 变换器[54]，可实现器件的零电压开通（Zero-Voltage-Switching，ZVS），降低了开关损耗与器件串联的实现难度。并且由于该结构仅需使用半桥模块桥臂，相较于 AAC 结构，更利于提升直流变压器功率密度和降低成本。然而，由于开关器件 $Q_{Ad} \sim Q_{Cd}$ 为硬关断，串联器件的动态均压问题仍需注意。进一步地，参考文献［44］引入了并联混合型 AC/DC 换流器结构组成直流变压器[55]，其拓扑如图 1.7d 所示。通过控制半桥桥臂的输出电压，使得串联开关在换向工作时的电压被钳位在零电平，实现了串联开关器件的 ZVS 开关，解决了器件开关过程中的动态均压问题。

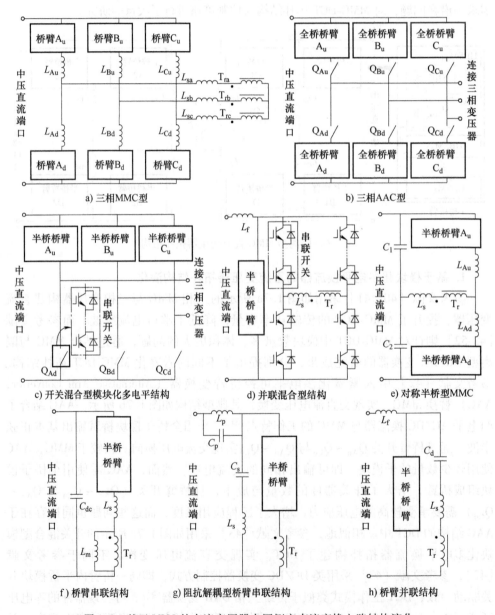

a) 三相MMC型 b) 三相AAC型

c) 开关混合型模块化多电平结构 d) 并联混合型结构 e) 对称半桥型MMC

f) 桥臂串联结构 g) 阻抗解耦型桥臂串联结构 h) 桥臂并联结构

图 1.7 基于 MMC 的直流变压器中压侧交直流变换电路结构演化

另一方面，参考文献［45-47］充分结合 DC/DC 变换器工作特性，采用基于半桥模块的桥臂替代了半桥电路中的开关器件，提出了如图 1.7e 所示的拓扑结构。该结构仅使用了一组桥臂，因此相较于图 1.6 中的单相 MMC 结构，大大减少了桥臂模块的数量。参考文献［48，49］则直接将半桥模块桥臂串联变压器绕组，构建了一种桥臂串联结构，如图 1.7f 所示。该结构中，半桥桥臂电压为中压直流端口电压叠加交流分量，从而在变压器端口产生交流电压，实现电压变换。进一步地，参考文献［50］在该结构的基础上引入阻抗解耦思想，提出了另一种桥臂串联结构，如图 1.7g 所示，半桥桥臂与高频变压器串联后，与 LC 支路并联，形成中频交流传输回路。在中压端口处增加陷波电路滤除交流电压，以保证中压端口电压质量。但是，图 1.7e～g 中结构均在中压端口处采用了集中式电容结构，存在电容电压应力较高、体积庞大的缺点，并且在中压直流端口发生短路故障情况下，集中式电容放电电流较高，使得故障难以快速隔离，降低了运行可靠性。因此，参考文献［51，52］提出了一种如图 1.7h 所示的桥臂并联结构，在减少桥臂模块数量的同时取消了中压端口集中式电容。其工作方式与图 1.7f 结构相似，半桥桥臂的输出电压为中压直流端口电压叠加交流分量。在中压端口处采用电感进行滤波，而在变压器侧则采用电容 C_d 滤除直流分量，从而在变压器端口得到交流电压。由此不难发现电容 C_d 电压与中压端口直流电压相同，该结构依然存在单一电容电压应力较大的问题。

2. 基于模块化多电平换流器的直流变压器调制策略

现有 MMC 型直流变压器的调制策略可简单归纳为两类：

1）高频载波调制方式，其延续高压直流（High Voltage Direct Current，HVDC）场合中 MMC 换流器的调制策略，如最近电平逼近调制策略[56,57]与载波层叠[58,59]、载波移相[60,61]等脉宽调制策略。其中，最近电平逼近调制策略需要较多的模块数量才可以实现较好的交流电压调制效果，而考虑到中压直流配电场合电压等级相对 HVDC 系统较低，MMC 型直流变压器模块数量相对较少，载波移相、载波层叠等脉宽调制策略更为适合。各类调制策略已经在 HVDC-MMC 场合中得到了充分的应用与验证，相应的功率控制、桥臂子模块电容均压[62]等策略也可推广至 MMC-DCT 中。然而，在该类调制方式下，直流变压器交流电压频率受限，通常为几十至几百 Hz[50]，导致庞大的桥臂模块电容与变压器，降低了直流变压器功率密度。参考文献［63］将交流电压频率由几百 Hz 提升至 10kHz，以减小磁心元件与电容体积，但这导致了较高的开关频率（参考文献中为 40kHz），使得开关损耗急剧上升，降低了直流变压器的运行效率。

2）类 DC/DC 变换器调制方式，其借鉴两电平 DC/DC 变换器工作特点，将 MMC 桥臂整体作为一个开关器件进行控制，使得 DCT 中交流电压波形、器件软开关具有与传统 DC/DC 变换器相似的特性。该调制方式在参考文献［38］首次提出 MMC 型直流变压器时已被应用，对于如图 1.6 所示的 DAB 型单相 MMC-DCT，同一桥臂内各半桥模块对应开关管同时开关，在 MMC 交流端口形成两电平方波电压，并采用单移相（Single-Phase-Shift，SPS）控制策略调节两侧 MMC 的移相角，以控制传输功率。然而，该调制方式下方波电压幅值等于中压直流端口电压，其陡峭的上升、下降沿在变压器端口造成很高的 dv/dt。考虑到大功率高频变压器绕组匝间/层间存在较大寄生电容[64]，高 dv/dt 易损坏电感与变压器绕组绝缘[66]。因此，参考文献［65］提出了准两电平（Quasi Two-Level，Q^{2}L）调制策略，在同一桥臂内各半桥模块开关驱动间引入内移相角，减缓了交流电压瞬时的上升/下降沿。另一方面，这一类基于 DAB 变换器或谐振变换器的 DCT 可实现开关器件的软开关，有助于降低开关损耗，提升变换效率。但是由于桥臂电流为交直流电流叠加，易于保证半桥模块内的上开关管的开通电流为负，实现其 ZVS 开通，而下开关管软开关特性则较差，在端口电压不匹配或轻载工况下易丢失 ZVS 开通。参考文献［66］对 Q^{2}L 调制下 DAB 型 MMC-DCT 在不同端口电压比与传输功率条件下的开关管 ZVS 边界进行了推导。此外，由于 SPS 控制下 DAB 型 MMC-DCT 具有较大的回流功率，不利于变换效率的提升[68,69]，参考文献［70］引入 DAB 变换器中的双重移相（Dual-Phase-Shift，DPS），提出了 DPS-Q^{2}L 控制策略，通过优化单相 MMC 两组桥臂间移相角，可以减小回流功率与电流应力，提升了变换效率。参考文献［71，72］结合 DAB 变换器中的三角形电流控制策略，实现了开关管的零电流关断（Zero-Current-Switching，ZCS）。上述调制方式是通过控制交流电压零电平时间，实现端口电压匹配，而参考文献［47，48］则通过改变投入子模块个数，调节交流电压幅值，优化端口电压不匹配情况下的软开关性能。

对于类 DC/DC 变换器调制方式下的 MMC-DCT，实现子模块电容均压也是一个关键问题，且由于交流频率较高，HVDC-MMC 场合中的通过电压闭环调节子模块占空比的均压方法难以应用。参考文献［48，49］通过对桥臂模块的驱动信号进行轮换循环，实现了电容电压的自动均衡，但实际上由于开关器件、电容容值的差异性，各模块电容电压存在难以消除的静差。因此，参考文献［73，74］通过分析驱动信号相位对模块电容充放电电荷量的影响，采用电压排序方式，对电压最低的模块给予相位超前的驱动信号，实现了模块电容电压平衡。然而，参考文献［75］指出该排序方式仅适用于两直流端口电压比小于 1.1 的工况，并提出了一种双排序均压算法，通过比较两次排序后电容电压差以分配驱动信号，从而实现子模块均压。参考文献［76］则将 HVDC-MMC 中的硬件均压电路[77]引入 MMC-DCT，当相邻两个半桥模块下管开通时，模块电容并联均压，因此可实现所有模块电容电压一致，但硬件电路的引入增大了损耗，降低了变换效率。参考文献［78］则针对桥臂阻抗不一致导致的桥臂间模块电容电压偏差问题，通过在上下桥臂间引入内移相角，主动注入环流分量，实现桥臂间电压平衡。

1.2.3 基于 ISOP 或 ISOS 结构的直流变压器

采用多个电压、功率等级较小的 DC/DC 变换器作为基本功率变换模块，将其端口进行串并联组合，也是构建 DCT 的常用思路，拓扑结构如图 1.8 所示。在中压直流端口处多模块端口串联，以降低模块内开关器件电压应力，低压端口处多模块端口并联，以提升直流变压器电流输出能力。基于 ISOP/ISOS 结构的直流变压器具有良好的模块化特性，单个功率变换模块电压与功率等级较低，有利于降低制造难度，提升装置冗余性。因此，该类型 DCT 广泛应用于国内中低压直流配电示范工程[9,79]。

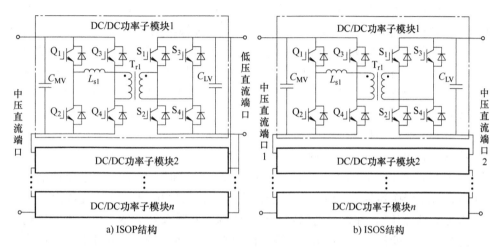

a) ISOP结构   b) ISOS结构

图 1.8 基于低压功率子模块串并联组合的直流变压器拓扑结构

考虑到中低压直流配电场合功率双向传输的需求，基于 ISOP/ISOS 结构的直流变压器一般采用 DAB 或双向谐振型 DC/DC 变换器作为功率变换模块。德国 De Doncker 教授于 1991 年首次提出单相与三相 DAB 变换器拓扑结构与基本控制策略[67]，其具有控制简单、易于实现功率双向传输与开关管 ZVS 开通的优势，因此受到了国内外广泛关注与研究。

然而在端口电压不匹配或轻载情况下，DAB 变换器易丢失 ZVS 开通，导致效率明显下降。为改善 DAB 变换器在端口电压不匹配与轻载下的运行特性，优化 DAB 变换器回流功率、降低开关电流应力，国内外学者提出了多种控制策略，如前述的 DPS[68,69]、拓展移相（Extended-Phase-Shift，EPS）[80,81] 与三重移相（Triple-Phase-Shift，TPS）[82,83] 等调制策略。在此基础上，参考文献［84-90］分别以实现宽电压、宽负载范围内的 ZVS 开通[84,85]、最小电流应力[86,87]、最小回流功率[88,89]、最高变换效率[90] 等为目标，对控制参数进行了优化。另一方面，参考文献［91］针对不同应用场合的电压与功率需求提出了不同 DAB 变换器结构。参考文献［91,92］采用半桥电路构建 DAB 变换器，减少了开关器件数量。参考文献［93-95］则引入三电平结构，提出了三电平 DAB 变换器，降低了开关器件的电压应力，而三电平结构的应用也引入了新的控制自由度，参考文献［96,97］分别以减小开关器件损耗与降低电流应力为优化目标, 提出了相应的三电平 DAB 变换器优化控制策略。相较于单相 DAB 变换器, 三相 DAB 变换器具有低电流应力、低关断电流与低输出电压纹波的优势, 可提升 DAB 变换器的容量与效率[98], 参考文献 [99-101] 在参考文献 [67] 的控制方案基础上, 引入非对称调制策略, 拓宽了三相 DAB 变换器在宽电压与负载范围内的 ZVS 边界, 提升了变换效率。

双向谐振 DC/DC 变换器是 ISOP/ISOS 型 DCT 中的另一种常用功率变换模块拓扑, 可实现开关管的 ZVS 或 ZCS, 具有低开关损耗与高运行效率的优势。在经典 LLC 变换器的基础上, 参考文献 [102, 103] 通过将输出侧整流二极管替换为开关管, 并根据功率传输方向闭锁输出侧开关管或采用同步整流方式, 以实现功率双向传输, 结合经典的变频控制策略调节端口电压。但该控制方式需要依赖高准确度的传感器实时检测功率传输方向, 在轻载工况下难以取得较好的控制效果。参考文献 [104] 中将 LLC 谐振腔一侧的全桥开关管占空比固定为50%, 另一侧开关管开通时间设置为谐振周期的一半, 使得 LLC 变换器传输功率随开关频率单调变化, 通过控制开关频率即可调节传输功率的大小与方向, 而无需使用高精度传感器。然而, 由于 LLC 型谐振腔的不对称性, 当功率反向传输时, 励磁电感电压被端口电压钳位, LLC 变换器退化为 LC 串联谐振变换器, 导致可调电压增益范围大幅降低。参考文献 [105] 在谐振电感侧全桥交流端口并联额外电感, 功率正向传输时该电感被钳位, 变换器仍为 LLC 结构, 而当功率反向传输时, 该电感与 LC 构成 LLC 谐振腔, 从而拓宽了功率反向时的电压调节范围。参考文献 [106] 与 [107] 则在输出侧增加了一组 LC 谐振元件, 构建了 CLLLC 型谐振变换器, 实现了功率双向传输时的对称运行。另一方面, 变频控制下开关频率变化范围较大, 存在大功率磁性元件设计困难、直流变压器整机系统控制难度较大的问题, 因此, 参考文献 [114, 115] 采用开环定频控制策略, 简化了控制复杂度, 在该控制方式下, 谐振变换器工作特性类似于固定电压传输比的理想变压器。

基于 DAB 与双向谐振变换器的丰富研究成果, 参考文献 [108-127] 进一步构建了 ISOP/ISOS 型直流变压器系统。在 ISOP/ISOS 系统中, 实现各模块间串联端口均压与并联端口均流是系统稳定运行的关键之一, 参考文献 [108] 与 [110] 指出, DAB 变换器是一种电流源型变换器, 无法实现 ISOP 系统的电压自均衡, 需要额外的均压、均流策略, 但在 ISOS 系统中可自然实现端口均压[109], 因此参考文献 [111-113] 对基于 DAB 变换器的 ISOP 型 DCT 的均压、均流策略进行了深入研究。而对于谐振变换器, 当其工作于谐振频率点时, 相当于具有固定电压传输比的理想变压器[114],[115], 可以自然实现 ISOP 系统中模块均压[116], 并具有较高的运行效率, 但也失去了端口电压调节能力。因此参考文献 [117] 与 [118] 在其中引入了一个或多个 DAB 变换器, 实现了直流端口的电压调节, 且由于功率主要由开环定频控制的谐振变换器传输, 直流变压器仍具有较高的变换效率。

另一方面, ISOP/ISOS 型 DCT 内集中式电容结构也是实际应用中一个关键问题，由于在中压端口处存在多个模块电容直接串联，使得功率模块不能迅速切除或投入，并且在直流短路故障情况下存在较高的电容放电电流，导致故障难以迅速隔离且易造成电容损坏。参考文献［119，120］在各 DC/DC 变换模块端口处增加一个半桥模块，实现功率模块的冗余与故障隔离，通过对该半桥模块进行占空比控制，还可以调节端口电压与实现各功率模块均压[79]。考虑到并联半桥模块的开关导通损耗较大，参考文献［121］在功率模块中压侧端口电容上串联一个开关管，当断开该开关管并使功率模块中压侧桥臂直通，可以实现功率模块的切除。参考文献［122］则将功率模块内中压侧桥臂中间点与电容负极作为直流端口，只需开通该桥臂下管可切除功率模块，实现参考文献［119］中的半桥模块与功率模块桥臂的复用，节省了开关器件。参考文献［123］则采用半桥子模块替换全桥电路中的开关管，消除了直流端口处的串联电容，实现了功率模块的快速投切。

对于 ISOP/ISOS 型直流变压器，体积与功率密度也是其实际应用中的关键点之一。受限于商用半导体开关器件的耐压水平，单个功率变换模块的电压等级不高，导致需要大量的模块进行串联以实现中压端口输出。这大大增加了开关器件、中高频隔离变压器、驱动电路与辅助电源等辅助器件数量，也增加了控制系统的复杂度。参考文献［124-127］提出，在不增加开关器件电压应力的前提下，提升子模块的电压等级，减少子模块数量，可以有效提升直流变压器的功率密度。参考文献［125］还指出，针对基于 IGBT 的 ISOP 型直流变压器，通过采用 3300V 及以上耐压的 IGBT 替代 1200V 或 1700V 级 IGBT，以提高功率子模块的电压等级是不可取的，因为 3300V 及以上耐压的 IGBT 器件开关特性较差，通常需要工作在较低的工作频率，这将增加直流变压器中无源元件的体积，不利于直流变压器功率密度的提升。参考文献［124］针对 ISOP 型直流变压器，采用两级式功率模块结构，即在每个功率子模块前增加一级开关电容式降压电路，以实现单个功率子模块的高输入端口电压。该结构可以有效减少子模块数量，提升了功率密度，但额外变换电路的引入增加了损耗，降低了运行效率。

1.3　主要研究内容及章节安排

本书针对应用于中低压直流配电系统中的直流变压器前沿方案与关键技术进行了梳理与介绍，具体研究内容如下：

第 1 章为绪论，介绍了中低压直流配电系统的发展历程，详细阐述了其核心装备——直流变压器目前的三大技术发展路线，即基于半导体器件串联/高压宽禁带半导体器件的直流变压器、基于模块化多电平换流器的直流变压器、基于 ISOP 或 ISOS 结构的直流变压器，同时指出其存在的一些问题。

第 2 章从分析现有 ISOP 型直流变压器功率子模块拓扑结构出发，归纳了高输入电压型直流变换拓扑的构造思路，提出了基于新型串联式三相桥电路的三相三倍压 DAB（Three-Phase Triple-Voltage DAB，T^2-DAB）变换器。变换器直流端口电压可达全桥结构的 3 倍，显著降低了子模块数量，有助于提升功率密度。该章节分析 T^2-DAB 变换器工作原理、建立数学模型，推导了关键元件参数的设计方法及控制策略，分别通过仿真与实验验证了该拓扑结构的可行性。并从成本、效率与体积三个角度，对比了基于 T^2-DAB 变换器与现有全桥、半桥、三电平 DAB 结构的 DCT 方案，证明了 T^2-DAB 变换器的优势。

第 3 章首先分析了第 2 章中所提出的 T^2-DAB 变换器在宽电压、宽负载范围内的软开关特性，并针对其端口电压不匹配与轻载情况下丢失软开关的问题，提出了一种基于非对称占空比调制与移相控制的混合控制策略，可以实现宽电压、宽负载范围内的开关管零电压开通，同时降低器件电流应力。通过工况划分与模态分析，建立了该混合控制策略下的变换器数学模型。进一步，考虑开关管寄生电容与死区时间的影响，以最小电流应力与零电压开通为目标，优化了相应控制参数，最后通过实验进行了验证。

第 4 章针对 T^2-DAB 中隔直电容体积较大的问题，引入 LLC 谐振结构，提出了一种三相三倍压 LLC 直流变换器，降低了所需电容值及体积，进一步提升了变换器功率密度。该变换器实现了开关管零电压开通，且近似零电流关断，相较于 T^2-DAB 变换器降低了开关损耗，提升了变换效率。针对变压器两端直流电压都较为稳定的场合，对该变换器采用开环控制，简化了控制系统复杂性。在此基础上，研究了不同谐振参数、开关管寄生电容等对变换器软开关情况的影响，建立了相关损耗模型，对参数进行了优化设计与研制，最后通过实验验证了其可行性。

第 5 章针对 ISOP 型直流变压器，在对比 DAB 与谐振变换器增益特性与损耗特性的基础上，提出并研究了一种 DAB 与谐振变换器组合式 ISOP 型直流变压器拓扑结构，兼有 DAB 变换器灵活电压/功率控制能力与谐振变换器的高变换效率优势。本章通过建立 DAB 与谐振变换器组合式 ISOP 型直流变压器的电压、功率数学模型，推导了 DAB 与谐振变换器的关键参数设计准则与灵活电压/功率控制策略，最后通过仿真与实验验证了该拓扑结构与控制方案的可行性。

第 6 章针对传统 ISOP 型直流变压器中压侧存在集中式电容，导致中压直流母线故障难以迅速隔离，且故障后重启速度慢的问题，提出并研究了一种电容间接串联式 ISOP 型直流变压器拓扑结构，在不增加额外的半桥或其他结构基础上，实现了中压侧各子模块电容的相互隔离，解决了中压侧短路故障处理问题。本章详细分析了该直流变压器的工作模态，提出了基于非对称占空比控制的电压调控策略以及关键参数设计方法，最后基于仿真与实验验证了该电容间接串联式 ISOP 型直流变压器方案的可行性。

第 7 章提出并研究了一种紧凑型模块化多电平直流变压器拓扑，该拓扑在中压侧采用半桥模块串联降低开关管的电压应力，并通过传输电感和隔直电容将半桥模块支路连接至变压器中压侧绕组，经低压侧全桥电路实现电能双向传输，其紧凑化结构有利于提升直流变压器功率密度。同时，该拓扑结合了MMC变换器和DAB变换器运行特性，具有高电压输入、故障易处理以及软开关的优点。本章在分析该结构运行特性基础上，改进了准方波调制策略，通过调节恒投入/切出子模块的数量，使得传输电感两端电压在较宽的电压增益范围内实现匹配。本章详细介绍了该直流变压器的工作原理，并阐述其调制和控制策略，最后通过仿真和样机验证了其可行性。

第8章结合了模块化多电平结构与开关器件串联技术，提出并研究了一种模块化多电平-串联开关组合式直流变压器结构，大大减少了模块化多电平直流变压器拓扑中所需的子模块数量，更利于实现紧凑化结构与高功率密度。另外，通过类方波调制策略，使得串联开关在零电压状态下实现换流，降低了串联开关器件的均压难度。本章阐述了该直流变压器拓扑的工作原理以及参数设计方法，并通过仿真与实验验证了该拓扑结构与控制策略的可行性。

第9章针对端口电压不匹配或轻载工况，传统单移相控制策略下的模块化多电平-串联开关组合式直流变压器拓扑存在电流应力大、易丢失软开关等问题，分别提出了基于子模块类方波调制改进的软开关优化控制、基于低压侧全桥内移相的电感电流优化控制以及基于中压侧全桥换流移相的阀串支路电流优化控制三种控制策略，实现了模块化多电平-串联开关组合式直流变压在宽电压、宽负载荷工况下的低电流应力、高效率运行。本章详细分析了三种优化控制策略的工作原理，并结合仿真与实验进行了验证。

第10章在第2章研究成果的基础上，进一步探索了T^2-DAB变换器在实际大功率中压工程中应用的可行性。基于实际应用需求，本章针对该变换器中的关键元件——大功率三相高频变压器，建立了损耗与温升模型，以变换效率与功率密度为目标对结构参数进行了优化设计。最后，通过与许继电气公司合作，完成了120kVA/10kHz三相高频变压器的研制与测试工作。

第11章针对±10kV/750V/2MW直流配电场景，介绍了一种具有故障隔离能力的开关电容型ISOP直流变压器，其采用谐振型DAB变换器作为子模块，通过在各子模块中压侧电容处并联额外的半桥模块，实现了中压侧短路故障工况下直流变压器与故障点的快速隔离，从而避免直流变压器损坏，加快了故障后直流变压器重启速度。此外，该半桥模块实现了谐振型DAB变换器端口电压匹配，提升了宽电压范围内子模块变换效率。本章针对±10kV/750V/2MW应用背景，详细阐述了其参数设计与控制方案，由南瑞集团构建了相应的直流变压器样机，完成了正常运行与故障工况的性能测试。

第 2 章

面向高功率密度ISOP型直流变压器的T²-DAB变换器

第 1 章介绍了直流变压器的应用背景，分析对比了不同类型直流变压器的优缺点。本章将针对 ISOP 型直流变压器中变换器模块数量多、功率密度低的问题，提出并分析了一种新型的 T²-DAB 变换器，其端口电压达到了传统全桥型 DAB 变换器的 3 倍，大大降低了直流变压器的模块数量，减少了开关器件、高频变压器、辅助电源等元器件数量、体积及相关成本。

2.1 T²-DAB 变换器工作原理分析

2.1.1 桥式电路拓扑梳理与推演

全桥电路广泛应用于各类直流变换器中，其典型结构如图 2.1 所示。为了防止后续推导中引入直流偏置电压导致变压器偏磁，首先在全桥电路的交流回路中引入额外的隔直电容 C_d，而这不影响电路的正常工作。若将隔直电容 C_d 分解为两个隔直电容 C_{d1} 和 C_{d2} 串联，将高频变绕组 T_r 也等效为两个高频变绕组 T_{r1} 和 T_{r2} 串联，可将全桥电路分解两个并联的半桥型子模块。类似地，对于如图 2.2 所示的三相桥电路，可将三相桥电路分解为 3 个与图 2.1 中相同的半桥型模块并联。

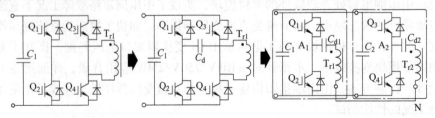

图 2.1　全桥电路分解过程

进一步地，由全桥电路至三相桥电路，将 n 个半桥型子模块并联，可得如图 2.3 中所示的并联式 n 相桥电路。

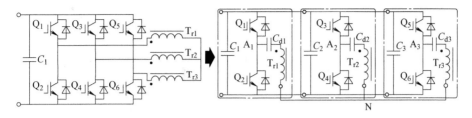

图 2.2　三相桥电路分解过程

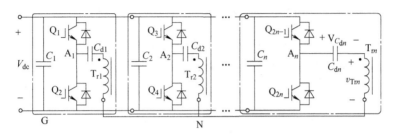

图 2.3　并联式 n 相桥电路

假设第 k 个半桥型子模块中开关管 Q_{2k-1} 的开关函数为 $f_{Q(2k-1)}$ $(k=1,2,\cdots,n)$，当 Q_{2k-1} 导通时，$f_{Q(2k-1)}=1$，反之，当 Q_{2k-1} 关断时，$f_{Q(2k-1)}=0$。那么，根据图 2.3 可得第 k 个半桥型子模块中点 A_k 与点 N 间的电压 v_{A_kN} 如式（2.1）所示。

$$v_{A_kN} = V_{C_dk} + v_{Trk} = V_{dc}f_{Q(2k-1)} - v_{NG} \tag{2.1}$$

其中 V_{C_dk} 与 v_{Trk} 分别是第 k 个半桥型模块中的隔直电容 C_{dk} 与变压器绕组 T_{rk} 的电压，v_{NG} 为图 2.3 中节点 N 与 G 间的电压。

对于并联式 n 相桥内任意第 k 与 j 个半桥模块（k、$j=1,2,\cdots,n$，且 $k\neq j$），对节点 A_k 与 A_j 间的电压 $v_{A_kA_j}$ 在一个开关周期 T_s 内求取平均值，如式（2.2）所示。其中，开关函数 $f_{Q(2k-1)}$ 与 $f_{Q(2j-1)}$ 的周期平均值分别是开关管 Q_{2k-1} 与 Q_{2j-1} 的占空比 $D_{Q(2k-1)}$ 与 $D_{Q(2j-1)}$。若 n 个半桥模块内上开关管占空比都相等，即 $D_{Q(2k-1)}=D_{Q(2j-1)}$，那么任意节点 A_k 与 A_j 间的周期平均电压为 0，这意味着任意 A_k 与 A_j 间不存在直流偏置分量，那么隔直电容 $C_{d1}\sim C_{dn}$ 可省去。

$$\frac{1}{T_s}\int_0^{T_s} v_{A_kA_j}\,\mathrm{d}t = \frac{1}{T_s}\int_0^{T_s} V_{dc}\left(f_{Q(2k-1)}-f_{Q(2j-1)}\right)\mathrm{d}t = V_{dc}\left(D_{Q(2k-1)}-D_{Q(2j-1)}\right)$$

$$\tag{2.2}$$

在 n 个半桥模块内上开关管占空比相等的条件下，变压器连接节点 N 与直流侧参考点 G 的电压差 v_{NG} 如式（2.3）所示。

$$v_{NG} = \frac{1}{n}\sum_{k=1}^{n} V_{dc}f_{Q(2k-1)} - \frac{1}{n}\sum_{k=1}^{n} v_{Trk} \tag{2.3}$$

类比于并联式 n 相桥式电路，对如图 2.4 中所示的非对称三电平半桥电路作相应等效，可将其分解为两个半桥型子模块串联。

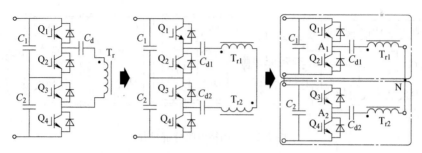

图 2.4　非对称三电平半桥电路分解过程

进一步地，将半桥型子模块串联形式推广至 n 相，可得如图 2.5 中所示的串联式 n 相桥电路。而为实现该电路的稳定运行，必须保持串联的 n 个电容电压稳定与平衡。

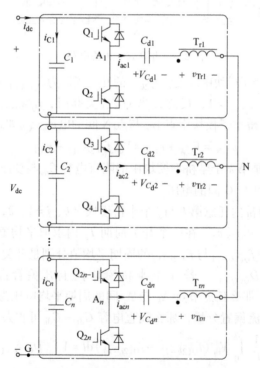

图 2.5　串联式 n 相桥电路结构

根据图 2.5 可得第 k 个半桥型子模块中直流电容电流 i_{Ck} 表达式如式（2.4）所示（$k=1$，2，$\cdots$，n），对其进行周期平均可得式（2.5）。由于隔直电容的存在，当电路稳定工作时，式（2.5）中的交流电流 i_{acj} 的周期积分值为 0。根据式（2.5），若通过控制开关管驱动信号，调节 i_{ack}，可使得 $I_{Ck}=0$，则可使得每个子模块中电容电压均衡。

$$\begin{cases} i_{C1} = i_{dc} - i_{ac1}f_{Q1} \\ i_{C2} = i_{C1} - i_{ac1}f_{Q2} - i_{ac2}f_{Q3} = i_{dc} - i_{ac1} - i_{ac2}f_{Q3} \\ \cdots \\ i_{Ck} = i_{dc} - \sum_{j=1}^{k-1} i_{acj} - i_{ack}f_{Q(2k-1)} \end{cases} \quad (2.4)$$

$$I_{Ck} = I_{dc} - \frac{1}{T_s}\sum_{j=1}^{k-1}\int_0^{T_s} i_{acj}\mathrm{d}t - \frac{1}{T_s}\int_0^{T_s}(i_{ack}f_{Q(2k-1)})\mathrm{d}t = I_{dc} - \frac{1}{T_s}\int_0^{T_s}(i_{ack}f_{Q(2k-1)})\mathrm{d}t$$

$$(2.5)$$

在前述条件下，假设串联式 n 相桥电路中直流电容 $C_1 \sim C_n$ 电压均衡在 V_{dc}/n，那么对于第 k 个半桥型子模块，电压 v_{A_kN} 可表示为式（2.6）（$k = 1, 2, \cdots, n$）。与并联式 n 相桥中推导相似，对任意第 k 与 j 个半桥模块（k、$j = 1, 2, \cdots, n$，且 $k \neq j$）中的节点 A_k 与 A_j 间的电压 $v_{A_kA_j}$ 进行周期平均。由于变压器绕组电压不含直流分量，该周期平均值即为隔直电容 C_{dk} 与 C_{dj} 的电压差，如式（2.7）所示。当串联式 n 相桥中 n 个半桥模块内上开关管占空比相同时，电容 C_{dk} 与 C_{dj} 的电压差等于 $V_{dc}/n \cdot (j-k)$，由此可得隔直电容 C_{dk} 的电容电压如式（2.8）所示。由于串联式 n 相桥上下具有对称性，若每个半桥模块工作一致，那么第 k 与（$n+1-k$）个模块内隔直电容电压的绝对值相同，方向相反，有 $V_{C_dk} + V_{C_d(n+1-k)} = 0$，可知 n 个隔直电容电压总和为 0。因此，式（2.8）可进一步化简得隔直电容 C_{dk} 的电压表达式。特别地，当 n 为奇数时，第（$n+1$）/2 个模块的隔直电容电压为 0，该隔直电容可省去。那么，电压 v_{NG} 表示为式（2.9）。

$$v_{A_kN} = V_{C_dk} + v_{Trk} = \frac{V_{dc}}{n}f_{Q(2k-1)} + \frac{V_{dc}}{n}(n-k) - v_{NG} \quad (2.6)$$

$$\frac{1}{T_s}\int_0^{T_s} v_{A_kA_j}\mathrm{d}t = V_{C_dk} - V_{C_dj} = \frac{V_{dc}}{n}(D_{Q(2k-1)} - D_{Q(2j-1)}) + \frac{V_{dc}}{n}(j-k) \quad (2.7)$$

$$\sum_{j=1}^{n}(V_{C_dk} - V_{C_dj}) = \frac{V_{dc}}{n}\left(\frac{n(n+1)}{2} - nk\right) \Rightarrow V_{C_dk} = \frac{1}{n}\sum_{j=1}^{n}V_{C_dj} + \frac{V_{dc}}{n}\left(\frac{n+1}{2} - k\right)$$

$$= \frac{V_{dc}}{n}\left(\frac{n+1}{2} - k\right) \quad (2.8)$$

$$v_{NG} = \frac{1}{n}\sum_{k=1}^{n}\left(\frac{V_{dc}}{n}f_{Q(2k-1)} + \frac{V_{dc}}{n}(n-k) - V_{C_dk} - v_{Trk}\right)$$

$$= \frac{V_{dc}}{n^2}\sum_{k=1}^{n}f_{Q(2k-1)} + \frac{n-1}{2n}V_{dc} - \frac{1}{n}\sum_{k=1}^{n}v_{Trk} \quad (2.9)$$

2.1.2　T²-DAB 变换器拓扑与工作原理

对于 2.1.1 节中所提出并联式 n 相桥电路，其开关管电压应力与端口电压相同，但开关管电流应力仅为端口电流的 $1/n$，适用于大电流输出场合；对于串联式 n 相桥式电路，其开关管电流应力与端口电流相同，但开关管电压应力仅为端口电压的 $1/n$，适用于高电压场合。因此，对于面向连接中、低压直流母线的直流变压器，可在其中压直流端口处采用串联式 n 相桥电路，以降低开关管电压应力；而在其低压直流端口处，可采用并联式 n 相桥电路，以降低开关管电流应力。为实现中、低压直流母线间的电气隔离，采用 n 相高频变压器分别连接串联式与并联式 n 相桥。由于变换器两端均为有源桥，可在交流回路中串联额外的传输电感，构成 n 相 DAB 变换器，来实现开关管 ZVS。特别地，令 $n=3$，可得如图 2.6 所示的三相三倍压 DAB（T^2-DAB）变换器。串联式三相桥侧为中压直流端口，并联式三相桥侧为低压直流端口，中、低压直流端口电压分别为 V_{M} 与 V_{L}。三相高频变压器可采用 Y-Y、Y-△ 和 △-△ 等多种连接方式。如 2.1.1 节中所述，当 $n=3$ 时，可省去第 2 个半桥型子模块的隔直电容，即 C_{db}，以减小体积与成本。根据式（2.8），隔直电容 C_{da} 与 C_{dc} 平均电压分别为 $V_{\mathrm{M}}/3$ 和 $-V_{\mathrm{M}}/3$。

该变换器调制方式类似于传统三相 DAB 变换器，如图 2.7 所示，开关管占空比设置为 50%，每个半桥型子模块内上下开关管互补导通。三相桥内，A、B、C 三相桥上管驱动分别滞后 120°。中压侧与低压侧对应开关管驱动间存在一个移相角 φ_i，表示为 $2\pi t_{\varphi_i}/T_{\mathrm{s}}(i=a、b、c)$，其中 T_{s} 为开关周期。通过调节三相移相角，可调节三相传输功率。该 T^2-DAB 变换器的典型运行波形中，电压 $v_{\mathrm{A'N}}$ 分别表示图 2.6 中所示的点 A' 与点 N 间的电压，其中点 A' 为正，点 N 为负，而电压 $v_{\mathrm{B'N}}$、$v_{\mathrm{C'N}}$ 与 $v_{an} \sim v_{cn}$ 同理，各电压可按式（2.6）与式（2.1）计算得到。由于中、低压侧三相绕组均采用 Y 形接法，当三相均衡工作时，式（2.6）与式（2.1）中的 v_{NG} 分别为 $(V_{\mathrm{M}}/9 \times (f_{\mathrm{Q1}}+f_{\mathrm{Q3}}+f_{\mathrm{Q5}})+V_{\mathrm{M}}/3)$ 与 $(V_{\mathrm{L}}/3 \times (f_{\mathrm{S1}}+f_{\mathrm{S3}}+f_{\mathrm{S5}}))$。在分析 T^2-DAB 变换器工作原理之前，作如下假设与说明：

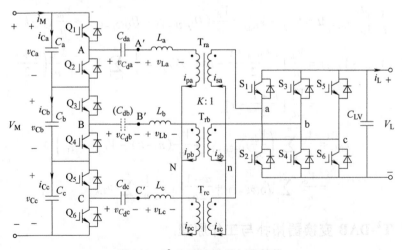

图 2.6　T^2-DAB 变换器拓扑结构

1）变换器中所有开关管、电感、电容与高频变压器均为理想元器件；

2）隔直电容 C_{da} 与 C_{dc}（容值记为 C_d）足够大，可以保持其电容电压 $v_{C_{da}}$ 与 $v_{C_{dc}}$ 分别稳定在 $V_M/3$ 和 $-V_M/3$；

3）中压端口三相电容 C_a、C_b、C_c 相同且足够大（容值记为 C_{MV}），可使得电压 v_{Ca}、v_{Cb} 与 v_{Cc} 稳定在 $V_M/3$；

4）三相传输电感 L_a、L_b、L_c 相同，其电感值记作 L_s，变压器一、二次侧匝比为 $K:1$；

5）三相电路工作一致，使得移相角 φ_a、φ_b、φ_c 相同，其值记作 φ；

6）开关管 Q_i 与 S_i 的反并联二极管分别记作 D_{Qi} 和 D_{Si}（$i = 1$，2，…，6）。

图2.7 所示为变换器从中压侧向低压侧传输功率时的主要工作波形，根据中压侧与低压侧移相角 φ 的不同，T²-DAB 变换器包含两种工作模态：$0 \leqslant \varphi < \pi/3$ 和 $\pi/3 \leqslant \varphi < 2\pi/3$。以 $0 \leqslant \varphi < \pi/3$ 为例，其半个开关周期内有 6 个工作模态，各模态的等效电路如图 2.8 所示。

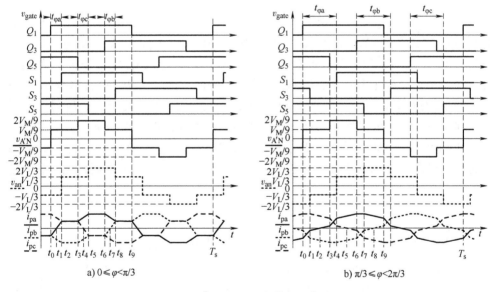

a) $0 \leqslant \varphi < \pi/3$　　　　　　　b) $\pi/3 \leqslant \varphi < 2\pi/3$

图 2.7　T²-DAB 变换器典型工作波形

1）t_0：在 t_0 时刻之前，一次侧电流 i_{pa}、i_{pb} 与 i_{pc} 分别流过 Q_2、Q_4 与 Q_5，二次侧电流 i_{sa}、i_{sb} 与 i_{sc} 分别流过开关管 S_2、S_4 与 S_5 的反并联二极管。在 t_0 时刻，关断 Q_2，电流 i_{pa} 立即流过 D_{Q1}。因此，此时开通 Q_1 可以实现 ZVS 开通。

2）模态 1 $[t_0，t_2]$：如图 2.8a 所示，随着 Q_2 关断，电压 $v_{A'N}$ 由 $-V_M/9$ 变为 $V_M/9$，A 相电感 L_a 电压变为（$V_M/9 + KV_L/3$）。因此，A 相一次侧电流 i_{pa} 线性上升，而 i_{pb} 与 i_{pc} 下降。在 t_1 时刻，i_{pa} 过零并正向增加，二次侧电流 i_{sa} 从 D_{S2} 转移至 S_2。

3）模态 2 $[t_2, t_3]$：如图 2.8b 所示，在 t_2 时刻关断 S_2，电流 i_{sa} 经二极管 D_{S1} 续流，此时开通 S_1 可以实现 ZVS 开通。在此模态中，电压 v_{an} 由 $-V_L/3$ 上升至 $V_L/3$，A 相电感 L_a 电压变为 $(V_M/9 - KV_L/3)$，v_{Lb} 与 v_{Lc} 分别为 $(-2V_M/9 + 2KV_L/3)$ 和 $(V_M/9 - KV_L/3)$。当中、低压端口电压 V_M 与 V_L 匹配时，即 $V_M = 3KV_L$，三相电流 i_{pa}、i_{pb}、i_{pc} 在此模态中保持不变。

4）模态 3 $[t_3, t_5]$：如图 2.8c 所示，在 t_3 时刻，Q_5 关断，电流 i_{pc} 经二极管 D_{Q6} 续流，此时开通 Q_6 可以实现 ZVS 开通。根据式（2.1）与式（2.6），三个传输电感的电压 v_{La}、v_{Lb}、v_{Lc} 分别为 $(2V_M/9 - KV_L/3)$、$(-V_M/9 + 2KV_L/3)$ 与 $(-V_M/9 - KV_L/3)$。因此，在此模态中，电流 i_{pa} 与 i_{pb} 上升，而 i_{pc} 下降。在 t_4 时刻，i_{pc} 下降过零并负向增加，流过 Q_6，同时二次侧电流 i_{sc} 过零，由二极管 D_{S5} 转移至 S_5。

5）模态 4 $[t_5, t_6]$：如图 2.8d 所示，在 t_5 时刻关断 S_5，电流 i_{sc} 立即流过二极管 D_{S6}，此时开通 S_6 可以实现 ZVS 开通。在此模态中，电压 v_{La} 变化至 $(2V_M/9 - 2KV_L/3)$，而 v_{Lb} 与 v_{Lc} 均为 $(-V_M/9 + KV_L/3)$。同样地，若 $V_M = 3KV_L$，i_{pa}、i_{pb}、i_{pc} 在该模态中将保持不变。

6）模态 5 $[t_6, t_8]$：如图 2.8e 所示，当 t_6 时刻关断 Q_4，电流 i_{pb} 流过 D_{Q3}，此时开通 Q_3 可以实现 ZVS 开通。在该模态中，电压 v_{La}、v_{Lb}、v_{Lc} 分别变为 $(V_M/9 - 2KV_L/3)$、$(V_M/9 + KV_L/3)$ 与 $(-2V_M/9 + KV_L/3)$，导致 i_{pa} 与 i_{pc} 下降，而 i_{pb} 上升。在 t_7 时刻，i_{pb} 上升过零，i_{pb} 从 D_{Q3} 转移至 Q_3，同时，i_{sb} 从 D_{S4} 转移至 S_4。

7）模态 6 $[t_8, t_9]$：如图 2.8f 所示，在 t_8 时刻，S_4 关断，i_{sb} 流过二极管 D_{S3}，此时开通 S_3 可以实现 ZVS 开通。随着 S_4 关断，电感电压 v_{La} 与 v_{Lb} 均变为 $(V_M/9 - KV_L/3)$，而 v_{Lc} 为 $(-2V_M/9 + 2KV_L/3)$。若 $V_M = 3KV_L$，i_{pa}、i_{pb}、i_{pc} 在该模态中将保持不变。t_9 时刻为上半个开关周期的结束点，下半个周期的工作模态相仿。

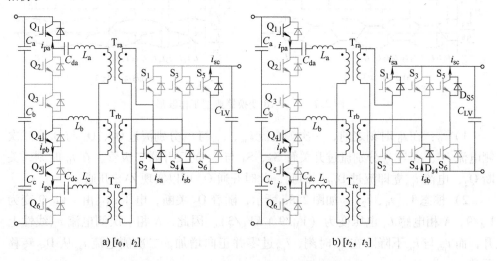

a) $[t_0, t_2]$　　　　　b) $[t_2, t_3]$

图 2.8　$0 \leqslant \varphi < \pi/3$ 情况下的各模态等效电路

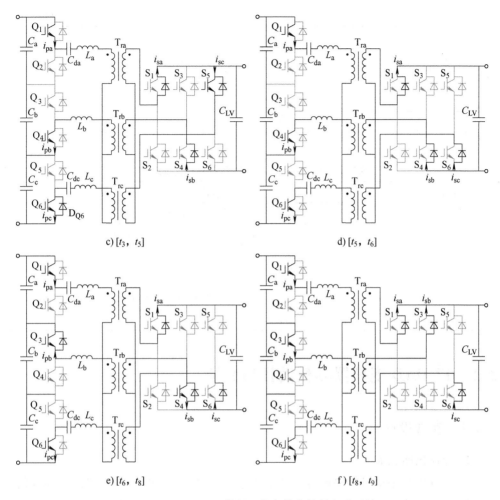

图2.8　0≤φ<π/3 情况下的各模态等效电路（续）

根据上述分析，T²-DAB 变换器可以实现所有开关管的 ZVS 开通，有助于降低变换器开关损耗，提升运行效率。所述 6 个工作模态中电流 i_{pa} 的表达式如表 2.1 所示，其中，$i_{pa}(t_i)$ 是 t_i 时刻的 i_{pa} 电流值（$i=0$，1，2，…，9）。由于变换器中三相交错，i_{pb} 较 i_{pa} 滞后 $T_s/3$（T_s 为开关周期），i_{pc} 较 i_{pa} 超前 $T_s/3$，因此由 i_{pa} 易得电流 i_{pb} 与 i_{pc} 的表达式。T²-DAB 变换器在 π/3≤φ<2π/3 情况下工作原理与 0≤φ<π/3 情况类似，工作波形如图 2.7b 所示，也可以实现所有开关管的 ZVS 开通，其各模态中 i_{pa} 表达式如表 2.2 所示。

表 2.1　0≤φ<π/3 情况下电流 i_{pa} 表达式

模态	i_{pa} 表达式
1	$i_{pa}(t_0) + (V_M + 3KV_L)(t-t_0)/(9L_s)$，$t_0 \leq t < t_2$
2	$i_{pa}(t_2) + (V_M - 3KV_L)(t-t_2)/(9L_s)$，$t_2 \leq t < t_3$

5

（续）

模态	i_{pa} 表达式
3	$i_{pa}(t_3) + (2V_M - 3KV_L)(t - t_3)/(9L_s)$, $t_3 \leqslant t < t_5$
4	$i_{pa}(t_5) + (2V_M - 6KV_L)(t - t_5)/(9L_s)$, $t_5 \leqslant t < t_6$
5	$i_{pa}(t_6) + (V_M - 6KV_L)(t - t_6)/(9L_s)$, $t_6 \leqslant t < t_8$
6	$i_{pa}(t_8) + (V_M - 3KV_L)(t - t_8)/(9L_s)$, $t_8 \leqslant t \leqslant t_9$

表 2.2　$\pi/3 \leqslant \varphi < 2\pi/3$ 情况下电流 i_{pa} 表达式

模态	i_{pa} 表达式
1	$i_{pa}(t_0) + (V_M + 6KV_L)(t - t_0)/(9L_s)$, $t_0 \leqslant t < t_1$
2	$i_{pa}(t_1) + (V_M + 3KV_L)(t - t_1)/(9L_s)$, $t_1 \leqslant t < t_3$
3	$i_{pa}(t_3) + (2V_M + 3KV_L)(t - t_3)/(9L_s)$, $t_3 \leqslant t < t_4$
4	$i_{pa}(t_4) + (2V_M - 3KV_L)(t - t_4)/(9L_s)$, $t_4 \leqslant t < t_6$
5	$i_{pa}(t_6) + (V_M - 3KV_L)(t - t_6)/(9L_s)$, $t_6 \leqslant t < t_7$
6	$i_{pa}(t_7) + (V_M - 6KV_L)(t - t_7)/(9L_s)$, $t_7 \leqslant t \leqslant t_9$

2.2　T²-DAB 变换器参数设计与验证

2.2.1　参数设计

1. 变压器匝比 K

针对图 2.6 中的 T²-DAB 变换器，根据工作模态分析，变压器匝比 K 可按式（2.10）设计，以使得 T²-DAB 变换器两端电压匹配，从而实现较大的软开关范围与高运行效率。

$$K = \frac{V_M}{3V_L} \tag{2.10}$$

2. 传输电感 L_s

根据图 2.7、表 2.1 与表 2.2，当功率由 T²-DAB 变换器中压侧向低压侧传输时，功率 P_{tot} 表达式如式（2.11）所示，其中，f_s 为开关频率。当功率反向传输时，P_{tot} 如式（2.12）所示。

$$P_{tot} = \frac{3}{T_s}\int_{t_0}^{T_s} v_{AN} i_{pa} \mathrm{d}t = \begin{cases} \dfrac{KV_M V_L}{12\pi^2 L_s f_s}\left(-\varphi^2 + \dfrac{4\pi}{3}\varphi\right) & 0 \leqslant \varphi < \dfrac{\pi}{3} \\ \dfrac{KV_M V_L}{12\pi^2 L_s f_s}\left(-2\varphi^2 + 2\pi\varphi - \dfrac{\pi^2}{9}\right) & \dfrac{\pi}{3} \leqslant \varphi \leqslant \dfrac{2\pi}{3} \end{cases} \tag{2.11}$$

$$P_{tot} = \begin{cases} \dfrac{KV_M V_L}{12\pi^2 L_s f_s}\left(\varphi^2 + \dfrac{4\pi}{3}\varphi\right) & -\dfrac{\pi}{3} < \varphi < 0 \\[3mm] \dfrac{KV_M V_L}{12\pi^2 L_s f_s}\left(2\varphi^2 + 2\pi\varphi + \dfrac{\pi^2}{9}\right) & -\dfrac{2\pi}{3} \leqslant \varphi \leqslant -\dfrac{\pi}{3} \end{cases} \tag{2.12}$$

由式（2.11）与式（2.12）可得变换器最大传输功率 P_{max} 表达式，如式（2.13）所示。以 P_{max} 对 P_{tot} 进行标幺，可得标幺传输功率随移相角 φ 的变化曲线，如图 2.9 所示。当 φ 从 $-\pi/2$ 增加至 $\pi/2$，标幺传输功率单调递增，这与传统 DAB 变换器类似。因此，后续闭环控制中将 φ 的取值范围限制在 $[-\pi/2, \pi/2]$。

$$P_{max} = \frac{7KV_M V_L}{216 L_s f_s} \tag{2.13}$$

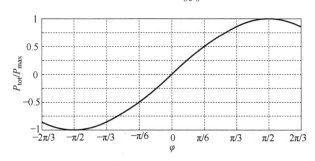

图 2.9 标幺传输功率 P_{tot}/P_{max} 随移相角 φ 变化曲线

一般地，对于 DAB 变换器，其满载移相角通常小于60°，以减小满载情况下的回流功率，从而降低开关器件的电流应力与损耗。但若满载移相角过小，DAB 变换器将可能在半载情况下丢失 ZVS 开通。因此，根据参考文献 [128]，满载移相角 φ_N 可设计在 $30° \sim 45°$ 范围内，根据式（2.11）可得 L_s 值，如式（2.14）所示，其中 P_N 为额定传输功率。

$$L_s = \frac{KV_M V_L}{12\pi^2 P_N f_s}\left(-\varphi_N^2 + \frac{4\pi}{3}\varphi_N\right) \tag{2.14}$$

3. 绕组与开关电流应力

根据表 2.1 与表 2.2，在中压侧与低压侧端口电压匹配的情况下，中压侧三相电流 $i_{pa} \sim i_{pc}$ 的峰值 I_{p_max}，即开关管 $Q_1 \sim Q_6$ 电流峰值可以表示为式（2.15），中压侧三相电流 $i_{pa} \sim i_{pc}$ 的有效值 I_{p_rms} 如式（2.16）所示，开关管 $Q_1 \sim Q_6$ 电流有效值则为 $I_{p\_rms}/\sqrt{2}$。低压侧开关管电流峰值与有效值则为 KI_{p_max} 与 $KI_{p\_rms}/\sqrt{2}$。

$$I_{p\_max} = \begin{cases} \dfrac{V_M T_s \varphi}{9\pi L_s} & 0 \leqslant |\varphi| < \dfrac{\pi}{3} \\[3mm] \dfrac{V_M T_s (6\varphi + 2\pi)}{108\pi L_s} & \dfrac{\pi}{3} \leqslant |\varphi| \leqslant \dfrac{2\pi}{3} \end{cases} \tag{2.15}$$

$$I_{p\_rms} = \sqrt{\frac{2}{T_s} \int_{t_0}^{t_9} i_{pa}^2 dt} = \begin{cases} \dfrac{V_M T_s}{18\pi L_s} \sqrt{2\varphi^2 - \dfrac{\varphi^3}{\pi}} & 0 \leqslant |\varphi| < \dfrac{\pi}{3} \\ \dfrac{V_M T_s}{54\pi L_s} \sqrt{\dfrac{-54\varphi^3 + 81\varphi^2\pi - 9\varphi\pi^2 + \pi^3}{3\pi}} & \dfrac{\pi}{3} \leqslant |\varphi| \leqslant \dfrac{2\pi}{3} \end{cases}$$

(2.16)

4. 电容

隔直电容 C_{da} 与 C_{dc} 可按其电压波动的峰-峰值 ΔV_{Cdpp} 进行选取，其容值 C_d 设计如式（2.17）所示。需要说明的是，当隔直电容过小时，将会在 DAB 变换器中引入明显的谐振特性，导致实际移相角与电流峰值小于前述计算值。虽然这可以提升变换器在重载情况下的效率，但这也会导致 DAB 变换器在轻载情况下过早地丢失零电压开通。因此，在选择隔直电容值时需要折中考虑。

$$C_d = \frac{\int_{i_{pa} \geqslant 0} i_{pa} dt}{\Delta V_{Cdpp}} = \frac{V_M T_s^2 \varphi (8\pi - 3\varphi)}{108\pi^2 L_s \Delta V_{Cdpp}}$$

(2.17)

对中压端口三相滤波电容 $C_a \sim C_c$，其容值 C_{MV} 也可按其电压纹波的峰-峰值 ΔV_{Mpp} 进行设计，如式（2.18）所示。同样地，对于低压端口滤波电容 C_{LV}，可按式（2.19）进行设计，ΔV_{Lpp} 为低压端口电压峰-峰值。

$$C_{MV} = \frac{\int_{i_{Ca} \geqslant 0} i_{Ca} dt}{\Delta V_{Mpp}} = \frac{\int_{i_{Ca} \geqslant 0} (i_M - i_{pa} f_{Q1}) dt}{\Delta V_{Mpp}} = \frac{V_M \varphi}{18\pi L_s f_s^2 \Delta V_{Mpp}} \left(\frac{2}{9} - \frac{\varphi}{24\pi} \right)$$

(2.18)

$$C_{LV} = \frac{K V_M \varphi^2}{72\pi^2 L_s f_s^2 \Delta V_{Lpp}} \left(1 - \frac{3\varphi}{2\pi} \right)^2$$

(2.19)

2.2.2 稳态控制策略

根据图 2.9，由于传输功率 P_{tot} 随 φ 单调变换（$\varphi \in [-\pi/2, \pi/2]$），可采用传统闭环控制对变换器端口电压进行控制。其控制框图如图 2.10 所示，通过采样低压端口电压 v_L 闭环控制产生基础移相角 φ^*，并将其限制在 $[-\pi/2, \pi/2]$ 范围内。

进一步地，考虑到三相参数的不一致性，若三相桥的移相角 φ_a、

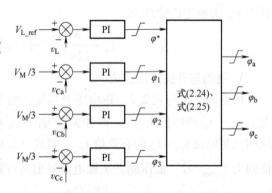

图 2.10　T^2-DAB 变换器稳态控制策略框图

φ_b、φ_c 仍保持相同，则每相传输功率不等。由于中压侧三相串联，这将导致中压

端口三相电容电压 v_{Ca}、v_{Cb}、v_{Cc} 不均。以 $0 \leqslant \varphi < \pi/3$ 情况为例，根据表2.1，A、B、C 三相传输功率公式可以表示为式（2.20）～式（2.22）。

$$P_A = \frac{K V_M V_L T_s}{108\pi^2 L_s}\left(-2\varphi_a^2 + \varphi_b^2 - 2\varphi_c^2 + \frac{2\pi}{3}(4\varphi_a + \varphi_b + \varphi_c) \right) \qquad 0 \leqslant \varphi < \frac{\pi}{3} \qquad (2.20)$$

$$P_B = \frac{K V_M V_L T_s}{108\pi^2 L_s}\left(-2\varphi_a^2 - 2\varphi_b^2 + \varphi_c^2 + \frac{2\pi}{3}(\varphi_a + 4\varphi_b + \varphi_c) \right) \qquad 0 \leqslant \varphi < \frac{\pi}{3} \qquad (2.21)$$

$$P_C = \frac{K V_M V_L T_s}{108\pi^2 L_s}\left(\varphi_a^2 - 2\varphi_b^2 - 2\varphi_c^2 + \frac{2\pi}{3}(\varphi_a + \varphi_b + 4\varphi_c) \right) \qquad 0 \leqslant \varphi < \frac{\pi}{3} \qquad (2.22)$$

那么，A 相传输功率占总传输功率之比可计算为式（2.23），可见当总传输功率一定时，若 $0 \leqslant \varphi < \pi/3$，$P_A/P_{tot}$ 随 φ_a 的增大而增大，随着 φ_c 的增大而减小，而 P_A/P_{tot} 与 φ_b 在 $[0, \pi/6]$ 内呈负相关关系，在 $[\pi/6, \pi/3]$ 内正相关。其他情况下，各相传输功率占总功率之比 P_i/P_{tot}（i = A，B，C）与移相角 φ_a、φ_b、φ_c 的关系如表2.3所示，其中，"＋"表示正相关，"－"表示负相关。

$$\frac{P_A}{P_{tot}} = \frac{1}{3} + \frac{1}{P_{tot}}\left(\frac{\pi^2}{2} - \left(\varphi_a - \frac{2\pi}{3}\right)^2 + 2\left(\varphi_b - \frac{\pi}{6}\right)^2 - \left(\varphi_c + \frac{\pi}{3}\right)^2 \right) \qquad 0 \leqslant \varphi < \frac{\pi}{3}$$

$$(2.23)$$

表 2.3　各相传输功率占总功率之比与移相角 φ_a、φ_b、φ_c 的关系

φ^*	P_i/P_{tot}	φ_a	φ_b	φ_c
$[-\pi/2, -\pi/6]$ 或 $[\pi/6, \pi/2]$	P_A/P_{tot}	＋	＋	－
	P_B/P_{tot}	－	＋	＋
	P_C/P_{tot}	＋	－	＋
$[-\pi/6, \pi/6]$	P_A/P_{tot}	＋	－	－
	P_B/P_{tot}	－	＋	－
	P_C/P_{tot}	－	－	＋

在传统均压控制中，一般通过直接采样三相电容电压 $v_{Ca} \sim v_{Cc}$ 闭环产生三相补偿移相角 φ_1、φ_2、φ_3，并与基础移相角 φ^* 相减，得到三相移相角。根据上述分析，三相传输功率并不只与该相移相角相关，若采用传统均压控制，则不能使得三相传输功率快速均衡，从而快速平衡三相电容电压。以 $\pi/6 \leqslant \varphi \leqslant \pi/2$ 情况为例，若 v_{Ca} 受到扰动而低于 $V_M/3$，根据上述控制环路，此时，闭环调节使得 A 相移相角 φ_a 减小，这将使得 A 相瞬时传输功率下降。由于中压侧三相电容串联，A 相电容电压 v_{Ca} 将增加。而根据表2.3，φ_a 减小将会导 C 相传输功率 P_C 也减小，使得 v_{Cc} 上升。进一步地，这将导致移相角 φ_c 减小，导致 P_A 上升，从而阻碍 A 相电容电压的快速均衡。

因此根据表2.3，提出了 T²-DAB 变换器的中压侧三相电容电压快速均衡策略，

如图 2.10 所示。通过采样三相电容电压 v_{Ca}、v_{Cb} 与 v_{Cc}，与 $V_M/3$ 比较后通过 PI 控制器得到三相补偿移相角 φ_1、φ_2、φ_3，并根据式（2.24）与式（2.25）得到三相移相角 φ_a、φ_b、φ_c。考虑到三相参数的不一致性不会很大，这里采用基础移相角 φ^* 区分两种均压情况。

$$\begin{cases} \varphi_a = \varphi^* - \varphi_1 + \varphi_2 - \varphi_3 \\ \varphi_b = \varphi^* - \varphi_1 - \varphi_2 + \varphi_3 \qquad \dfrac{\pi}{6} < |\varphi^*| \leq \dfrac{\pi}{2} \\ \varphi_c = \varphi^* + \varphi_1 - \varphi_2 - \varphi_3 \end{cases} \qquad (2.24)$$

$$\begin{cases} \varphi_a = \varphi^* - \varphi_1 + \varphi_2 + \varphi_3 \\ \varphi_b = \varphi^* + \varphi_1 - \varphi_2 + \varphi_3 \qquad -\dfrac{\pi}{6} \leq \varphi^* \leq \dfrac{\pi}{6} \\ \varphi_c = \varphi^* + \varphi_1 + \varphi_2 - \varphi_3 \end{cases} \qquad (2.25)$$

2.2.3 启动策略

对于直流变压器，其启动策略也尤为重要，在启动过程中，应同时保证开关管等元器件不会过电压过电流，以及高频变压器不会饱和。考虑到所提出的串联式三相桥结构的特殊性，以及实际工程中开关管驱动电路在就近位置的电容处取电的需求，本章提出了一种适用于 T^2-DAB 变换器的启动策略。以 T^2-DAB 变换器从中压侧母线启动为例，启动电路如图 2.11 所示，包含中压侧两级启动电阻 R_{M1}、R_{M2}，启动开关 $Q_{M1} \sim Q_{M3}$，以及低压侧负荷开关 Q_L。T^2-DAB 变换器启动过程共包含以下 5 个阶段。

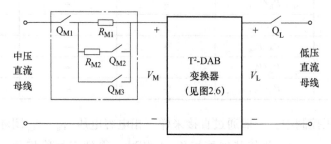

图 2.11 T^2-DAB 变换器启动电路

1）阶段 1：中压侧启动开关 Q_{M1} 闭合，中压端口三相电容 $C_a \sim C_c$ 开始经电阻 R_{M1} 充电。在该阶段内，由于三相电容电压 v_{Ca}、v_{Cb}、v_{Cc} 与低压端口电容电压 V_L 均低于开关管驱动辅助电源最低取电电压，开关管 $Q_1 \sim Q_6$ 与 $S_1 \sim S_6$ 闭锁。该阶段内，各电容充电回路如图 2.12 所示，隔直电容 C_{da}、C_{dc} 与低压端口电容 C_{LV} 通过 Q_2、Q_5、S_1 与 S_6 的反并联二极管，与中压侧 B 相电容 C_b 并联后，与 C_a、C_c 串联充电。因此，在该阶段内，v_{Cb} 将低于 v_{Ca} 与 v_{Cc}。但由于中压侧三相电容 $C_a \sim C_c$ 与低压端口电容 C_{LV} 的容值远大于隔直电容，v_{Cb} 与 v_{Ca} 的差值较小，隔直电容电

压 v_{Cda} 与 v_{Cdc} 接近 $v_{Cb}/2$ 与 $-v_{Cb}/2$。另外,根据图 2.12,V_L 对变压器 T_{ra} 与 T_{rc} 单向励磁,这将导致暂态的直流偏磁,但由于阶段 1 非常短暂且电压 V_L 较低,直流偏磁程度较低。

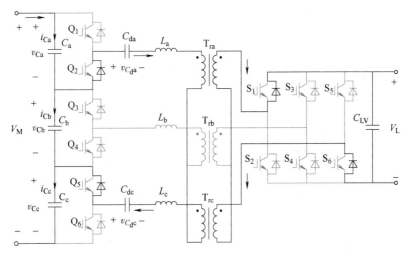

图 2.12 启动阶段 1 电流通路

2) 阶段 2:当电压 $v_{Ca} \sim v_{Cc}$ 高于辅助电源最低取电电压 V_1,启动开关 Q_{M2} 闭合,启动电阻 R_{M1} 与 R_{M2} 并联,从而加速电容充电过程。同时,解锁开关管 $Q_1 \sim Q_6$ 驱动,为了避免启动过程中出现较高的电流冲击而损坏开关器件,$Q_1 \sim Q_6$ 的占空比从 0 开始逐渐增加至 0.5,且其相位关系与稳态情况相同。随着 $Q_1 \sim Q_6$ 的开通,隔直电容电压 v_{Cda} 与 v_{Cdc} 分别快速上升至 $(v_{Ca}+v_{Cb})/2$ 与 $(v_{Cb}+v_{Cc})/2$,低压端口电容 C_{LV} 则经二极管 $D_{S1} \sim D_{S6}$ 构成的三相整流桥快速充电。该阶段内,由于每个半桥内上下开关管交替对称导通,T_{ra}、T_{rb}、T_{rc} 伏秒积为零,阶段 1 内产生的暂态直流偏磁被电路寄生电阻逐渐消除。

3) 阶段 3:当低压端口电压 V_L 高于辅助电源最低取电电压 V_1,$S_1 \sim S_6$ 解锁控制,其占空比随 $Q_1 \sim Q_6$ 占空比的增大而增大。同时,解锁 V_L 控制环与中压端口三相电容电压均压环,设定电压 V_L 闭环给定值为 $V_M/(3K)$,从而使得电压 V_L 可以快速跟随 V_M 同步上升,且保证 $C_a \sim C_c$ 均衡充电。

4) 阶段 4:当 V_M 高于 Q_{M3} 闭合阈值电压 V_2,启动开关 Q_{M3} 闭合,T^2-DAB 变换器中压直流端口连接至中压直流母线。由于预设的阈值电压 V_2 非常接近中压母线电压,Q_{M3} 合闸电流较小。在此阶段内,V_L 控制环给定变为稳态情况给定值 V_{L_ref},使得 V_L 可调节至额定值,$v_{Ca} \sim v_{Cc}$ 保持均衡。

5) 阶段 5:当 V_L 达到额定电压,并且阶段 4 的持续时间大于预设最短时间 τ,以保证变换器达到稳态,低压侧启动开关 Q_L 闭合,负荷被接入低压直流端口,变换器完成启动。

2.2.4 仿真验证

本节基于 PLECS 对 T^2-DAB 变换器进行了仿真验证，根据 2.2.1 节中的设计方法，变换器参数如表 2.4 所示。其中，满载移相角设置为 45°，计算得到三相传输电感 L_s 值为 22.57μH。仿真结果如图 2.13 和图 2.14 所示。

表 2.4 T^2-DAB 变换器模块仿真参数

参数	数值
中压端口额定电压 V_M/V	3000
低压端口额定电压 V_L/V	1000
额定传输功率 P_N/kW	300
开关频率 f_s/kHz	10
变压器匝比 K:1	1:1
变压器励磁电感/mH	20
中压端口三相电容 C_{MV}/mF	2
三相传输电感 L_s/μH	22.57
隔直电容 C_d/μF	100
低压端口电容 C_{LV}/mF	5
启动电阻 R_{M1}/Ω	500
启动电阻 R_{M2}/Ω	50

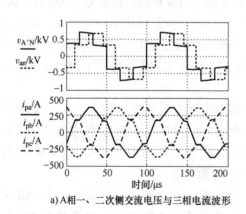

a) A相一、二次侧交流电压与三相电流波形

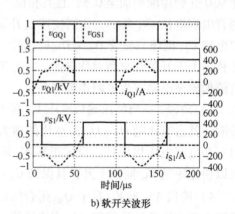

b) 软开关波形

图 2.13 T^2-DAB 变换器仿真波形

如图 2.13a 所示，电压 $v_{A'N}$ 与 v_{an} 为四电平波形，电流 $i_{pa} \sim i_{pc}$ 与原理分析一致。由于隔直电容引入了 LC 谐振特性，使得移相角减小为 41°，略小于设定值。一、二次侧开关电压电流波形如图 2.13b 所示，可见开关管 Q_1 与 S_1 均实现了 ZVS 开通（开通时其电流为负），并且开关管关断电流仅为峰值电流的一半，而传统单移

相控制下的全桥型 DAB 变换器关断电流为峰值电流，因此，T²-DAB 变换器有助于降低开关器件的关断损耗。

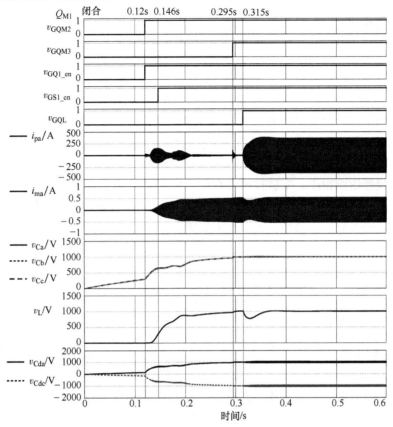

图 2.14　启动过程仿真波形

启动过程仿真波形如图 2.14 所示，其中 i_{ma} 为 A 相变压器一次侧励磁电流，辅助电源最低取电电压 V_1 设定为 300V，而 Q_{M3} 闭合阈值电压 V_2 设定为 2900V。在 $t=0$ 时刻，Q_{M1} 闭合，$C_a \sim C_c$ 经电阻 R_{M1} 充电，如 2.2.3 节中所述，v_{Cb} 略低于 v_{Ca} 与 v_{Cc}，在该阶段结束时，即 $t=0.12s$，v_{Cb} 为 300V，v_{Ca} 与 v_{Cc} 均为 308.1V。由于 C_{LV} 远大于隔直电容 C_{da} 与 C_{dc}，V_L 仅略微上升，而 v_{Cda} 与 v_{Cdc} 电压值分别为 v_{Cb} 的一半。励磁电流 i_{ma} 在该阶段内变化非常微小，因此变压器磁心不会饱和。在 0.120s 时，$v_{Ca} \sim v_{Cc}$ 均达到了辅助电源最低取电电压 300V，启动开关 Q_{M2} 闭合，中压侧开关 $Q_1 \sim Q_6$ 全部解锁，所有电容开始快速充电。三相变压器励磁电流的直流分量由于开关与绕组的寄生电阻而快速消除，然后随着 $Q_1 \sim Q_6$ 占空比的增大而逐渐增大，且保持对称。在 0.146s 时，V_L 上升至超过 300V，低压侧开关管 $S_1 \sim S_6$ 解锁。由于中压端口三相电容均压环的作用，电压 $v_{Ca} \sim v_{Cc}$ 保持平衡。在 0.295s，中压端口电压 V_M 上升至 2900V，启动开关 Q_{M3} 闭合，经 0.02s 后，低压端口负荷开关 Q_L 也闭合，满载负荷被接入变换器低压直流端口。经过短暂的调节后，低压直流端口电压稳定在额定值。在整个启动过程中，三相电流 i_{pa} 与励磁电流 i_{ma} 均小于稳态情况。

2.2.5 实验验证

本节搭建了一台 600V/200V/2kW 的 T^2-DAB 变换器实验样机，对所提出的拓扑结构、控制与启动策略进行了原理性验证，样机参数如表 2.5 所示。其中，三相变压器采用 EE110 磁心绕制，以验证集中式三相变压器在 T^2-DAB 变换器中应用的可行性。两个 EE110 磁心并联，三相绕组分别绕制在 EE110 的三个磁心柱上，为了保证三相磁通相互抵消，三相绕组匝数需保证相同。但由于 EE110 三个磁心柱截面积不等（中柱导磁面积大于边柱），三相励磁电感不等，但由于励磁电感值较大，对变换器影响很小。实验样机参数设计中，同样设定满载移相角为 45°，并采用额外的电感分别与变压器三相绕组串联，以消除三相高频变压器漏感差异，从而保证三相电路参数的一致性，实验波形如图 2.15 ~ 图 2.17 所示。

表 2.5　T^2-DAB 变换器实验样机参数

参数	数值	参数	数值
中压端口额定电压 V_M/V	600	中压端口三相电容 C_{MV}/mF	1
低压端口额定电压 V_L/V	200	三相传输电感 L_s/μH	62.6
额定传输功率 P_N/kW	2	隔直电容 C_d/μF	110
开关频率 f_s/kHz	20	低压端口电容 C_{LV}/mF	1
变压器匝比 K:1	1:1	启动电阻 R_{M1}/Ω	500
变压器励磁电感/mH	11.6/17.8/11.6	启动电阻 R_{M2}/Ω	100
开关器件	STW48N60DM2	控制器	TMS320F28335

T^2-DAB 变换器满载情况下的稳态实验波形如图 2.15a 所示，A 相一、二次侧交流电压 $v_{A'N}$ 和 v_{an} 波形与理论分析和仿真结果中一致，满载移相角为 42.48°。注意到电压 $v_{A'N}$ 与 v_{an} 波形存在振荡，这是由于开关管动作时，变压器寄生电容与电感发生谐振。如图 2.15b、c 所示，中、低压侧开关管 Q_1 与 S_1 均实现了 ZVS 开通，关断电流为峰值电流的一半，有效降低了开关损耗。如图 2.15d 所示，在采用图 2.10 所示控制时，低压直流端口电压稳定在 200V，且三相电容电压 v_{Ca} ~ v_{Cc} 保持均衡，均稳定在 200V。

启动过程的实验波形如图 2.16 所示，通过采用 2.2.3 节中所提出的启动策略，实现了变换器的软启动。注意到实验中，在阶段 5 接入 2kW 的负载时，电压 v_{Ca} ~ v_{Cc} 略微减小，这是因为实验中的 600V 电压输入是由交流调压器与三相整流桥产生的，其电压在轻载时偏高，而在负载接入时发生了跌落，从而导致 v_{Ca} ~ v_{Cc} 的突然下降，但这对启动策略的验证没有影响。当变换器传输功率由正向满载跳变至反向满载，实验波形如图 2.17 所示，中压端口三相电容电压 v_{Ca} ~ v_{Cc} 与低压端口电压

V_L 经过短暂调节稳定在200V，电流 i_{pa} 变化平缓，而隔直电容电压 v_{C_da} 与 v_{C_dc} 稳定在200V，不随功率变化。实验效率曲线如图2.18所示，变换器最高效率可达98.1%，满载效率为96.3%。

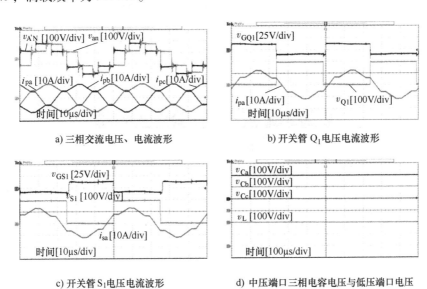

a) 三相交流电压、电流波形　　　　　b) 开关管 Q_1 电压电流波形

c) 开关管 S_1 电压电流波形　　　　d) 中压端口三相电容电压与低压端口电压

图2.15　T²-DAB变换器满载下稳态实验波形

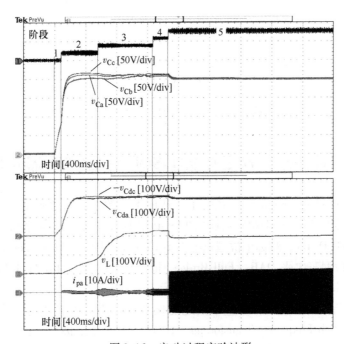

图2.16　启动过程实验波形

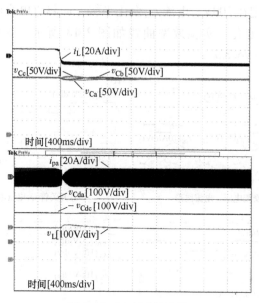

图 2.17　功率反转波形

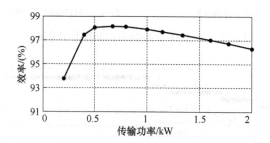

图 2.18　效率随传输功率变化曲线

2.3　基于不同类型 DAB 变换器的 ISOP 型直流变压器方案对比

本节在 6kV/1kV/600kW 应用场合下，从成本、效率、功率密度三个角度对比基于不同直流变换器与 T²-DAB 变换器的 ISOP 型 DCT 方案，包括全桥 DAB（Full-Bridge DAB，FB DAB）、对称半桥型三电平 DAB（Half-Bridge Three-Level DAB，HB-TL DAB）、全桥型三电平 DAB（Full-Bridge Three-Level DAB，FB-TL DAB）与三相 DAB 变换器，其拓扑结构分别如图 2.19 所示。

在表 2.6 所示的参数下，对基于上述变换器的直流变压器开关管等器件选型、高频变压器（High Frequency Transformer，HFT）、散热系统进行了设计。各直流变压器方案的器件电压、电流应力如表 2.7 所示。

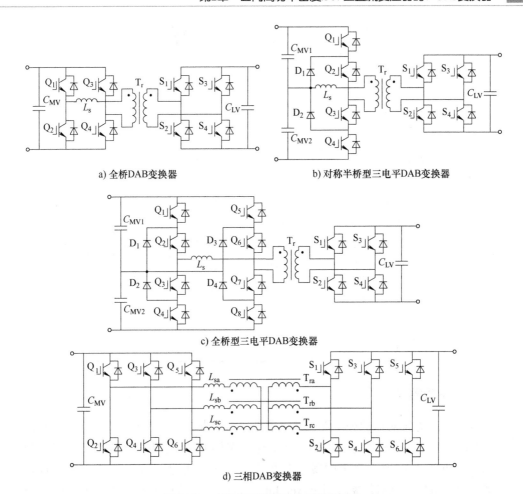

a) 全桥DAB变换器　　　　　　　　　b) 对称半桥型三电平DAB变换器

c) 全桥型三电平DAB变换器

d) 三相DAB变换器

图 2.19　直流变压器模块典型拓扑结构

表 2.6　直流变压器模块基本参数

参数	FB DAB 变换器	HB-TL DAB 变换器	FB-TL DAB 变换器	三相 DAB 变换器	T²-DAB 变换器
中压端口电压 V_M/V	6000				
低压端口电压 V_L/V	1000				
额定传输功率 P_N/kW	600				
开关频率 f_s/kHz	10				
满载移相角	45°				
拓扑结构	图 2.19a	图 2.19b	图 2.19c	图 2.19d	图 2.6
模块数量	6	3	3	6	2
传输电感 L_s/μH	93.75	46.88	187.5	67.71	22.57
高频变压器 匝比与类型	1:1 单相 HFT	1:1 单相 HFT	2:1 单相 HFT	1:1 三相 HFT	1:1 三相 HFT
隔直电容/μF					100

表 2.7 直流变压器元器件电压、电流应力

参数		FB DAB 变换器	HB-TL DAB 变换器	FB-TL DAB 变换器	三相 DAB 变换器	T²-DAB 变换器
开关管电压 应力/V	中压侧	1000	1000	1000	1000	1000
	低压侧	1000	1000	1000	1000	1000
开关管电流 峰值/A	中压侧	133.3	266.6	133.3	123.1	369.2
	低压侧	133.3	266.6	266.6	123.1	369.2
开关管电流 有效值/A	中压侧	86.1	172.1	86.1	57.6	172.7
	低压侧	86.1	172.1	172.1	57.6	172.7
开关管关断 电流/A	中压侧	133.3	266.6	133.3	61.6	184.6
	低压侧	133.3	266.6	133.3	61.6	184.6
HFT 一次侧伏秒积/V·s		1/40	1/40	1/20	1/90	1/90
HFT 绕组电流 有效值/A	中压侧	121.8	243.4	121.8	81.5	244.2
	低压侧	121.8	243.4	243.4	81.5	244.2
隔直电容电压峰值/V		—	—	—	—	1056
隔直电容电流有效值/A		—	—	—	—	244.2

2.3.1 开关器件

为了保证方案对比的公平性，开关器件选型要求如下：①所有的开关器件均源自 Infineon 公司，价格参考某网站；②对比中选用 IGBT 作为开关器件，其最大耐压与最大电流设定为表 2.7 中额定值的 1.5~2 倍。根据表 2.7，各方案均选用 1700V 级 IGBT，其驱动器选用 Power Integrations 公司的 2SC0435T（包含两路驱动）。在上述前提下，FB DAB 变换器中、低压侧均选用半桥模块 FF150R17KE4；FB-TL DAB 变换器在中压侧选用 FF150R17KE4，低压侧选用 FF300R17KE4；HB-TL DAB 与 T²-DAB 变换器在中压侧与低压侧均选用 FF300R17KE4；对于三相 DAB 变换器，可选择三相桥模块 FS100R17PE4。因此，参考某网站，可计算得到各直流变压器方案的开关器件与驱动电路的成本，如图 2.20a 所示，基于 HB-TL DAB 与 T²-DAB 变换器的 DCT 方案由于开关器件数量较少，大大降低了成本，同时也减少了直流变压器控制器所需的 PWM 通道数，从而降低了控制器的设计难度与成本。然而，对于三相 DAB 变换器，尽管 FS100R17PE4 单管成本低于 FF150R17KE4 与 FF300R17KE4，但由于其庞大的开关管数量，其成本在 5 种方案中最高。

采用 PLECS 对各方案中的开关管损耗进行了仿真，开关管结温设置在 85°C，结果如图 2.20b 所示。在 5 种直流变压器方案中，T²-DAB 变换器的开关器件损耗最低，其次是三相 DAB 变换器，远低于其他三种方案。实际上，在前述开关器件选型的前提下，各方案中开关管导通损耗基本一致，而由于 5 种 DAB 型变换器中

开关管均可实现 ZVS 开通，即开通损耗非常小，因此，各方案的开关器件损耗差距主要源于 IGBT 的关断损耗。对于 FB DAB、HB-TL DAB 与 FB-TL DAB 变换器方案，其开关管在峰值电流处关断，导致了较高的关断损耗，而三相 DAB 与 T²-DAB 变换器开关管关断电流仅为峰值电流的一半，从而具有较低的 IGBT 关断损耗。

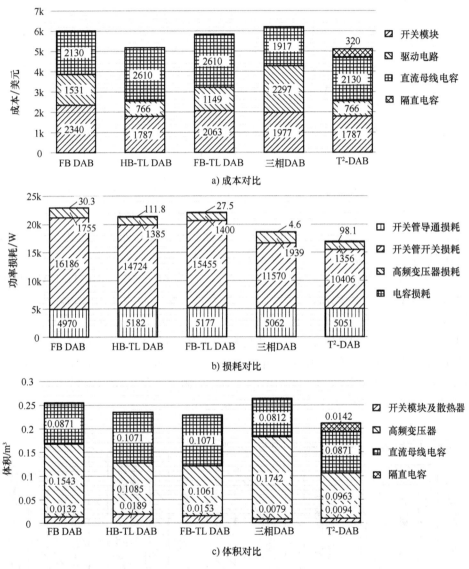

图 2.20　直流变压器方案对比

根据开关器件损耗仿真结果，单一 IGBT 模块功率损耗较高，因此对比中采用水冷系统冷却，需要注意的是，对水冷系统体积的计算仅考虑了开关散热器，不包含外部热交换器、水泵与水箱等。水冷系统设计中保证各方案中冷却液流速与压力相同，散热器结构一致。各方案中开关模块与水冷散热器的总体积计算结果如图 2.20c 所示，三相 DAB 变换器最小，其次是 T^2-DAB 变换器，两者远小于另外三种方案，这与前述开关器件损耗分布基本一致。

2.3.2 磁性元件

在对各直流变压器方案的高频变压器进行设计前，作以下假设与说明：①各方案中高频变压器与传输电感磁心选用锰锌铁氧体 PC40，高频变压器最高工作磁密设置为 0.2T，传输电感最高工作磁密为 0.3T；②高频变压器与电感均选用利兹线绕制，绕组电流密度为 3A/mm^2；③变压器一、二次侧需满足实际 10kV 直流配电网中 35kV 绝缘要求。

根据参考文献［129］中的方法，分别对 5 种方案中的磁性元件进行了设计，各方案中的变压器结构如图 2.21 所示，FB DAB、HB-TL DAB 与 FB-TL DAB 方案均采用矩形磁心绕制，而三相 DAB 与 T^2-DAB 方案则采用三相磁心。为了实现传输电感磁集成、满足绝缘要求，中、低压绕组分开绕制。假设磁心工作温度在 80℃，并考虑利兹线的趋肤效应与邻近效应，损耗与体积对比结果如图 2.20b、c 所示，可见 T^2-DAB 变换器方案的磁心元件体积与损耗最小，其次为 HB-TL DAB 与 FB-TL DAB 变换器方案。根据表 2.7，在上述直流变压器方案中，T^2-DAB 变换器与三相 DAB 变换器的一次绕组伏秒积最小，仅为 FB DAB 与 HB-TL DAB 变换器的 4/9，FB-TL DAB 变换器的 2/9，这有助于减小变压器所需的磁心体积与损耗。同时由于 T^2-DAB 变换器的变压器数量较少，进一步降低了高频变压器的体积。而对于 FB DAB 与三相 DAB 变换器，其高频变压器数量较大，导致磁性元件的总体积与损耗较大。而在实际应用中，由于模块间绝缘、散热通道的需求，变压器数量的减小可进一步提升装置内空间利用率。对比中磁性元件为特殊定制，相关成本难以计算，因此图 2.20a 中未显示磁性元件成本。

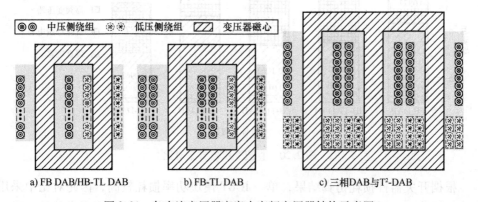

图 2.21 各直流变压器方案中高频变压器结构示意图

a) FB DAB/HB-TL DAB　　b) FB-TL DAB　　c) 三相 DAB 与 T^2-DAB

2.3.3 电容

各方案中电容器选自 CRE New Energy Technology，并且采用了交错并联技术，以减小直流变压器中、低压直流端口所需电容器容值。为保证对比的公平性，中、低压侧端口电容的容值按相同的电压波动选取，电容器损耗根据其 ESR 与电流有效值计算得到，对比结果如图 2.20 所示。由于三相 DAB 变换器中压与低压端口电压波动较小且模块数量较多，其所需的低压端口电容值较小，有效降低了电容器成本、损耗与成本。而 T²-DAB 变换器同样在低压侧采用了并联式三相桥，因此其可以在使用较少模块数情况下，获得较低的电压波动，因此直流母线电容成本也较低。对于 HB-TL DAB 与 FB-TL DAB 变换器，模块数的减少意味着更大的低压直流母线电容，从而增加了电容器成本与体积。但是，在 T²-DAB 变换器中，需要额外的隔直电容，这增加了额外的损耗、成本与体积，抵消了前述的部分优势。特别地，对于 HB-TL DAB 与 T²-DAB 变换器，其中压侧母线电容与隔直电容需流过较高的电流，导致其电容损耗远高于其他 3 种方案，但电容损耗较小，基于 T²-DAB 变换器的 DCT 方案在损耗方面仍具有优势。

综上所述，如图 2.20 所示，从成本（仅考虑开关器件与电容器）、功率损耗与体积角度，T²-DAB 变换器在上述 5 种直流变压器方案中均为最优。由于 T²-DAB 变换器高频变压器与散热器体积均较小，其成本优势更为明显。对比最为广泛使用的 FB DAB 变换器方案，T²-DAB 变换器方案的成本、损耗与体积分别降低了 16.63%、24.45% 与 15.10%。

2.4 本章小结

为满足中低压直流配电场合中 ISOP 型直流变压器低成本、高效率、高功率密度的需求，本章通过分解现有各类桥式电路拓扑，得到构成桥式电路结构的基本单元，归纳推演出了低开关电压应力的串联式 n 相桥结构以及低开关电流应力的并联式 n 相桥结构。在此基础上，通过在变换器中压侧应用串联式三相桥、在低压侧应用并联式三相桥，提出了一种具有高输入电压、大输出电流能力的三相三倍压双有源桥变换器拓扑，适用于构建少功率变换模块的直流变压器方案。经与现有 ISOP 型直流变压器方案对比，基于所提出的 T²-DAB 变换器的 DCT 方案显著降低了装置成本、损耗与体积，适用于中低压直流变压器场合。同时，T²-DAB 变换器的技术路线也验证了在直流变压器中，通过增大直流变换模块的电压与功率等级、减小模块数量，是提升其性价比、效率、功率密度的有效途径之一。

第 3 章

面向T²-DAB变换器的低电流应力 ZVS优化控制策略

第 2 章针对面向中低压直流配电网的 ISOP 型直流变压器，提出并验证了一种高功率密度型 T²-DAB 变换器，有效降低了直流变压器的成本、损耗与体积。但对于 DAB 型变换器，当直流母线电压波动（变换器输入、输出端口电压不匹配）或负载较轻时，开关管容易丢失 ZVS 开通，产生较大的开通电压尖峰与损耗，导致装置可靠性与效率下降。本章针对 T²-DAB 变换器，分析了其电压不匹配与轻载情况下的 ZVS 特性，并提出了一种基于非对称占空比调制与移相控制的混合控制策略，通过工况划分与模态分析，对该混合控制策略下的 T²-DAB 变换器进行了数学建模。进一步地，考虑开关管寄生电容与死区时间的影响，推导了开关器件的 ZVS 判定条件，并将其作为约束条件，以最小电流应力为目标，优化了控制中的占空比与移相角，从而在实现宽电压、宽负载范围内开关管 ZVS 开通基础上，同时降低了电流应力，提升了 T²-DAB 变换器的运行性能，最后通过实验对该控制策略进行了验证。

3.1　T²-DAB 变换器电压不匹配与轻载情况下的 ZVS 分析

在第二章中单移相控制下，图 3.1 所示的 T²-DAB 变换器在电压不匹配与轻载情况下开关管可能丢失 ZVS 开通，增大开关损耗。由于 DAB 变换器功率正向与反向传输时工作模态是对称的，以功率由中压侧向低压侧传输为例，在第 2 章中的参数设计要求（即额定移相角 $\varphi_N < 60°$）下，对开关管 ZVS 情况进行分析。

如图 3.2 所示为 T²-DAB 变换器 ZVS 情况下的典型工作波形，根据移相时间 t_φ 与死区时间 t_{dead} 的关系，在计算开关管 Q_1 与 S_1 的开通电流时需分情况讨论。对于开关管 Q_1，当死区时间 t_{dead} 小于移相时间 $\varphi T_s/(2\pi)$ 时，可根据图 3.2a 对开关管 Q_1 的开通电流进行计算，如式（3.1）所示；当死区时间 $t_{dead} \geq \varphi T_s/(2\pi)$，典型 ZVS 波形如图 3.2b 所示，在 t_2 时刻关断 S_2 时，i_{pa} 迅速上升，但由于该情况下 T²-DAB 变换器中、低压端口电压不匹配，i_{pa} 未过零，若在死区时间结束时，电流

i_{pa} 仍保持为负，即可实现 Q_1 的 ZVS 开通。由此可知该情况下 Q_1 的开通电流 I_{Q1_on} 表达式如式（3.2）所示。

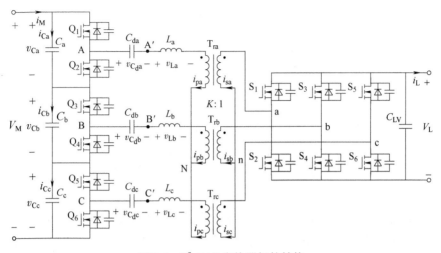

图 3.1　T²-DAB 变换器拓扑结构

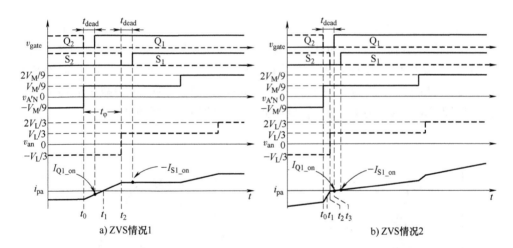

a) ZVS情况1　　　　　　　　　　　b) ZVS情况2

图 3.2　T²-DAB 变换器不同 ZVS 情况下典型工作波形

$$I_{Q1\_on} = i_{Q1}(t_0 + t_{dead}) = i_{pa}(t_0) + \frac{V_M + 3KV_L}{9L_s}t_{dead}$$

$$= \frac{-2\pi V_M + 3KV_L(2\pi - 3\varphi)}{54\pi L_s}T_s + \frac{V_M + 3KV_L}{9L_s}t_{dead} \qquad \left(t_{dead} < \frac{\varphi T_s}{2\pi}\right) \qquad (3.1)$$

$$I_{Q1\_on} = i_{Q1}(t_0 + t_{dead}) = i_{pa}(t_2) + \frac{V_M + 3KV_L}{9L_s}(t_0 + t_{dead} - t_2)$$

$$= \frac{-2\pi V_M + 3KV_L(2\pi + 3\varphi)}{54\pi L_s}T_s + \frac{V_M - 3KV_L}{9L_s}t_{dead} \qquad \left(t_{dead} \geqslant \frac{\varphi T_s}{2\pi}\right) \qquad (3.2)$$

同理可得低压侧开关管 S_1 的开通电流 I_{S1_on} 表达式如式（3.3）与式（3.4）所示，也需根据死区时间与移相时间的关系分两种情况讨论。

$$I_{S1\_on} = i_{s1}(t_2 + t_{dead}) = -K\left(i_{pa}(t_2) + \frac{V_M - 3KV_L}{9L_s}t_{dead}\right)$$

$$= \frac{(2\pi - 3\varphi)V_M - 3KV_L \cdot 2\pi}{54\pi L_s}KT_s - \frac{V_M - 3KV_L}{9L_s}Kt_{dead} \qquad t_{dead} < \left(\frac{1}{6} - \frac{\varphi}{2\pi}\right)T_s$$

$$(3.3)$$

$$I_{S1\_on} = i_{s1}(t_2 + t_{dead}) = -K\left(i_{pa}(t_3) + \frac{2V_M - 3KV_L}{9L_s}(t_2 + t_{dead} - t_3)\right)$$

$$= \frac{(3\pi - 6\varphi)V_M - 3KV_L \cdot 2\pi}{54\pi L_s}KT_s - \frac{2V_M - 3KV_L}{9L_s}Kt_{dead} \qquad t_{dead} \geq \left(\frac{1}{6} - \frac{\varphi}{2\pi}\right)T_s$$

$$(3.4)$$

不考虑器件寄生电容对软开关的影响，那么只要开关管开通电流小于 0，即可实现 ZVS 开通。以第 2 章中表 2.5 的实验参数为例，死区时间 t_{dead} 设置为 $1\mu s$。中压端口电压 V_M 在 $480 \sim 720V$（$\pm 20\%$ 额定电压）范围内变化，控制低压端口电压 V_L 稳定在 $200V$，可得中压侧与低压侧开关管的开通电流与非 ZVS 区域随 V_M 与传输功率 P_{tot} 变化的曲面，如图 3.3 所示。当 $V_M = 600V$，即中、低压端口电压匹配时，Q_1 在接近半载（$P_{tot} = 800W$）情况下已丢失 ZVS 开通。根据式（3.1）与式（3.2），随着 V_M 的减小，Q_1 的开通电流 I_{Q1_on} 增大，导致开关管丢失 ZVS 开通，因此，如图 3.3a 所示，中压侧开关管的硬开关区域随 V_M 的减小而增大。同理，如图 3.3b 所示，随 V_M 增大，低压侧开关管的硬开关区域增加。

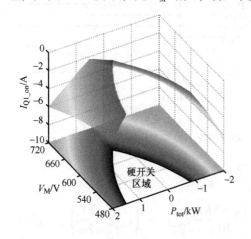
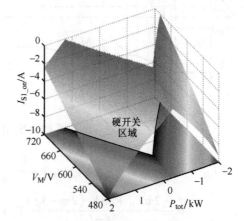

a) 中压侧开关管开通电流与硬开关区域　　　　b) 低压侧开关管开通电流与硬开关区域

图 3.3　中、低压侧开关管开通电流随输入电压与传输功率变化曲面

由于传统单移相控制策略中只有移相角一个控制自由度可以调节，因而无法在

实现传输功率控制的基础上，进一步优化开关管的软开关特性。根据 2.1 节中所述，串联式与并联式 n 相桥均可分解为多个半桥模块。而对于半桥型 DAB 变换器，非对称占空比控制策略是拓展其 ZVS 开关、优化运行性能的一种有效手段。受此启发，本章分别对中、低压侧三相桥引入非对称占空比调制策略，以增加优化开关管 ZVS 与电流应力的控制自由度。

3.2　非对称占空比移相混合控制策略

3.2.1　串/并联式三相桥的非对称占空比调制策略

非对称占空比调制策略下，T²-DAB 变换器中压侧串联式三相桥电路电压波形如图 3.4 所示。三相半桥中上管 Q_1、Q_3、Q_5 占空比相同，设为 D_1，上下管驱动互补。Q_3 驱动信号的相位较 Q_1 滞后 120°，Q_5 驱动信号相位较 Q_1 超前 120°。根据 2.1.1 节中的式（2.8），串联式三相桥中隔直电容 C_{da}、C_{db} 与 C_{dc} 的电压不随开关管占空比的变化而变化，仍分别保持 $V_M/3$、0 与 $-V_M/3$，因此 B 相隔直电容依旧可以省去。由于三相驱动信号互相交错 120°，电压 $v_{B'N}$ 与 $v_{C'N}$ 波形与 $v_{A'N}$ 类似，分别滞后和超前 120°，下面以 $v_{A'N}$ 为例说明，随着 D_1 取值的变化，$v_{A'N}$ 波形也不同，可以分为 3 种模态：①当 $0 \leqslant D_1 < 1/3$ 时，$v_{A'N}$ 如图 3.4a 所示，分别包含 $2V_1$、0 和 $-V_1$ 三个电平，其中 $V_1 = V_M/9$，以简化后续说明，$2V_1$ 与 $-V_1$ 电平的持续时间均为 D_1T_s；②当 $1/3 \leqslant D_1 < 2/3$ 时，$v_{A'N}$ 波形包含 $2V_1$、V_1、$-V_1$、$-2V_1$ 四个电平，各电平时间如图 3.4b 所示；③当 $2/3 \leqslant D_1 < 1$ 时，$v_{A'N}$ 波形如图 3.4c 所示，分别包含 V_1、0 和 $-2V_1$ 三个电平。

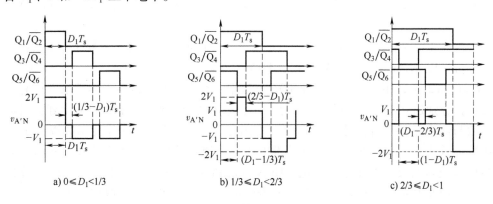

图 3.4　非对称占空比调制策略下串联式三相桥电压波形

对于 T²-DAB 变换器的低压侧三相桥，其非对称占空比调制下的交流电压 $v_{an} \sim v_{cn}$ 波形与串联式三相桥中的 $v_{A'N} \sim v_{C'N}$ 相同，也随着其上管 S_1、S_3、S_5 的占空比 D_2 的变化分为三种情况：$0 \leqslant D_2 < 1/3$、$1/3 \leqslant D_2 < 2/3$ 和 $2/3 \leqslant D_2 < 1$，如图 3.5 所

示，其中 $V_2 = V_L/3$ 以简化后续说明与推导。

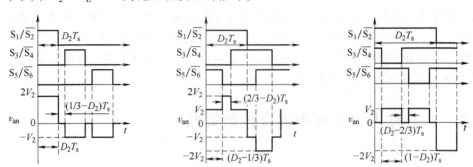

图 3.5 非对称占空比调制策略下并联式三相桥电压波形

3.2.2 混合控制策略下 T^2-DAB 变换器工作模态分析

在中、低压侧三相桥非对称占空比调制的基础上，采用移相控制调节传输功率控制端口电压，可得非对称占空比移相混合控制策略。该混合控制策略下的 T^2-DAB 变换器典型工作波形如图 3.6 所示，通过调节占空比 D_1 与 D_2，可调节开关管的开通电流 [如图 3.6 中 $i_{pa}(t_0)$]，从而实现 ZVS 开通，减少开关损耗。另一方面，对于 DAB 变换器，较大开通电流将使得回流功率增大，从而增大电流应力，导致较高的开关管导通损耗与变压器绕组损耗。因此需要根据不同的端口电压与传输功率，对占空比 D_1、D_2 以及移相角进行优化，同时保证实现 ZVS 开通与减小电流应力，从而提升变换效率。此处，为便于后续分析，将开关管 S_1 驱动信号滞后开关管 Q_1 的时间定义为移相时间 D_dT_s，D_d 则为移相占空比。

为优化控制变量，需要对变换器进行数学建模，目前主要有两种建模方法：时域分析建模（Time-Domain Analysis，TDA）方法与谐波分析建模（Harmonic Component Analysis，HCA）方法。在 TDA 方法中，首先要对变换器工作模态进行时域分析，分别建立不同工作模态中关键电压、电流的数学模型，在此基础上建立目标函数与约束条件进行优化。在 HCA 方法中，一般需将开关管开关函数以傅里叶级数形式表示，在此基础上推导关键电压、电流的傅里叶级数表达式，从而建立目标函数与约束条件并进行优化。HCA 方法避免了 TDA 方法中复杂的模态分析过程，但是其精确性依赖于所分析谐波最高次数，在现有文献中一般最高取三次谐波分析，以降低计算量。然而，在轻载与电压不匹配情况下，由于谐波含量大幅上升，基于三次谐波分析的 HCA 建模准确度大幅下降，从而导致错误优化结果。因此，为了保证优化结果的精确性，本章采用 TDA 方法对 T^2-DAB 变换器进行建模。

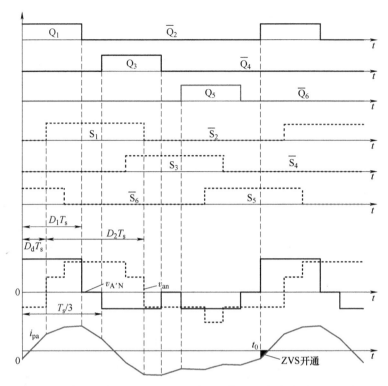

图 3.6　非对称占空比移相混合控制下 T²-DAB 变换器典型工作波形

基于 3.2.1 节分析，非对称占空比调制下的中、低压侧三相桥各具有三种工作模式，因此 D_1 与 D_2 的组合共有 9 种情况。不失一般性地，以 $1/3 < D_1 < 2/3$、$1/3 < D_2 < 2/3$ 情况为例进行建模分析。如图 3.7a 所示，当 $D_1 - D_2 > 0$、$D_1 + D_2 \leqslant 1$ 时，$v_{A'N}$ 的 V_1 与 $-2V_1$ 电平阶段的持续时间 [即 $(D_1 - 1/3)T_s$]，长于 v_{an} 的 V_2 与 $-2V_2$ 电平阶段的持续时间 [即 $(D_2 - 1/3)T_s$]，但短于其 $2V_2$ 与 $-V_2$ 阶段持续时间 [即 $(2/3 - D_2)T_s$]。以此方法可将 $1/3 < D_1 < 2/3$、$1/3 < D_2 < 2/3$ 工况分为 4 种类型：①$D_1 - D_2 > 0$，$D_1 + D_2 \leqslant 1$；②$D_1 - D_2 \leqslant 0$，$D_1 + D_2 \leqslant 1$；③$D_1 - D_2 \leqslant 0$，$D_1 + D_2 > 1$；④$D_1 - D_2 > 0$，$D_1 + D_2 > 1$，其交流电压 $v_{A'N}$ 与 v_{an} 波形分别如图 3.7 所示。

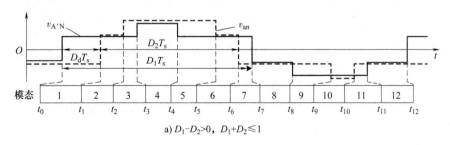

a) $D_1-D_2>0$，$D_1+D_2\leqslant 1$

图 3.7　不同 D_1 与 D_2 情况下的电压 $v_{A'N}$ 与 v_{an} 波形

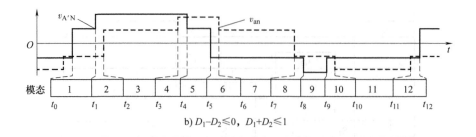

b) $D_1-D_2\leqslant 0$，$D_1+D_2\leqslant 1$

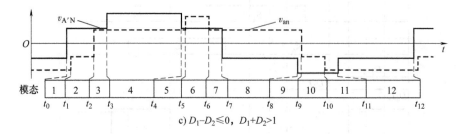

c) $D_1-D_2\leqslant 0$，$D_1+D_2>1$

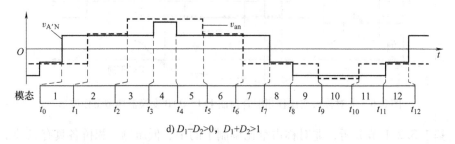

d) $D_1-D_2>0$，$D_1+D_2>1$

图3.7　不同 D_1 与 D_2 情况下的电压 $v_{A'N}$ 与 v_{an} 波形（续）

其他8种情况中也可按上述方法分为4种类型，其情况分布如图3.8所示，下以其中的情况5a为例分析不同移相占空比 D_d 下的工作模式，该情况下，D_1 与 D_2 满足：$1/3<D_1<2/3$、$1/3<D_2<2/3$、$D_1-D_2>0$ 且 $D_1+D_2\leqslant 1$。当移相占空比 D_d 由0变化到1时，情况5a又可细分为12种类型，分别如表3.1所示。

以工作情况5a中的类型1为例（下称作工作情况5a.1），对变换器具体工作模式进行分析，其电压 $v_{A'N}$ 与 v_{an} 如图3.7a所示。该情况可分为12个工作模式，每个模态中电流 i_{pa} 的表达式如表3.2所示。

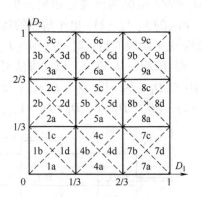

图3.8　不同 D_1 与 D_2
下的工作情况分布

表3.1　工作情况 5a 的分类

工作类型	D_d 取值范围	工作类型	D_d 取值范围
1	$[0, D_1 - D_2]$	7	$[D_1, 1 - D_2]$
2	$[D_1 - D_2, D_1 - 1/3]$	8	$[1 - D_2, 2/3]$
3	$[D_1 - 1/3, 2/3 - D_2]$	9	$[2/3, D_1 - D_2 + 2/3]$
4	$[2/3 - D_2, 1/3]$	10	$[D_1 - D_2 + 2/3, D_1 + 1/3]$
5	$[1/3, D_1 - D_2 + 1/3]$	11	$[D_1 + 1/3, 4/3 - D_2]$
6	$[D_1 - D_2 + 1/3, D_1]$	12	$[4/3 - D_2, 1]$

表3.2　工作情况 5a.1 中电流 i_{pa} 表达式

工作模态	$v_{A'N}$	v_{an}	电流 i_{pa} 表达式
1	V_1	$-V_2$	$i_{pa}(t_0) + (V_1 + KV_2)(t - t_0)/L_s$
2	V_1	V_2	$i_{pa}(t_1) + (V_1 - KV_2)(t - t_1)/L_s$
3	V_1	$2V_2$	$i_{pa}(t_2) + (V_1 - 2KV_2)(t - t_2)/L_s$
4	$2V_1$	$2V_2$	$i_{pa}(t_3) + (2V_1 - 2KV_2)(t - t_3)/L_s$
5	V_1	$2V_2$	$i_{pa}(t_4) + (V_1 - 2KV_2)(t - t_4)/L_s$
6	V_1	V_2	$i_{pa}(t_5) + (V_1 - KV_2)(t - t_5)/L_s$
7	V_1	$-V_2$	$i_{pa}(t_6) + (V_1 + KV_2)(t - t_6)/L_s$
8	$-V_1$	$-V_2$	$i_{pa}(t_7) + (-V_1 + KV_2)(t - t_7)/L_s$
9	$-2V_1$	$-V_2$	$i_{pa}(t_8) + (-2V_1 + KV_2)(t - t_8)/L_s$
10	$-2V_1$	$-2V_2$	$i_{pa}(t_9) + (-2V_1 + 2KV_2)(t - t_9)/L_s$
11	$-2V_1$	$-V_2$	$i_{pa}(t_{10}) + (-2V_1 + KV_2)(t - t_{10})/L_s$
12	$-V_1$	$-V_2$	$i_{pa}(t_{11}) + (-V_1 + KV_2)(t - t_{11})/L_s$

由于三相交错120°工作，电流 i_{pb} 滞后 i_{pa} 以 $T_s/3$，电流 i_{pc} 超前 i_{pa} 以 $T_s/3$，易得电流 i_{pb} 与 i_{pc} 的表达式。根据三相电流 $i_{pa} \sim i_{pc}$ 和等于零，以及三相电流的相位关系，可得式（3.5）。由此可得 $t_0 \sim t_{12}$ 时刻电流 $i_{pa}(t)$ 的值，如表3.3所示，其中，I_{pa} 为 $KV_2 T_s/(3L_s)$；k_v 为 $V_1/(KV_2)$。

$$i_{pa}(t) + i_{pb}(t) + i_{pc}(t) = i_{pa}(t) + i_{pa}\left(t - \frac{T_s}{3}\right) + i_{pa}\left(t + \frac{T_s}{3}\right) = 0 \qquad (3.5)$$

根据表3.2与表3.3，工况 5a.1 的传输功率 P_{tot} 可以表示为式（3.6）。对于其他工况，可以按相同方法进行建模，得到关键电流与功率表达式，此处不做赘述。

$$P_{tot} = 3 \int_{t_0}^{T_s} v_{A'N} i_{pa}(t)\, dt = \frac{3KV_1 V_2}{2L_s f_s}(-2 + 3D_1 - 3D_2)(D_1 - D_2 - 2D_d)$$

$$(3.6)$$

表 3.3　工作情况 5a.1 中各时间节点电流 i_{pa} 值

时刻	$i_{pa}(t)$ 表达式
$t_0 = 0$	$I_{pa}(-k_v + (1-3D_d))$
$t_1 = D_d T_s$	$I_{pa}((-1+3D_d)k_v + 1)$
$t_2 = (D_d + D_2 - 1/3)T_s$	$I_{pa}((-2+3D_2+3D_d)k_v + (2-3D_2))$
$t_3 = (D_1 - 1/3)T_s$	$I_{pa}((-2+3D_1)k_v + (2-6D_1+3D_2+6D_d))$
$t_4 = T_s/3$	$I_{pa}((2-3D_1)k_v + (-2+3D_2+6D_d))$
$t_5 = (D_d + 1/3)T_s$	$I_{pa}((2-3D_1+3D_d)k_v + (-2+3D_2))$
$t_6 = (D_d + D_2)T_s$	$I_{pa}((1-3D_1+3D_2+3D_d)k_v - 1)$
$t_7 = D_1 T_s$	$I_{pa}(k_v + (-1+3D_1-3D_2-3D_d))$
$t_8 = 2T_s/3$	$I_{pa}((-1+3D_1)k_v + (1-3D_2-3D_d))$
$t_9 = (D_d + 2/3)T_s$	$I_{pa}((-1+3D_1-6D_d)k_v + (1-3D_2))$
$t_{10} = (D_d + D_2 + 1/3)T_s$	$I_{pa}((1+3D_1-6D_2-6D_d)k_v + (-1+3D_2))$
$t_{11} = (D_1 + 1/3)T_s$	$I_{pa}((1-3D_1)k_v + (-1+3D_1-3D_d))$
$t_{12} = T_s$	$I_{pa}(-k_v + (1-3D_d))$

3.3　最小电流应力与宽范围 ZVS 控制参数优化

为了提高变换器变换效率与运行可靠性，优化的目标包含开关管的 ZVS 开通与电流应力，以分别减小开关损耗，以及开关器件的导通损耗与磁性元件绕组损耗。因此，本节中选取电流 i_{pa} 的有效值作为优化目标，如式（3.7）所示，以开关器件 ZVS 开通作为约束条件，变量 D_1、D_2 与 D_d 取值限制在（0，1）之间。

$$f(D_1, D_2, D_d) = I_{rms\_pa} = \sqrt{\frac{1}{T_s}\int_{t_0}^{t_{12}} i_{pa}^2 dt} \qquad (3.7)$$

3.3.1　ZVS 开通约束

针对开关管 ZVS 开通的判定，如一些参考文献［130］与［131］中，只要当互补开关管的关断电流大于 0，即认为该开关管实现了 ZVS 开通，以下将该方法称作 ZVS 判定方法 1。在参考文献［132］与［133］中，考虑了开关管的寄生电容，当互补开关管的关断电流大于寄生电容完全充放电所需电流，才认为实现了 ZVS 开通。以工况 5a.1 为例，该方法下的 ZVS 判定如式（3.8）所示。由于中、低压侧开关管电压不同，其寄生电容完全充放电所需电流 I_{b_MV} 与 I_{b_LV} 也不同，如式（3.9）所示，其中，C_Q 与 C_S 分别为中、低压侧开关管的寄生电容；L_s 为传输电感值。以下将这种计及开关管寄生电容的方法称作 ZVS 判定方法 2。

$$\begin{cases} i_{Q1\_on} = i_{pa}(t_0) < I_{b\_MV} \\ i_{Q2\_on} = -i_{pa}(t_7) < I_{b\_MV} \\ i_{S1\_on} = -Ki_{pa}(t_1) < I_{b\_LV} \\ i_{S2\_on} = Ki_{pa}(t_6) < I_{b\_LV} \end{cases} \tag{3.8}$$

$$\begin{cases} I_{b\_MV} = \sqrt{2C_Q V_M^2/(9L_s)} \\ I_{b\_LV} = \sqrt{2K^2 \times C_S V_L^2/L_s} \end{cases} \tag{3.9}$$

死区时间 t_{dead} 也影响着 ZVS 开通，较长的死区时间可能产生桥臂电压极性反转的情况，造成更大的开关损耗。图 3.9 所示为桥臂电压极性反转情况下的 T^2-DAB 变换器开关管 Q_1 的电压、电流波形，具体的导通过程如图 3.10 所示，其中 D_{Qi} 与 C_{Qi} 分别为开关管 Q_i 的体二极管与寄生电容（$i = 1$，2）。

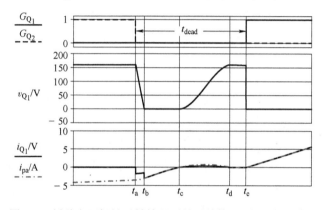

图 3.9　桥臂电压极性反转情况下的开关管 Q_1 电压电流波形

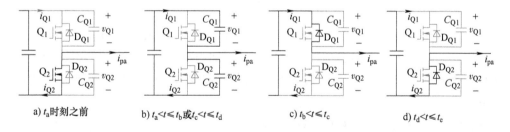

图 3.10　极性反转情况下的导通过程图

如图 3.10a 所示，在 t_a 时刻之前，Q_2 开通，Q_1 关断。如图 3.10b 所示，当 t_a 时刻关断 Q_2，电容 C_{Q2} 充电，C_{Q1} 放电。如图 3.10c 所示，在 t_b 时刻，电容 C_{Q1} 完全放电，电压 v_{Q1} 下降至零，二极管 D_{Q1} 导通。随着 D_{Q1} 的导通，传输电感电压变为正，电流 i_{pa} 上升。至 t_c 时刻，电流 i_{pa} 过零，二极管 D_{Q1} 截止，导致 C_{Q1} 重新充电（导通电路如图 3.10b 所示，只是电流方向相反）。当死区时间较长，C_{Q1} 可能重新充电至额定电压 $V_M/3$，C_{Q2} 完全放电，D_{Q2} 重新导通，其电流通路如

图 3.10d 所示。那么，在 t_e 时刻开通 Q_1 则为硬开关。此过程不仅造成了开关管的硬开通，导致了较大的开通损耗，还导致二极管反复导通与截止，增大了二极管的反向恢复损耗，并可能导致潜在的桥臂直通，降低了变换器可靠性。并且在轻载时，由于 Q_2 的关断电流较小，这种极性反转的情况更易出现。而对于所提及的文献中常用的两种 ZVS 判定方法，由于未考虑死区时间的影响，基于这两种 ZVS 约束的优化结果将无法避免桥臂电压极性反转的发生，从而无法很好地改善变换器在轻载工况下性能。

为了避免电流 i_{pa} 在死区时间内过零而导致开关管 ZVS 开通失败，本章在判定开关管 ZVS 时特别考虑了死区时间以及寄生电容的影响，以工况 5a.1 为例对开关管 Q_1 的 ZVS 开通条件进行讨论，其他开关管的 ZVS 开通条件与之类似。考虑到 D_1、D_2 与 D_d 的取值变化，可能出现以下 4 种情况：

1）$t_{dead} \leqslant D_d T_s$：如图 3.7a 所示，死区时间内，电压 $v_{A'N}$ 与 v_{an} 电平不变，ZVS 条件如式 (3.10) 所示，电流 i_{pa} 在 t_0 时刻的电流满足寄生电容完全充放电要求，即 Q_1 开通电流小于 $-I_{b\_MV}$，在 t_{dead} 时刻的电流小于 0。

$$\begin{cases} i_{pa}(t_0) < -I_{b\_MV} \\ i_{pa}(t_0) + \dfrac{V_1 + KV_2}{L_s}(t_{dead}) < 0 \end{cases} \quad t_{dead} \leqslant D_d T_s \quad (3.10)$$

2）$D_d T_s < t_{dead} \leqslant (D_d + D_2 - 1/3) T_s$：死区时间内电压 $v_{A'N}$ 不变，v_{an} 在 t_1 时刻由 $-V_2$ 变为 V_2，因此开关管 Q_1 的 ZVS 开通条件如式 (3.11) 所示，需要判定 t_1 与 t_{dead} 时刻的 i_{pa} 值均小于 0。

$$\begin{cases} i_{pa}(t_0) < -I_{b\_MV} \quad i_{pa}(t_1) < 0 \\ i_{pa}(t_1) + \dfrac{V_1 - KV_2}{L_s}(t_{dead} - t_1) < 0 \end{cases} \quad D_d T_s < t_{dead} \leqslant \left(D_d + D_2 - \dfrac{1}{3}\right) T_s \quad (3.11)$$

3）$(D_d + D_2 - 1/3) T_s < t_{dead} \leqslant (D_1 - 1/3) T_s$：该情况中，由于 D_2 接近 1/3，导致图 3.7a 中的模态 2 持续时间很短，死区时间内电压 v_{an} 经历了两次电平变化，因此，如式 (3.12) 所示，Q_1 的 ZVS 开通条件需要 t_1、t_2 与 t_{dead} 时刻的 i_{pa} 均小于 0。

$$\begin{cases} i_{pa}(t_0) < -I_{b\_MV} \quad i_{pa}(t_1), i_{pa}(t_2) < 0 \\ i_{pa}(t_2) + \dfrac{V_1 - 2KV_2}{L_s}(t_{dead} - t_2) < 0 \end{cases} \quad \left(D_d + D_2 - \dfrac{1}{3}\right) T_s < t_{dead} \leqslant \left(D_1 - \dfrac{1}{3}\right) T_s$$

$$(3.12)$$

4）$(D_1 - 1/3) T_s < t_{dead} < T_s/3$：该情况内，由于 D_1 与 D_2 均接近 1/3，且 D_d 较小，使得 $v_{A'N}$ 与 v_{an} 的电平都发生了变化。判定条件如式 (3.13) 所示，要求 $t_1 \sim t_3$ 与 t_{dead} 时刻的 i_{pa} 均小于 0。下面将同时考虑死区效应与开关管寄生电容的方法称作 ZVS 判定方法 3。

$$\begin{cases} i_{pa}(t_0) < -I_{b\_MV} \quad i_{pa}(t_1), i_{pa}(t_2), i_{pa}(t_3) < 0 \\ i_{pa}(t_3) + \dfrac{2V_1 - 2KV_2}{L_s}(t_{dead} - t_3) < 0 \end{cases} \qquad \left(D_1 - \frac{1}{3}\right)T_s < t_{dead} < \frac{T_s}{3}$$

$$(3.13)$$

在第 2 章中表 2.5 所示的实验参数下，死区时间为 1μs，开关管 STW48N60M2 的寄生电容设置为 630pF，针对不同 V_M 与 V_L 下的工况 5a.1，通过遍历 D_1、D_2 与 D_d，根据上述三种 ZVS 判定方法分别得到开关管硬开通区域，如图 3.11 中的空白区域所示。其中，只要任意一只开关管未能实现 ZVS 开通，即划分为硬开通区域，着色区域则为全 ZVS 开通区域。由图 3.11b 可见，当中、低压侧端口电压完全匹

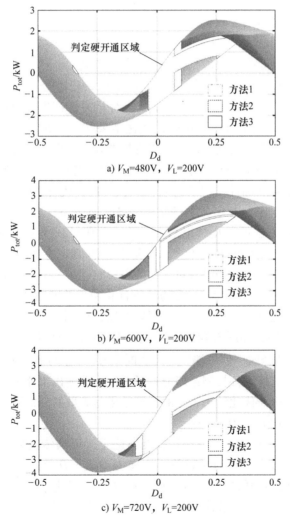

a) V_M=480V，V_L=200V

b) V_M=600V，V_L=200V

c) V_M=720V，V_L=200V

图 3.11　不同 V_M、V_L 情况下工况 5a.1 中三种 ZVS 判断方法的硬开通判定区域对比

配时，方法 1 由于忽略了死区与寄生电容的影响，判定所有开关管均可实现 ZVS 开通，这与 3.1 节中的分析相悖。而在其他情况下，方法 1 与方法 2 的判定结果较为接近，但其判定的硬开关区域仍小于方法 3，说明在该组实验参数下，死区对软开关的影响较大。因此，控制变量优化中若不考虑死区的影响，将无法获得较好的控制效果，这一点将在后续实验对比中会得到进一步验证。

3.3.2 优化结果与控制策略实现

基于 3.2 节中的 TDA 建模与 3.3.1 节中提出的开关管 ZVS 开通判定方法，本节采用内点法求解该带有约束条件的非线性优化问题，并采用多起始点算法，减轻优化中起始点对结果的影响。为方便对比，优化中 T^2-DAB 变换器参数与第 2 章中的实验参数一致，如表 2.5 所示。由于变换器采用低压端口电压 V_L 控制，优化中 V_L 电压保持不变，中压端口电压 V_M 以 5V 的步长在 480~720V 间变化（ ±20% 额定电压），传输功率以 10W 的步长在 -2~2kW 间变化。

考虑到开关器件的开关时间，保证开关管 ZVS 开通的实现，优化中设置死区时间略大于实际死区时间 $1\mu s$，可取 $1.2\mu s$，而开关管寄生电容设置为 $1nF$，优化结果如图 3.12 所示。受到死区的影响，优化结果并不是光滑的曲面，而在某些电压、功率点处结果发生了跳变，这意味着变换器在不同电压、功率工况下需要切换工作模式，以保证 ZVS 开通与最小电流应力。为了对比 3.3.1 节中的三种 ZVS 判定方法下的优化结果准确性，本节选取 V_M 为 480V，P_{tot} 在 0 ~ 2kW 之间变化的情况，分别给出了基于三种判定方法的优化结果，如图 3.13 所示。在重载情况下，基于三种 ZVS 判定方法的优化结果基本一致，而在轻载或半载情况下，基于 ZVS 判定方法 1 和 2 的优化结果差异不大，与基于 ZVS 判定方法 3 的结果存在较大差异，这说明开关管寄生电容的引入对优化结果影响较小，但死区时间影响明显。下一节将通过实验验证这三种 ZVS 判定方法下优化结果的准确性。

基于上述的优化结果，结合查表与闭环控制，得到 T^2-DAB 变换器的低电流应力 ZVS 优化控制框图，如图 3.14 所示。通过对低压端口电压 v_L 进行闭环控制，生成传输功率 p_t^*，结合中、低压端口电压实时采样值 v_M 与 v_L，对图 3.13 中所示的优化结果进行查表。该闭环控制策略避免了对变换器输出电流的精确采样与传输功率的实时计算。但由于优化结果表中的计算结果是离散的，需要进行插值处理以得到实时的最优占空比 D_1、D_2 与 D_d。

根据 HCA 方法，在非对称占空比控制策略下，影响传输功率的移相时间实际是 Q_1 与 S_1 驱动信号中间点的时间差 [定义为 $D_f T_s$，D_f 如式（3.14）所示]，而非图 3.7a 中所示的驱动信号上升沿的时间差 $D_d T_s$。因此，插值计算中，将首先对 D_1、D_2 与 D_f 进行插值，再转换为 D_d 以产生驱动信号，从而平滑功率控制。

$$D_f = D_d + \frac{D_2}{2} - \frac{D_1}{2} \tag{3.14}$$

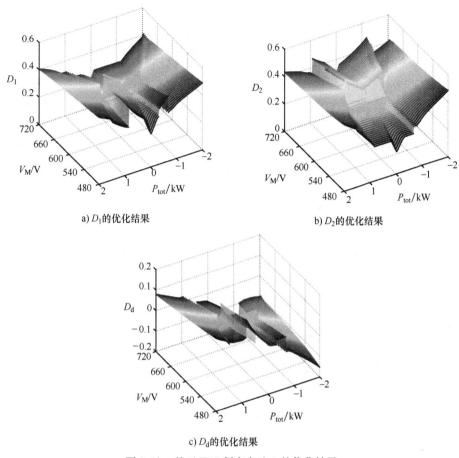

a) D_1的优化结果　　　　　　　　　　b) D_2的优化结果

c) D_d的优化结果

图 3.12　基于 ZVS 判定方法 3 的优化结果

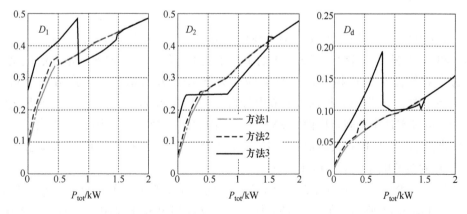

图 3.13　基于三种 ZVS 判定方法的优化结果对比（$V_M = 480V$，$V_L = 200V$）

优化结果以 V_M 为行、传输功率 P_{tot} 为列排列，其中，行电压步长记为 ΔV_M；列功率步长为 ΔP_t。插值步骤如下：

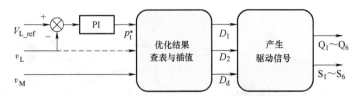

图 3.14　基于优化结果查表的低电流应力 ZVS 优化控制策略

1）将中压直流端口电压的实时采样值 v_M 除以行电压步长 ΔV_M，并向下取整，得到优化结果行号 m，将 V_L 闭环控制输出 p_t^* 除以列功率步长 ΔP_t，向下取整，得到优化结果列号 k。

2）根据行号 m 与列号 k，查询优化结果表可得到对应的占空比 $D_{m,k}$，及其相邻值 $D_{m,k+1}$、$D_{m+1,k}$ 与 $D_{m+1,k+1}$，结合 v_M 与 p_t^* 插值计算得到 D_1、D_2 与 D_f 值。插值公式如式（3.15）所示，其中，P_{t_k} 为第 k 列对应的传输功率值；V_{M_m} 为第 m 行对应的中压端口电压值；D 为插值结果。

3）根据 D_1、D_2 与 D_f 的插值结果得到 D_d，并产生驱动信号。

$$
\begin{cases}
D_{m,(p)} = D_{m,k} + \dfrac{D_{m,k+1} - D_{m,k}}{\Delta P_t}(p_t^* - P_{t\_k}) \\[2mm]
D_{m+1,(p)} = D_{m+1,k} + \dfrac{D_{m+1,k+1} - D_{m+1,k}}{\Delta P_t}(p_t^* - P_{t\_k}) \\[2mm]
D = D_{m,(p)} + \dfrac{D_{m+1,(p)} - D_{m,(p)}}{\Delta V_M}(v_M - V_{M\_m})
\end{cases}
\tag{3.15}
$$

3.4　实验验证

本节在第 2 章实验平台上，对上述优化结果与控制策略进行实验验证。并且在 $V_M = 480\text{V}$ 工况下，对比了第 2 章中的单移相控制、基于三种 ZVS 判定方法优化结果的非对称占空比移相混合控制下的开关管 ZVS 开通情况，实验结果分别如图 3.15、图 3.16 所示。根据 3.1 节中分析，在 $V_M = 480\text{V}$ 工况下，二次侧开关管 $S_1 \sim S_6$ 可以实现全负载范围内的 ZVS 开通，因此图 3.15、图 3.16 中仅给出了一次侧开关管 Q_1 与 Q_2 的相关波形，其中，v_{gsQi} 为开关管 Q_i 的驱动电压波形；v_{dsQi} 为开关管 Q_i 的漏源电压波形（$i = 1, 2$）。

当 $V_M = 480\text{V}$，传输功率为 200W 时，不同控制策略下开关管 Q_1 与 Q_2 的软开关情况如图 3.15 所示。如图 3.15a 所示，当仅采用单移相控制策略时，由于中、低压端口电压不匹配，开关管以较大的电流硬开通，造成了较高的开关电压尖峰与振荡。如图 3.15b 所示，当采用 ZVS 判定方法 1 的优化结果进行非对称占空比移相混合控制时，开关管未能实现 ZVS，但其开通电流较单移相控制中有很大的降低，从而其开关电压尖峰与振荡也有所改善。如图 3.15c 所示，当采用 ZVS 判定方法 2 的优化结果进行控制时，上管 Q_1 仍为硬开通，但下管 Q_2 实现了 ZVS 开通，但 Q_2 管的 ZVS 开通较为临界，开通时刻的电压与电流伴随着较小的振荡。注意到图 3.15b 中的开关管 Q_2 与图 3.15c 中的开关管 Q_1 开通波形，出现了与图 3.9 中相似的桥臂电压极性反转现象。电流 i_{pa} 在死区内过零，从而使得其开关管电容放电后重新充电，开关管电压不能钳位在零电压，导致开关管无法实现 ZVS 开通，这显示了在优化过程中考虑死区影响的必要性。因此，如图 3.15d 所示，当采用本章中提出的计及死区时间与寄生电容的 ZVS 判据的优化结果进行混合控制时，Q_1 与 Q_2 均实现了 ZVS 开通，消除了开关电压尖峰与振荡。

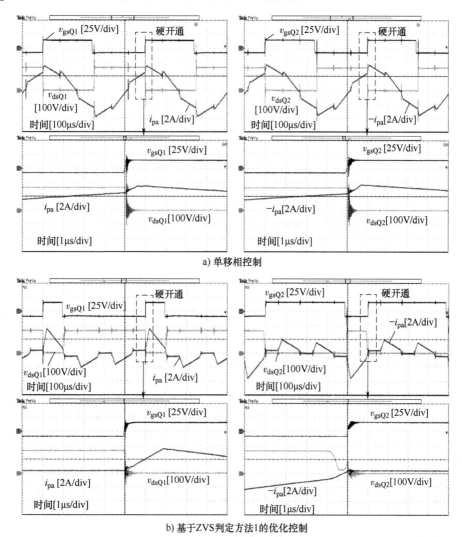

a) 单移相控制

b) 基于ZVS判定方法1的优化控制

图 3.15　当 $V_M = 480V$、传输功率为 200W 时，Q_1 和 Q_2 的 ZVS 开通情况

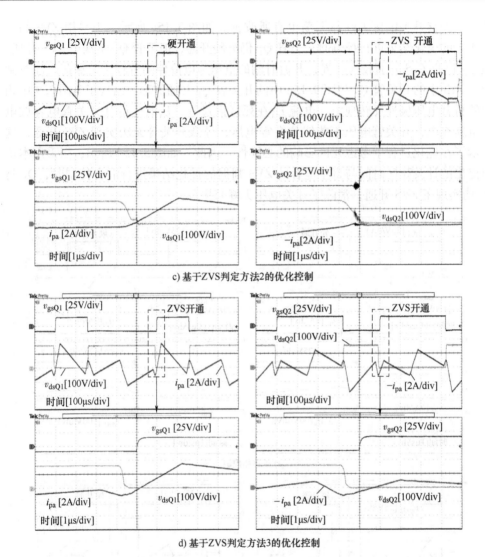

c) 基于ZVS判定方法2的优化控制

d) 基于ZVS判定方法3的优化控制

图 3.15　当 $V_M = 480\text{V}$、传输功率为 200W 时，Q_1 和 Q_2 的 ZVS 开通情况（续）

当传输功率增大至 1kW 时，单移相控制下开关管 Q_1 与 Q_2 仍为硬开通，如图 3.16a 所示，但传输功率的上升使得移相角增大，相较于 200W 情况，开关管的开通电流大大降低，其开关尖峰也有所改善。对于 ZVS 判定方法 1 和 2，根据图 3.13 所示，两种方法的优化结果相同，因此其开通波形一致，如图 3.16b 所示，Q_1 实现了 ZVS 开通，但 Q_2 为硬开通。相似地，电流 i_{pa} 在死区内过零，使得开关管寄生电容放电后重新充电，进而使得 Q_2 无法实现 ZVS 开通。对于所提出的 ZVS 判定方法 3，如图 3.16c 所示，由于优化中考虑了死区的影响，使电流 i_{pa} 在死区时间内不过零，从而使得开关管 Q_1 与 Q_2 实现 ZVS 开通。为了保证充分的开关管关断电流（或称作 DAB 变换器的回流功率），图 3.16c 中开关管的电流峰值稍大于图 3.16b。

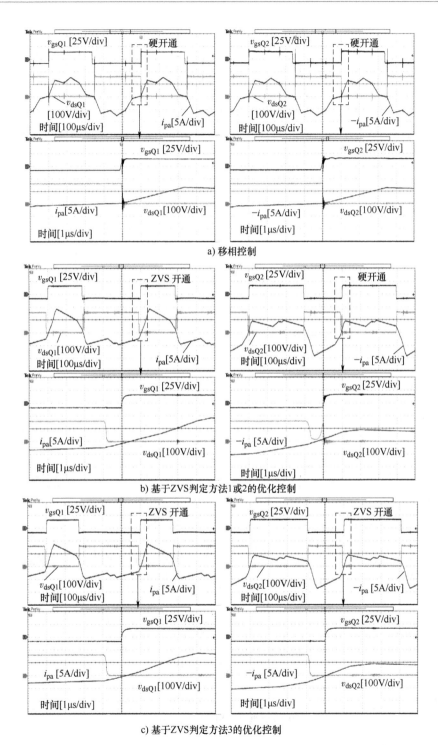

a) 移相控制

b) 基于ZVS判定方法1或2的优化控制

c) 基于ZVS判定方法3的优化控制

图 3.16 当 $V_M = 480V$、传输功率为 1kW 时，Q_1 和 Q_2 的 ZVS 开通情况

进一步地，当传输功率增大至 2kW，单移相控制下开关管开通波形如图 3.17a 所示。随移相角增大，开关管关断电流（回流功率）升高，可使得 Q_1 与 Q_2 实现 ZVS 开通。根据图 3.13，该工况下三种 ZVS 判定方法的优化结果相同，其开通波形也是一致的，如图 3.17b 所示，开关管均可实现 ZVS 开通。实际上，在重载情况下，单移相控制与优化控制下的变换器电流 i_{pa} 有效值相同，且均实现了开关管的 ZVS 开通，因此其性能基本一致，后续的图 3.20 中的效率对比中也可以看出。

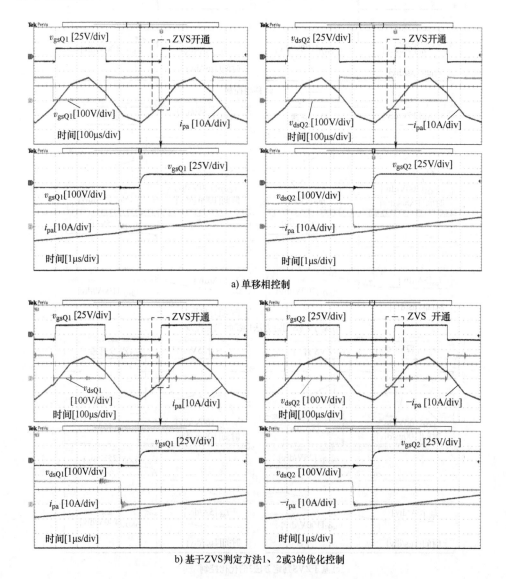

a) 单移相控制

b) 基于 ZVS 判定方法 1、2 或 3 的优化控制

图 3.17 当 $V_M = 480\mathrm{V}$、传输功率为 2kW 时，Q_1 和 Q_2 的 ZVS 开通情况

图 3.18 与图 3.19 分别给出了 600V 与 720V 工况下，采用 ZVS 判定方法 3 优化结果控制的 T²-DAB 变换器中、低压侧开关管开通波形；其中，v_{gsQi} 与 v_{gsSi} 分别为开关管 Q_i 与 S_i 的驱动电压波形；v_{dsQi} 与 v_{dsSi} 为开关管 Q_i 与 S_i 的漏源电压波形（$i = 1，2$）。在轻载、半载与满载情况下，中、低压侧开关管均实现了 ZVS 开通，降低了开关损耗，验证了前述优化方法与控制策略的正确性。

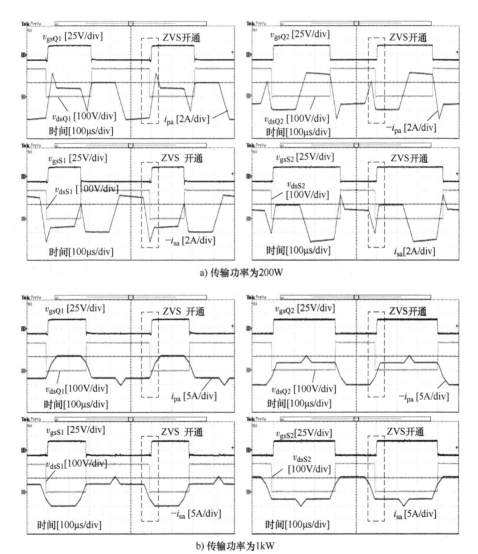

图 3.18　当 $V_M = 600V$，采用 ZVS 判定方法 3 的优化结果时，
中、低压侧开关管 ZVS 开通情况

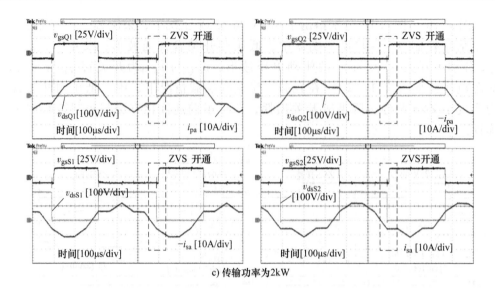

c) 传输功率为2kW

图 3.18　当 $V_M = 600V$，采用 ZVS 判定方法 3 的优化结果时，
中、低压侧开关管 ZVS 开通情况（续）

　　图 3.20 中对比了不同端口电压 V_M 与传输功率 P_{tot} 工况下，分别采用单移相控制与基于不同 ZVS 判定方法优化结果的非对称占空比移相混合控制策略的变换效率曲线。对比单移相控制策略，其他三种优化控制策略的效率在轻载与电压不匹配

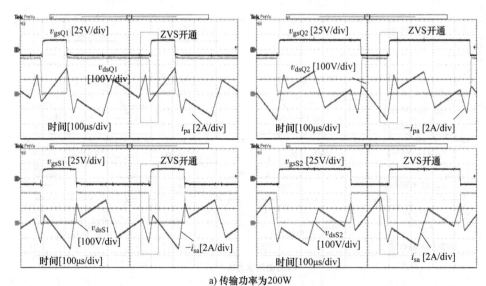

a) 传输功率为200W

图 3.19　当 $V_M = 720V$，采用 ZVS 判定方法 3 的优化结果时中、
低压侧开关管 ZVS 开通情况

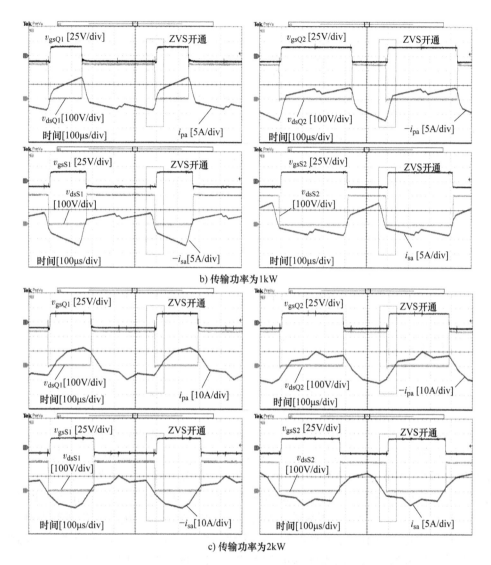

b) 传输功率为1kW

c) 传输功率为2kW

图3.19　当 $V_M = 720V$，采用 ZVS 判定方法 3 的优化结果时中、

低压侧开关管 ZVS 开通情况（续）

情况下都有明显提升，而在重载情况下，4 种控制策略的运行效率基本相同，与前述分析一致。而对于所提出的基于 ZVS 判定方法 3 优化结果的控制策略，由于其在宽电压、宽功率范围内实现了所有开关器件的 ZVS 开通，并对电流应力进行了优化，其效率在三种优化控制策略中全局最优。而对于基于 ZVS 判定方法 1 和 2 优化结果的控制，由于其在优化中忽略了死区的影响，实际仅能实现部分开关管的 ZVS 开通（如图 3.15 与图 3.16 所示），其开关损耗较大，轻载效率有所下降。

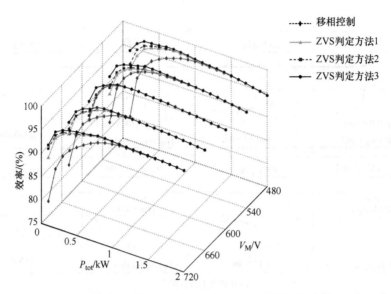

图 3.20　不同控制方案下的 T^2-DAB 变换器效率对比

3.5　本章小结

　　针对第 2 章所提出的 T^2-DAB 变换器在端口电压不匹配与轻载工况下易丢失软开关，导致开关损耗增加、效率下降的问题，本章引入非对称占空比调制策略，结合移相控制，实现对开关管开通电流的有效控制，从而保证 ZVS 的实现。进一步地，本章详细分析了非对称占空比移相混合控制下 T^2-DAB 变换器的工作原理，基于时域分析方法建立其数学模型。在此基础上，以开关管全实现 ZVS 作为约束条件，最小电流应力为目标，对中、低压侧开关管占空比 D_1、D_2 与移相占空比 D_d 进行了优化。特别地，本章对不同开关管 ZVS 判定方法下的优化结果进行对比分析，发现在优化中若不考虑死区时间，其优化结果的准确性不高，在轻载下只能降低开关管的硬开通电流，而无法保证 ZVS 开通的实现。本章中提出的 ZVS 判定方法可准确判定各工况下的 ZVS 情况，以此优化结果进行控制，可实现宽负载、宽电压范围内的开关管 ZVS，其效率较单移相控制与其他两种 ZVS 判定方法下的优化控制，在轻载工况下有了较大的提升，验证了所提控制策略与优化方法的正确性。

第4章

面向高效率ISOP型直流变压器的 T²-LLC谐振变换器

对于前两章中的 T²-DAB 变换器，串联式三相桥与三相高频变压器的使用提升了直流变压器模块的功率密度，但在设计中发现，隔直电容的体积较大，在一定程度上削减了该拓扑高功率密度的优势。为了降低隔直电容容值，减小电容体积，本章在 T²-DAB 变换器中引入 LLC 谐振结构，得到了三相三倍压 LLC（Three-Phase Triple-Voltage LLC，T²-LLC）变换器，减小了隔直电容与传输电感的体积，进一步提升了功率密度。同时，T²-LLC 变换器实现了开关管的 ZVS 开通，并且使得开关管在接近零电流时关断，降低了开关损耗，提升了变换效率。本章针对中、低压侧电压较为稳定的直流变压器场合，对 T²-LLC 变换器采用开环控制，简化了控制系统复杂性。在此基础上，研究了不同谐振参数、开关管寄生电容等对变换器软开关情况的影响，并建立损耗模型进行了参数优化设计，最后进行了实验验证。

4.1　T²-LLC 变换器拓扑与工作原理

4.1.1　T²-LLC 变换器拓扑及控制方法

T²-LLC 变换器拓扑如图 4.1 所示，在中、低压侧端口分别采用了串联式与并联式三相桥电路，提升单一变换模块的电压与功率等级。电容 C_{ra}、C_{rb}、C_{rc} 分别连接至串联式三相桥中间点 A、B、C，一方面消除串联式三相桥输出电压中的直流分量，另一方面用作谐振电容。考虑到中压侧绝缘要求较高，谐振电感 L_{ra}、L_{rb}、L_{rc} 被置于低压侧，与三相高频变压器励磁电感 L_{ma}、L_{mb}、L_{mc} 构成三相 LLC 谐振腔。不同于 T²-DAB 变换器，T²-LLC 变换器中三相变压器采用△/△连接方式，以降低谐振电流 $i_{rap} \sim i_{rcp}$ 和 $i_{ras} \sim i_{rcs}$，从而减小谐振电容、谐振电感与变压器绕组损耗。其中，三相变压器中、低压绕组匝比为 $K:1$。为便于后续说明，开关管 $Q_1 \sim Q_6$ 与 $S_1 \sim S_6$ 的寄生二极管记作 $D_{Q_1} \sim D_{Q_6}$ 与 $D_{S_1} \sim D_{S_6}$，寄生电容记为 $C_{Q_1} \sim C_{Q_6}$ 与 $C_{S_1} \sim C_{S_6}$，各电压、电流正方向如图 4.1 中所示。

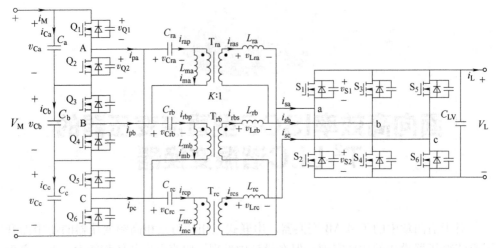

图 4.1 T^2-LLC 变换器拓扑结构

T^2-LLC 变换器调制方式与第 2 章中 T^2-DAB 变换器基本一致，开关管占空比设置为 50%，且每个半桥子模块中上下管互补导通。三相桥内，A、B、C 三相桥上管驱动分别错开 120°。对于中、低压侧端口电压稳定的直流变压器等应用场合，T^2-LLC 变换器仅需实现固定的电压传输比、电气隔离与高变换效率，而不参与电压调节。特别地，对于基于模块化多电平换流器或级联 H 桥换流器的电力电子变压器，若采用 T^2-LLC 变换器作为中间 DC/DC 级，则可通过调节交流级子模块电容电压实现低压直流端口电压的调节。因此，本章中对 T^2-LLC 换流器采用开环控制，即保持中、低压侧对应开关管驱动完全一致。

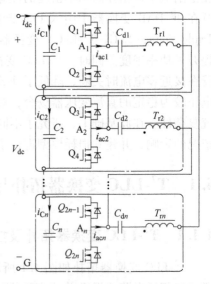

图 4.2 基于 △ 形变压器连接的串联式 n 相桥结构

另一方面，由于三相变压器连接方式的改变，电容 $C_{ra} \sim C_{rc}$ 上的电容电压直流分量需要重新计算。中压侧串串式三相桥中，AB 相与 BC 相回路可看作一个非对称三电平半桥电路，易得电容 C_{ra} 与 C_{rb} 的电压直流分量 v_{Cra_dc} 与 v_{Crb_dc} 均为 $V_M/3$。而对于 CA 相回路，假设中压端口三相电容电压 $v_{Ca} \sim v_{Cc}$ 稳定在 $V_M/3$，根据 2.1 节中开关函数的定义，AC 端口的电压表达式如式（4.1）所示，可知电容电压 v_{Crc} 的直流分量 v_{Crc_dc} 为 $-2V_M/3$。

$$v_{CA} = -\frac{2V_M}{3} - \frac{V_M}{3}f_{Q1} + \frac{V_M}{3}f_{Q5} \tag{4.1}$$

将 T²-LLC 变换器中使用△形三相变压器连接串联式三相桥的结构推广至 n 相桥，如图 4.2 所示，假设端口电容 $C_1 \sim C_n$ 电压均衡在 V_{dc}/n，其中，模块 $A_i A_{i+1}$ 构成非对称三电平半桥结构，其电容 C_{di} 电压的直流分量为 V_{dc}/n（$i = 1$、2、$\cdots$、$n-1$），而对于电容 C_{dn}，其电压直流分量为 $A_n A_1$ 两点间电压的直流分量。根据 2.1 节的开关函数定义，电压 $v_{A_n A_1}$ 如式（4.2）所示，可得电容 C_{dn} 电压的直流分量为 $-(n-1)/n V_{dc}$。

$$v_{A_n A_1} = -\frac{n-1}{n}V_{dc} - \frac{V_{dc}}{n}f_{Q1} + \frac{V_{dc}}{n}f_{Q(2n-1)} \tag{4.2}$$

4.1.2　T²-LLC 变换器典型工作情况原理分析

对于开环控制的 T²-LLC 变换器，与传统全桥型谐振变换器相同，谐振频率也一般设计在工作频率附近，而随着谐振参数的不同，在死区内，中、低压侧开关管的寄生电容充放电速度不同，导致开关管电流应力和损耗存在差异。根据死区内中、低压侧开关管电压、电流波形的不同，可分为 6 种情况，下面首先以其中一种典型情况分析其工作原理，其他 5 种情况将在下一节中进行分析。在分析工作原理之前，作以下假设：

1）所有的电感、电容和变压器均为理想元件，分析中使用 MOSFET 作为开关管，并考虑寄生电容的影响，中压侧开关管寄生电容 $C_{Q1} = C_{Q2} = \cdots = C_{Q6} = C_Q$，低压侧开关管寄生电容 $C_{S1} = C_{S2} = \cdots = C_{S6} = C_S$；

2）中压端口三相电容 C_a、C_b、C_c 电压保持均衡，稳定在 $V_M/3$；

3）三相谐振电感 $L_{ra} = L_{rb} = L_{rc} = L_r$，三相谐振电容 $C_{ra} = C_{rb} = C_{rc} = C_r$，三相励磁电感 $L_{ma} = L_{mb} = L_{mc} = L_m$。

当功率由中压侧向低压侧传输，考虑到三相电路工作的对称性，仅需分析 1/6 开关周期，其关键电压、电流波形如图 4.3 所示，各工作模态导通状态如图 4.4 ~ 图 4.6 所示。其中，v_{Cra_ac}、v_{Crb_ac}、v_{Crc_ac} 分别为谐振电容 C_{ra}、C_{rb}、C_{rc} 电压的交流分量。

1. 工作模态 1 $[t_0, t_1]$

如图 4.4 所示，当 t_0 时刻同时关断开关管 Q_2 与 S_2，其寄生电容 C_{Q2}、C_{S2} 与互补开关管寄生电容 C_{Q1}、C_{S1}，A、C 相电感 L_{ra}、L_{rc} 以及电容 C_{ra}、C_{rc} 发生谐振。

由于电压 v_{BC} 与 v_{bc} 分别被钳位在 $2V_M/3$ 和 V_L，B 相电感 L_{rb}、L_{mb} 与电容 C_{rb} 不参与谐振，其工作状态不受 Q_2 与 S_2 关断的影响。在此过程中，电容 C_{Q1}/C_{S1} 放电，C_{Q2}/C_{S2} 充电，其电压、电流关系式如式（4.3）所示。

$$\begin{cases} C_Q \dfrac{dv_{Q1}}{dt} = C_Q \dfrac{dv_{Q2}}{dt} + i_{pa} \\ v_{Q1} + v_{Q2} = v_{Ca} = \dfrac{V_M}{3} \end{cases} \tag{4.3}$$

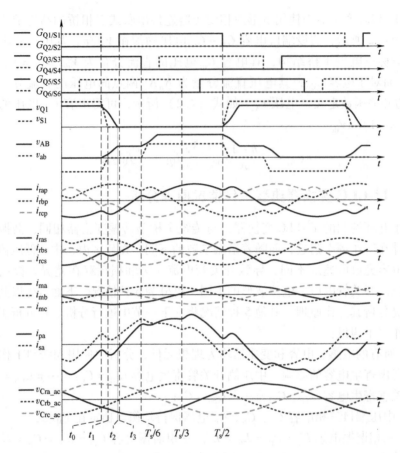

图 4.3　T^2-LLC 变换器典型工作波形

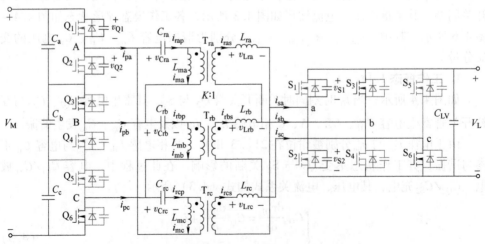

图 4.4　T^2-LLC 变换器工作模式 [t_0, t_1] 等效电路

由式（4.3）可得寄生电容 C_{Q1} 与 C_{Q2} 的充放电电流，如式（4.4）所示。

$$C_Q \frac{dv_{Q1}}{dt} = -C_Q \frac{dv_{Q2}}{dt} = \frac{i_{pa}}{2} \qquad (4.4)$$

对于低压侧开关管 S_1 与 S_2 可得式（4.5），其寄生电容充放电电流如式（4.6）所示。

$$\begin{cases} C_S \dfrac{dv_{S1}}{dt} + i_{sa} = C_S \dfrac{dv_{S2}}{dt} \\ v_{S1} + v_{S2} = V_L \end{cases} \qquad (4.5)$$

$$-C_S \frac{dv_{S1}}{dt} = C_S \frac{dv_{S2}}{dt} = \frac{i_{sa}}{2} \qquad (4.6)$$

由图4.4可知，此模态中，$v_{AB} = v_{Q2}$、$v_{ab} = -v_{S1}$，可得各电压、电流关系如式（4.7）所示。由于三相电路工作错开120°，其三相励磁电流之和、中压侧三相谐振电流之和、低压侧三相谐振电流之和均为0，且 $i_{rjp} = i_{mj} + i_{rjs}/K$（$j$ 为 a、b 或 c）。将上述关系式代入式（4.7），可得关于电流 i_{sa} 的微分方程，如式（4.8）所示，其中 C_{eq} 表达式如式（4.9）所示。

$$\begin{cases} v_{Q2} - v_{Cra} = L_m \dfrac{di_{ma}}{dt} = K\left(L_r \dfrac{di_{ras}}{dt} - v_{S1} \right) & (4.7a) \\[2mm] \dfrac{2V_M}{3} - v_{Crb} = L_m \dfrac{di_{mb}}{dt} = K\left(L_r \dfrac{di_{rbs}}{dt} + V_L \right) & (4.7b) \\[2mm] -V_M + v_{Q1} - v_{Crc} = L_m \dfrac{di_{mc}}{dt} = K\left(L_r \dfrac{di_{rcs}}{dt} - v_{S2} \right) & (4.7c) \end{cases}$$

$$L_m L_r C_{eq} C_S \frac{d^4 i_{sa}}{dt^4} + \left(L_m C_{eq} + \frac{L_m C_S}{K^2} + L_r C_S \right) \frac{d^2 i_{sa}}{dt^2} + i_{sa} = 0 \qquad (4.8)$$

$$C_{eq} = \frac{C_r C_Q}{C_r + C_Q} \qquad (4.9)$$

求解式（4.8），可得该模态内电流 i_{sa} 表达式，如式（4.10）所示，各变量具体表达式，如式（4.11）所示，其中 I_{sa0}、I_{pa0}、V_{Cra0}、V_{Crc0} 分别为 i_{sa}、i_{pa}、v_{Cra}、v_{Crc} 在 t_0 时刻的值。

$$i_{sa}(t) = \frac{1}{\sqrt{B_{s1}^2 - 4A_{s1}}} \cdot$$

$$
\left(
\begin{aligned}
&\left(a_{s1} \frac{B_{s1} + \sqrt{B_{s1}^2 - 4A_{s1}}}{2} - (A_{s1}c_{s1} + B_{s1}a_{s1}) \right) \cos\left(\sqrt{\frac{B_{s1} + \sqrt{B_{s1}^2 - 4A_{s1}}}{2A_{s1}}} t \right) + \\
&\left(-a_{s1} \frac{B_{s1} - \sqrt{B_{s1}^2 - 4A_{s1}}}{2} + (A_{s1}c_{s1} + B_{s1}a_{s1}) \right) \cos\left(\sqrt{\frac{B_{s1} - \sqrt{B_{s1}^2 - 4A_{s1}}}{2A_{s1}}} t \right) + \\
&\left(\begin{aligned} &A_{s1}b_{s1}\sqrt{(B_{s1} + \sqrt{B_{s1}^2 - 4A_{s1}})/(2A_{s1})} - \\ &(A_{s1}d_{s1} + B_{s1}b_{s1})\sqrt{(B_{s1} - \sqrt{B_{s1}^2 - 4A_{s1}})/2} \end{aligned} \right) \sin\left(\sqrt{\frac{B_{s1} + \sqrt{B_{s1}^2 - 4A_{s1}}}{2A_{s1}}} t \right) + \\
&\left(\begin{aligned} &-A_{s1}b_{s1}\sqrt{(B_{s1} - \sqrt{B_{s1}^2 - 4A_{s1}})/(2A_{s1})} + \\ &(A_{s1}d_{s1} + B_{s1}b_{s1})\sqrt{(B_{s1} + \sqrt{B_{s1}^2 - 4A_{s1}})/2} \end{aligned} \right) \sin\left(\sqrt{\frac{B_{s1} - \sqrt{B_{s1}^2 - 4A_{s1}}}{2A_{s1}}} t \right)
\end{aligned}
\right)
$$

$$\tag{4.10}$$

$$
\begin{cases}
A_{s1} = L_m L_r C_{eq} C_S & b_{s1} = \dfrac{2V_M/3 - V_{Cra0} + V_{Crc0} + KV_L}{K^2 L_r} \\[2mm]
B_{s1} = L_m C_{eq} + \dfrac{L_m C_S}{K^2} + L_r C_S & c_{s1} = -\dfrac{I_{pa0}}{K^2 L_r C_{eq}} - \dfrac{I_{sa0}}{L_r C_S} \\[2mm]
a_{s1} = \dfrac{I_{sa0}}{K} & d_{s1} = \dfrac{V_L}{K L_r L_m C_{eq}} - \left(\dfrac{1}{L_m C_{eq}} + \dfrac{1}{K^2 L_r C_{eq}} + \dfrac{1}{L_r C_S} \right) b_{s1}
\end{cases}
$$

$$\tag{4.11}$$

将 $i_{pa} = i_{rap} - i_{rcp}$、$i_{sa} = i_{ras} - i_{rcs}$ 代入式（4.7a）与式（4.7c），可得中压侧 A 相电流 i_{pa} 表达式，如式（4.12）所示。

$$
i_{pa}(t) = -K L_r C_{eq} \frac{d^2 i_{sa}(t)}{dt^2} - \frac{K C_{eq}}{C_S} i_{sa}(t) \tag{4.12}
$$

根据图 4.4 可得 B 相低压侧谐振电流 i_{rbs} 的微分方程，如式（4.13）所示，求解可得 i_{rbs} 表达式，如式（4.14）所示，其中 I_{rbp0}、I_{rbs0}、V_{Crb0} 分别为 i_{rbp}、i_{rbs0}、v_{Crb} 在 t_0 时刻的值。将关系式 $i_{rbp} = i_{mb} + i_{rbs}/K$ 代入式（4.7b），可得电流 i_{rbp}，如式（4.15）所示，其中 $L_m' = L_m/K^2$。

$$
L_m L_r C_r \frac{d^3 i_{rbs}}{dt^3} + \left(\frac{L_m}{K^2} + L_r \right) \frac{d i_{rbs}}{dt} + V_L = 0 \tag{4.13}
$$

$$
\begin{aligned}
i_{rbs}(t) = &\left(-\frac{L_m'}{L_m' + L_r} I_{rbp0} + I_{rbs0} \right) - \frac{V_L}{L_m' + L_r} t + \frac{L_m'}{L_m' + L_r} I_{rbp0} \cos\left(\sqrt{\frac{L_m' + L_r}{L_m' L_r C_r}} t \right) + \\
&\left(\left(\frac{2V_M}{3} - V_L - V_{Crb0} \right) \sqrt{\frac{L_m' C_r}{(L_m' + L_r) L_r}} + V_L \sqrt{\frac{L_m' L_r C_r}{(L_m' + L_r)^3}} \right) \sin\left(\sqrt{\frac{L_m' + L_r}{L_m' L_r C_r}} t \right)
\end{aligned}
$$

$$\tag{4.14}$$

$$i_{rbp}(t) = -KL_r C_r \frac{d^2 i_{rbs}(t)}{dt^2} \qquad (4.15)$$

根据式（4.10）~式（4.15）与三相电流关系，可得该模态内 A、C 相中、低压侧谐振电流表达式，如式（4.16）所示。谐振电容电压 v_{Cra}、v_{Crb}、v_{Crc} 可分别由谐振电流 i_{rap}、i_{rbp}、i_{rcp} 积分得到，如式（4.17）所示。

$$\begin{cases} i_{rap}(t) = \dfrac{i_{pa}(t) - i_{rbp}(t)}{2} & i_{rcp}(t) = -\dfrac{i_{pa}(t) + i_{rbp}(t)}{2} \\[3mm] i_{ras}(t) = \dfrac{i_{sa}(t) - i_{rbs}(t)}{2} & i_{rcs}(t) = -\dfrac{i_{sa}(t) + i_{rbs}(t)}{2} \end{cases} \qquad (4.16)$$

$$v_{Crj}(t) = V_{Crj0} + \int_{t_0}^{t} (i_{rjp}(t)/C_r)\,dt, \quad j\ \text{为 a、b 或 c} \qquad (4.17)$$

2. 工作模态 2 $[t_1, t_2]$

如图 4.3 所示，在 t_1 时刻，电压 v_{S1} 先于 v_{Q1} 下降到 0，v_{S1} 降至 0 后，S_1 的体二极管 D_{S1} 导通，该模态内的等效电路如图 4.5 所示。

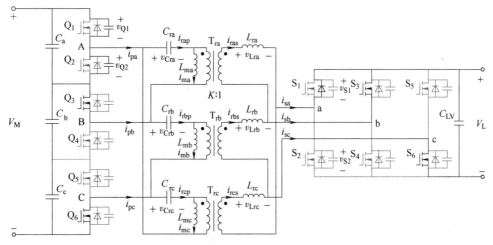

图 4.5　T²-LLC 变换器工作模态 $[t_1, t_2]$ 等效电路

由于电压 v_{ab} 被钳位在零电平，C_{Q1}、C_{Q2} 继续与电容 C_{ra}、C_{rc}、电感 L_{ma}、L_{mc}、L_{ra}、L_{rc} 谐振，电压、电流关系式如式（4.18）所示。

$$\begin{cases} v_{Q2} - v_{Cra} = L_m \dfrac{di_{ma}}{dt} = KL_r \dfrac{di_{ras}}{dt} \\[3mm] \dfrac{2V_M}{3} - v_{Crb} = L_m \dfrac{di_{mb}}{dt} = K\left(L_r \dfrac{di_{rbs}}{dt} + V_L\right) \\[3mm] -V_M + v_{Q1} - v_{Crc} = L_m \dfrac{di_{mc}}{dt} = K\left(L_r \dfrac{di_{rcs}}{dt} - V_L\right) \end{cases} \qquad (4.18)$$

结合三相电流关系式与式（4.18），可得关于电流 i_{sa} 的微分方程，如式（4.19）所示。求解式（4.19），可得该模态内电流 i_{sa}，如式（4.20）所示，其中 V_{Q11}、V_{Q21}、I_{pa1}、I_{sa1}、V_{Cra1}、V_{Crc1} 分别为 v_{Q1}、v_{Q2}、i_{pa}、i_{sa}、v_{Cra}、v_{Crc} 在 t_1 时刻的值。而与工作模态 1 中计算相似，i_{pa} 表达式可根据式（4.12）与式（4.20）计算得到。该阶段内，B 相谐振回路不变，其电流表达式与工作模态 1 中相同。根据电流 i_{pa}、i_{sa}、i_{rbp} 与 i_{rbs}，可按式（4.16）计算得到其他谐振电流的表达式，谐振电容电压由各自的谐振电流积分得到。

$$L_m L_r C_{eq} \frac{\mathrm{d}^3 i_{sa}}{\mathrm{d}t^3} + \left(\frac{L_m}{K^2} + L_r\right)\frac{\mathrm{d}i_{sa}}{\mathrm{d}t} + V_L = 0 \tag{4.19}$$

$$\begin{aligned}
i_{sa}(t) = {} & \left(\frac{-L'_m}{L'_m + L_r}I_{pa1} + I_{sa1}\right) - \frac{V_L}{L'_m + L_r}(t - t_1) + \left(\frac{L'_m}{L'_m + L_r}I_{pa1}\right)\cos\left(\sqrt{\frac{L'_m + L_r}{L'_m L_r C_{eq}}}(t - t_1)\right) + \\
& \left(\begin{array}{l}(V_{Q21} - V_{Q11}) + V_M \\ -(V_{Cra1} - V_{Crc1}) - V_L\end{array}\right)\sqrt{\frac{L'_m C_{eq}}{(L'_m + L_r)L_r}} + V_L\sqrt{\frac{L'_m L_r C_{eq}}{(L'_m + L_r)^3}} \\
& \sin\left(\sqrt{\frac{L'_m + L_r}{L'_m L_r C_{eq}}}(t - t_1)\right)
\end{aligned} \tag{4.20}$$

3. 工作模态 3 $[t_2, T_s/6]$

根据图 4.3，在 t_2 时刻，Q_1 寄生电容完全放电，即 v_{Q1} 下降至 0，其体二极管 D_{Q1} 导通，等效电路如图 4.6 所示。在 t_3 时刻，电流 i_{pa} 仍保持为负，i_{sa} 保持为正。因此，该时刻开通开关管 Q_1 与 S_1 可实现其 ZVS 开通。

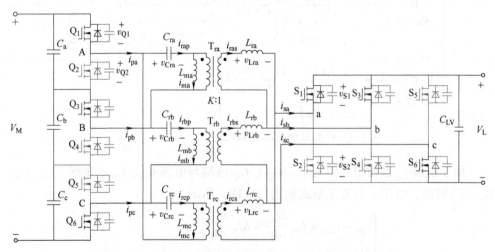

图 4.6　T^2-LLC 变换器工作模态 $[t_2, T_s/6]$ 等效电路

该工作模态内，电压 v_{AB} 等于 A 相电容电压 v_{Ca}，即 $V_M/3$，电压 v_{ab} 为 0，可得电压、电流关系，如式（4.21）所示。

$$\begin{cases} \dfrac{V_M}{3} - v_{Cra} = L_m \dfrac{di_{ma}}{dt} = KL_r \dfrac{di_{ras}}{dt} \\[3mm] \dfrac{2V_M}{3} - v_{Crb} = L_m \dfrac{di_{mb}}{dt} = K\left(L_r \dfrac{di_{rbs}}{dt} + V_L \right) \\[3mm] -V_M - v_{Crc} = L_m \dfrac{di_{mc}}{dt} = K\left(L_r \dfrac{di_{rcs}}{dt} - V_L \right) \end{cases} \tag{4.21}$$

将三相电压、电流关系式代入可得三个谐振回路的微分方程，如式（4.22）所示，分别求解可得谐振电流 i_{ras}、i_{rbs}、i_{rcs} 表达式，其中由于 B 相谐振回路未发生变化，i_{rbs} 表达式不变，而 i_{ras} 与 i_{rcs} 的表达式分别如式（4.23）与式（4.24）所示。按式（4.16）计算得到其他谐振电流的表达式，谐振电容电压 $v_{Cra} \sim v_{Crc}$ 可由各自的谐振电流积分得到。

$$\begin{cases} L_m L_r C_r \dfrac{d^3 i_{ras}}{dt^3} + \left(\dfrac{L_m}{K^2} + L_r \right) \dfrac{di_{ras}}{dt} = 0 \\[3mm] L_m L_r C_r \dfrac{d^3 i_{rbs}}{dt^3} + \left(\dfrac{L_m}{K^2} + L_r \right) \dfrac{di_{rbs}}{dt} + V_L = 0 \\[3mm] L_m L_r C_r \dfrac{d^3 i_{rcs}}{dt^3} + \left(\dfrac{L_m}{K^2} + L_r \right) \dfrac{di_{rcs}}{dt} - V_L = 0 \end{cases} \tag{4.22}$$

$$\begin{aligned} i_{ras}(t) = {}& \left(-\dfrac{L'_m}{L'_m + L_r} I_{rap2} + I_{ras2} \right) + \left(\dfrac{L'_m}{L'_m + L_r} I_{rap2} \right) \cos\left(\sqrt{\dfrac{L'_m + L_r}{L'_m L_r C_r}}(t - t_2) \right) + \\ & \left(\dfrac{V_M}{3} - V_{Cra2} \right) \sqrt{\dfrac{L'_m C_r}{(L'_m + L_r) L_r}} \sin\left(\sqrt{\dfrac{L'_m + L_r}{L'_m L_r C_r}}(t - t_2) \right) \end{aligned} \tag{4.23}$$

$$\begin{aligned} i_{rcs}(t) = {}& \left(-\dfrac{L'_m}{L'_m + L_r} I_{rcp2} + I_{rcs2} \right) + \dfrac{V_L(t - t_2)}{L'_m + L_r} + \left(\dfrac{L'_m}{L'_m + L_r} I_{rcp2} \right) \cos\left(\sqrt{\dfrac{L'_m + L_r}{L'_m L_r C_r}}(t - t_2) \right) + \\ & \left((-V_M + V_L - V_{Crc2}) \sqrt{\dfrac{L'_m C_r}{(L'_m + L_r) L_r}} - V_L \sqrt{\dfrac{L'_m L_r C_r}{(L'_m + L_r)^3}} \right) \sin\left(\sqrt{\dfrac{L'_m + L_r}{L'_m L_r C_r}}(t - t_2) \right) \end{aligned}$$
$$\tag{4.24}$$

在上述推导的关键电压与电流表达式中，电压与电流初值并未给出。由于电流 $i_{pa} \sim i_{pc}$、$i_{sa} \sim i_{sc}$ 与 $v_{Cra} \sim v_{Crc}$ 表达式过于复杂，求解其初值的解析表达式难度较大，因此本章采用数值法求解初值。以上述的典型工作情况为例，根据三相电路工作的相位关系，中、低压侧三相电流应满足式（4.25），结合 4.1.1 节中推导的谐振电容电压直流分量，可得谐振电容交流分量关系式，如式（4.26）所示。

$$
\begin{cases}
i_{pa}(t) = -i_{pb}\left(t + \dfrac{T_s}{6}\right) = -i_{pc}\left(t - \dfrac{T_s}{6}\right) \\[2mm]
i_{sa}(t) = -i_{sb}\left(t + \dfrac{T_s}{6}\right) = -i_{sc}\left(t - \dfrac{T_s}{6}\right) \\[2mm]
i_{pa}(t) + i_{pb}(t) + i_{pc}(t) = 0 \\[2mm]
i_{sa}(t) + i_{sb}(t) + i_{sc}(t) = 0
\end{cases}
\tag{4.25}
$$

$$
v_{Cra}(t) - \frac{V_M}{3} = -v_{Crb}\left(t + \frac{T_s}{6}\right) + \frac{V_M}{3} = -v_{Crc}\left(t - \frac{T_s}{6}\right) - \frac{2V_M}{3}
\tag{4.26}
$$

由此可求解电压、电流在 t_0 时刻初值的方程组，如式（4.27）所示，其中，P_{tot} 为传输功率，I_L 为低压端口电流平均值。对于并联式三相桥，根据不同工作模态下直流电流 I_L 与三相交流电流 $i_{sa} \sim i_{sc}$ 关系，可得 I_L 表达式，如式（4.28）所示。

$$
\begin{cases}
i_{pa}(t_0) + i_{pb}\left(\dfrac{T_s}{6}\right) = 0 \qquad\quad i_{pb}(t_0) + i_{pc}\left(\dfrac{T_s}{6}\right) = 0 \\[2mm]
i_{sa}(t_0) + i_{sb}\left(\dfrac{T_s}{6}\right) = 0 \qquad\quad i_{sb}(t_0) + i_{sc}\left(\dfrac{T_s}{6}\right) = 0 \\[2mm]
v_{Cra}(t_0) + v_{Crb}\left(\dfrac{T_s}{6}\right) = \dfrac{2V_M}{3} \qquad v_{Cra}\left(\dfrac{T_s}{6}\right) + v_{Crc}(t_0) = -\dfrac{V_M}{3} \\[2mm]
i_{pa}(t_0) + i_{pb}(t_0) + i_{pc}(t_0) = 0 \qquad i_{sa}(t_0) + i_{sb}(t_0) + i_{sc}(t_0) = 0 \\[2mm]
v_{Cra}(t_0) + v_{Crb}(t_0) + v_{Crc}(t_0) = 0 \\[2mm]
v_{Q1}(t_2) = 0, \ v_{S1}(t_1) = 0 \qquad\qquad V_L I_L - P_{tot} = 0
\end{cases}
\tag{4.27}
$$

$$
I_L = \frac{6}{T_s}\left(\int_{t_0}^{t_1} \left(-i_{sc} - \frac{i_{sa}}{2} \right) dt + \int_{t_1}^{t_2} (-i_{sc}) \, dt + \int_{t_2}^{T_s/6} (-i_{sc}) \, dt \right)
\tag{4.28}
$$

另外注意到，上述工作模态分析与推导均是在开关管实现 ZVS 开通的前提下进行的，因此，在电压、电流初值的计算中，必须对计算结果进行检验。同样以上述分析的典型工作情况为例，应满足式（4.29），其中 t_{dead} 为死区时间。

$$
\begin{cases}
i_{pa}(t) < 0 \quad t_0 \leqslant t \leqslant t_{dead} \\[2mm]
i_{sa}(t) > 0 \quad t_0 \leqslant t \leqslant t_{dead} \\[2mm]
t_2 \leqslant t_{dead}
\end{cases}
\tag{4.29}
$$

4.2 T²-LLC 变换器参数优化

4.2.1 T²-LLC 变换器工况分类

尽管中、低压侧开关管的驱动信号是完全一致的，但在死区时间内，两者的换流过程并不完全一致，受到谐振参数与工作条件的影响。根据中、低压侧开关管死区内换流持续时间、先后顺序的不同，开环控制下 T²-LLC 变换器的软开关工作情况共有 6 种，以功率由中压侧向低压侧传输情况为例，开关波形分类如图 4.7 所示，功率反向传输情况与之类似。其中，工作情况 4 为前述分析的典型情况，其他 5 种工况导通过程与电压、电流关系式及初值计算方法与之类似，下面仅对其不同工况中死区时间内的导通过程进行简单分析，不再给出具体表达式。

1）工作情况 1（如图 4.7a 所示）：在 t_0 时刻关断开关管 Q_2 与 S_2，中压侧开关管 Q_1、Q_2 寄生电容立即充放电，电压 v_{Q1} 下降。在 t_0 时刻，电流 i_{sa} 小于 0，开关管 S_2 的反并联二极管 D_{S2} 导通。因此，在该阶段内，仅有中压侧开关管寄生电容 C_{Q1} 与 C_{Q2} 参与谐振；在 t_1 时刻，电容 C_{Q1} 完成放电，v_{Q1} 下降至 0，此时 i_{sa} 仍为负，D_{S2} 维持导通。该阶段内，电压 v_{AB} 钳位在 $V_M/3$，v_{ab} 为 $-V_L$，$L_{ra} \sim L_{rc}$、$L_{ma} \sim L_{mc}$、$C_{ra} \sim C_{rc}$ 继续谐振；直到 t_2 时刻，i_{sa} 过零，寄生电容 C_{S1} 与 C_{S2} 与 $L_{ra} \sim L_{rc}$、$L_{ma} \sim L_{mc}$、$C_{ra} \sim C_{rc}$ 谐振，电压 v_{S1} 开始下降。在 t_3 时刻，C_{S1} 完成放电，二极管 D_{S1} 导通。在死区结束时刻，若电流 i_{pa} 保持为负，i_{sa} 保持为正，开通 Q_1 与 S_1 可实现 ZVS 开通。

2）工作情况 2（如图 4.7b 所示）：在 t_0 时刻，电流 i_{sa} 为负，经寄生二极管 D_{S2} 续流，此时关断开关管 Q_2 与 S_2，寄生电容 C_{Q1} 立即放电，v_{Q1} 下降。在该阶段内，仅有中压侧开关管寄生电容 C_{Q1}、C_{Q2} 参与 LLC 谐振；在 t_1 时刻，电压 v_{Q1} 还未下降至 0，电流 i_{sa} 过零，二极管 D_{S2} 截止，寄生电容 C_{S1}、C_{S2} 也参与谐振，电压 v_{S1} 开始下降；在 t_2 时刻，电容 C_{Q1} 完全放电，v_{Q1} 谐振至 0，二极管 D_{Q1} 开通，电压 v_{AB} 钳位在 $V_M/3$，C_{S1}、C_{S2} 则继续谐振，直到 t_3 时刻，v_{S1} 下降到 0，D_{S1} 导通，v_{ab} 变为 0，仅有三相 LLC 谐振腔元件继续谐振。

3）工作情况 3（如图 4.7c 所示）：在 t_0 时刻之前，电流 i_{pa} 与 i_{sa} 分别流过开关管 Q_2 与 S_2，此时关断 Q_2 与 S_2，开关管寄生电容 C_{Q1}/C_{Q2} 与 C_{S1}/C_{S2} 立即参与谐振，电压 v_{Q1} 与 v_{S1} 下降；在 t_1 时刻，电容 C_{Q1} 先于 C_{S1} 完成放电，二极管 D_{Q1} 导通，电压 v_{AB} 变为 $V_M/3$，低压侧开关管寄生电容 C_{S1}/C_{S2} 继续谐振；在 t_2 时刻，电容 C_{S1} 完全放电，二极管 D_{S1} 导通，电压 v_{ab} 变为 0，三相 LLC 谐振腔元件继续谐振。

4）工作情况 4（如图 4.7d 所示）：该情况已在 4.1.2 节中进行了详细分析，此处不作赘述。

5）工作情况 5（如图 4.7e 所示）：在 t_0 时刻之前，电流 i_{pa} 与 i_{sa} 分别流过二极管 D_{Q2} 与开关管 S_2，因此，当在 t_0 时刻关断 Q_2 与 S_2，电容 C_{S1}/C_{S2} 立即与三相电感、电容谐振，电压 v_{S1} 下降，而由于该阶段内电流 i_{pa} 保持为正，D_{Q2} 维持导通，电压 v_{AB} 钳位在零电平；在 t_1 时刻，电流 i_{pa} 过零，二极管 D_{Q2} 截止，电容 C_{Q1}/C_{Q2} 参与谐振，电压 v_{Q1} 下降；直至 t_2 时刻，电压 v_{S1} 先下降至 0，D_{S1} 导通，电压 v_{ab} 变为零电平，仅有 C_{Q1}/C_{Q2} 参与谐振。在 t_3 时刻，电压 v_{Q1} 谐振至 0，二极管 D_{Q1} 导通，电压 v_{AB} 变为 $V_M/3$，三相 LLC 谐振腔元件继续谐振。

6）工作情况 6（如图 4.7f 所示）：与情况 5 中相似，在 t_0 时刻之前，i_{pa} 与 i_{sa}

分别流过体二极管 D_{Q2} 与开关管 S_2，当关断 Q_2 与 S_2 时，电容 C_{S1}/C_{S2} 立即参与谐振，电压 v_{S1} 下降；直至 t_1 时刻，电压 v_{S1} 谐振至 0，二极管 D_{S1} 导通，电压 v_{ab} 钳位在零电平，三相 LLC 谐振腔继续谐振；t_2 时刻，电流 i_{pa} 谐振过零，二极管 D_{Q2} 截止，电容 C_{Q1}/C_{Q2} 参与谐振，电压 v_{Q1} 下降。直至 t_3 时刻，v_{Q1} 下降至 0，二极管 D_{Q1} 导通，v_{AB} 变为 $V_M/3$，三相谐振元件继续谐振。

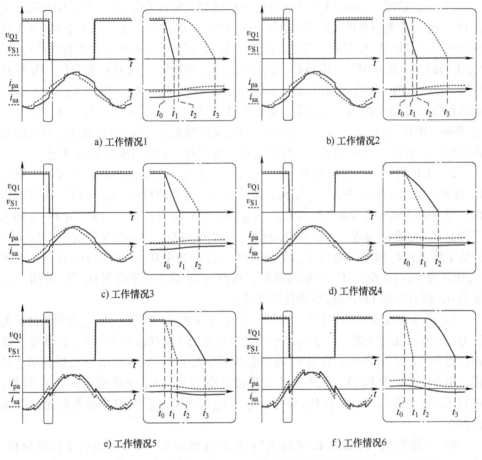

图 4.7　开环控制下 T^2-LLC 变换器软开关工作情况分类

在上述 6 种工作情况中，通过合理设置死区时间，均可实现中压侧与低压侧开关管的 ZVS 开通，但其关断电流与损耗存在轻微差异。在工作情况 1 与 2 中，在关断低压侧开关管时，电流流经其寄生二极管，因此会产生二极管的反向恢复损耗，而关断中压侧开关管时，电流流过开关管沟道，造成 MOSFET 关断损耗；与此相对，在工作情况 5 和 6 中，关断中压侧开关管时产生二极管反向恢复损耗，关断低压侧开关管则为 MOSFET 关断损耗；在工作情况 3 和 4 中，中、低压侧开关管关断时，电流均流过开关管沟道，其关断损耗为 MOSFET 关断损耗。另一方面，每个工作情况中电流形状并不相同，其电流有效值也不同，造成开关器件与谐振电容导通损耗、磁性元件绕组损耗存在差异。因此，可以通过对谐振参数、死区时间进行优化，以降低损耗，提升传输效率。

4.2.2 T²-LLC 变换器损耗分析与参数优化

针对 T²-LLC 变换器应用场景需求，在参数优化中需要实现高变换效率与固定的电压传输比。本节将基于表4.1中参数，基于前述的工作情况分析，建立损耗与电压传输比模型，从而对 T²-LLC 变换器中的谐振元件参数进行优化设计。

表 4.1 T²-LLC 变换器基本参数

参数	数值
中压端口额定电压 V_M/V	1000
低压端口额定电压 V_L/V	333.3
额定传输功率/kW	5
开关频率 f_s/kHz	10
开关器件选型	Infineon IPW60R055CFD7

T²-LLC 变换器建模需要考虑开关管导通损耗、开关损耗、电感与变压器损耗以及谐振电容损耗。下面以 4.1.2 节中分析的典型工作情况为例，给出损耗建模过程。在建模优化与实验中，中、低压侧开关管采用 Infineon 公司的 IPW60R055CFD7 型号 MOSFET，并且假设 MOSFET 导通电阻恒定，其体二极管的导通压降恒定。

根据式（4.25）与图 4.3，该典型工作情况下中压侧开关管的导通损耗 P_{con_M} 可按式（4.30）计算，其中，R_{on_Q} 为中压侧开关管的导通电阻；V_{on_QD} 为中压侧开关管体二极管的导通压降。并且注意到在模式 $[t_2, t_3]$ 内，电流 i_{pa} 流过体二极管 D_{Q1}，因此该阶段内导通损耗需按二极管进行计算。

$$P_{con\_M} = \frac{6R_{on\_Q}}{T_s}\Big(\int_{t_0}^{T_s/6}(i_{pb}^2 + i_{pc}^2)\,dt + \int_{t_3}^{T_s/6}i_{pa}^2dt\Big) + \frac{6V_{on\_QD}}{T_s}\int_{t_2}^{t_3}|i_{pa}|\,dt \qquad (4.30)$$

相似地，低压侧开关管的导通损耗可以按式（4.31）计算，其中，R_{on_S} 与 V_{on_SD} 分别为低压侧开关管的导通电阻和体二极管的导通压降。

$$P_{con\_L} = \frac{6R_{on\_S}}{T_s}\Big(\int_{t_0}^{T_s/6}(i_{sb}^2 + i_{sc}^2)\,dt + \int_{t_3}^{T_s/6}i_{sa}^2dt\Big) + \frac{6V_{on\_SD}}{T_s}\int_{t_1}^{t_3}|i_{sa}|\,dt \qquad (4.31)$$

在优化时保证 6 种工作情况中开关管均实现 ZVS 开通，其开通损耗非常低，可忽略不计。因此，在计算开关损耗时仅考虑 MOSFET 关断损耗与二极管的反向恢复损耗。对于 4.1.2 节中的典型工作情况，中、低压侧开关管关断损耗可分别按式（4.32）和式（4.33）计算，其中 t_{Qoff} 与 t_{Soff} 为 MOSFET 的关断时间。

$$P_{sw\_M} = 6\frac{V_M}{3}i_{pa}\Big(\frac{T_s}{2}\Big)t_{Qoff}f_s = 2V_M|i_{pa}(t_0)|t_{Qoff}f_s \qquad (4.32)$$

$$P_{\mathrm{sw\_L}} = 6V_{\mathrm{L}} \left| i_{\mathrm{sa}} \left(\frac{T_{\mathrm{s}}}{2} \right) \right| t_{\mathrm{Soff}} f_{\mathrm{s}} = 6V_{\mathrm{L}} \left| i_{\mathrm{sa}}(t_0) \right| t_{\mathrm{Soff}} f_{\mathrm{s}} \tag{4.33}$$

而在工作情况 5 或 6 中，其开关管关断电流为负，实际中压侧关断损耗为体二极管反向恢复损耗，可按式（4.34）进行计算，其中，Q_{rrQ} 为中压侧开关管体二极管的反向恢复电荷。

$$P'_{\mathrm{sw\_M}} = 6 \times \frac{1}{4} Q_{\mathrm{rrQ}} \times \frac{1}{3} V_{\mathrm{M}} f_{\mathrm{s}} = \frac{1}{2} Q_{\mathrm{rrQ}} V_{\mathrm{M}} f_{\mathrm{s}} \tag{4.34}$$

谐振电感与变压器损耗通常包括绕组损耗与磁心损耗，在 6 种工作情况中，电感与变压器的绕组电压几乎不变，其磁心损耗近似相同，因此在损耗模型中，仅考虑其绕组损耗的差异，其表达式如式（4.35）所示，其中 $I_{\mathrm{rap\_rms}}$ 与 $I_{\mathrm{ras\_rms}}$ 分别为 A 相中、低压侧谐振电流 i_{rap} 与 i_{ras} 的有效值，R_{wp}、R_{ws}、R_{Cr} 和 R_{Lr} 分别是变压器中压侧绕组、低压侧绕组、谐振电容与谐振电感绕组的等效电阻。

$$P_{\mathrm{m}} = 3\left((R_{\mathrm{wp}} + R_{\mathrm{Cr}}) I^2_{\mathrm{rap\_rms}} + (R_{\mathrm{ws}} + R_{\mathrm{Lr}}) I^2_{\mathrm{ras\_rms}} \right) \tag{4.35}$$

综上可得变换器损耗模型，如式（4.36）所示：

$$P_{\mathrm{loss}} = P_{\mathrm{con\_M}} + P_{\mathrm{con\_L}} + P_{\mathrm{sw\_M}} + P_{\mathrm{sw\_L}} + P_{\mathrm{m}} \tag{4.36}$$

基于前述模态分析与关键参数计算方法，以 $L_{\mathrm{m}} = 2\mathrm{mH}$ 情况为例，对 L_{r} 与 C_{r} 分别在 $20 \sim 100\mu\mathrm{H}$ 与 $2 \sim 10\mu\mathrm{F}$ 内遍历，计算相应的变换器各部分损耗，如图 4.8 所示，图中实线为不同工作情况的分界线。

在计算时，中、电压侧均选用开关管 IPW60R055CFD7，选取其说明书中典型值进行优化，开关管导通电阻 $R_{\mathrm{Q\_on}} = R_{\mathrm{S\_on}} = 55\mathrm{m}\Omega$、体二极管导通压降 $V_{\mathrm{on\_QD}} = V_{\mathrm{on\_SD}} = 1\mathrm{V}$、开关管关断时间 $t_{\mathrm{Qoff}} = t_{\mathrm{Soff}} = 103\mathrm{ns}$、二极管反向恢复电荷 $Q_{\mathrm{rrQ}} = Q_{\mathrm{rrS}} = 0.77\mu\mathrm{C}$、开关管寄生电容 $C_{\mathrm{Q}} = C_{\mathrm{S}} = 1.172\mathrm{nF}$。变压器中压侧绕组与谐振电容的通流电阻 $R_{\mathrm{wp}} + R_{\mathrm{Cr}}$ 设置为 $50\mathrm{m}\Omega$，变压器低压侧绕组与谐振电感绕组的通流电阻之和 $R_{\mathrm{ws}} + R_{\mathrm{Lr}}$ 同样设置为 $50\mathrm{m}\Omega$。如图 4.8a、b 所示，中、低压侧开关管关断损耗（包含体二极管的反向恢复损耗）在情况 3 和 4 下最小，而在情况 1 与 2 中，中压侧开关管关断电流较大，且低压侧存在二极管反向恢复损耗，导致开关管关断损耗较大，情况 5 和 6 中与之类似，低压侧开关管关断电流较大，损耗较高，中压侧存在较高的二极管反向恢复损耗。如图 4.8c ~ e 所示，无论是中、低压侧开关管的导通损耗，还是磁性元件绕组损耗及谐振电容损耗，均在情况 3 和 4 中最小，而在情况 6 中最高。因此，如图 4.8f 所示，工作情况 3 与 4 中的变换器总损耗最小。另一方面，在变换器总体损耗上，开关管导通损耗、磁性元件绕组损耗与谐振电容损耗为主要损耗，而由于 T^2-LLC 变换器实现了 ZVS 开通且关断电流很小，其开关损耗占比较小。

对于前述的电力电子变压器等应用场合，另一需求是保证功率变化时变换器电压传输比的恒定。基于基波分析法对 T^2-LLC 变换器进行分析，可得其电压传输比 $V_{\mathrm{L}}/V_{\mathrm{M}}$ 表达式如式（4.37）所示，其中，R_{eq} 为低压侧负载等效至谐振腔侧的电阻；ω_{s} 为开关角频率。随着传输功率的上升，R_{eq} 减小，而电压传输比 $V_{\mathrm{L}}/V_{\mathrm{M}}$ 逐渐下降。因此，T²-LLC 变换器低压端口最高电压 $V_{\text{L\_max}}$ 出现在功率反向满载传输时，而最低电压 $V_{\text{L\_min}}$ 出现在功率正向满载传输时。由此可给出其低压端口电压变化范围 $\Delta V_{\text{L}} = V_{\text{L\_max}} - V_{\text{L\_min}}$。

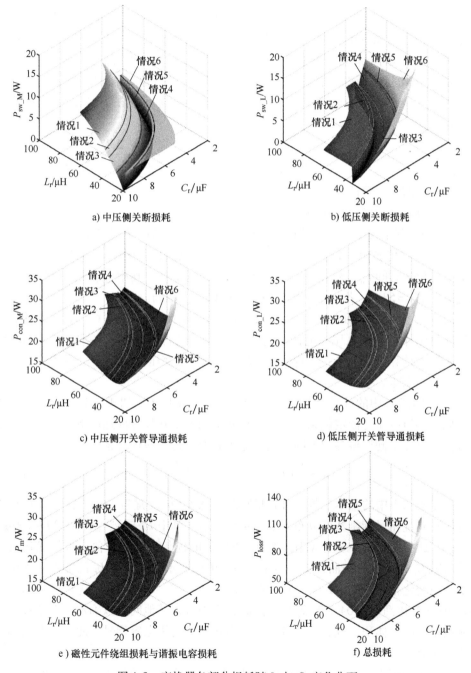

图 4.8 变换器各部分损耗随 L_{r} 与 C_{r} 变化曲面

$$\frac{V_{\mathrm{L}}}{V_{\mathrm{M}}}=\frac{1}{3K}\frac{\omega_{\mathrm{s}}^2 L_{\mathrm{m}} C_{\mathrm{r}}}{\sqrt{(\omega_{\mathrm{s}}^2 L_{\mathrm{m}} C_{\mathrm{r}}-1)^2+\left(\dfrac{\omega_{\mathrm{s}}^3 L_{\mathrm{m}} L_{\mathrm{r}} C_{\mathrm{r}}-\omega_{\mathrm{s}} L_{\mathrm{m}}-\omega_{\mathrm{s}} L_{\mathrm{r}}}{R_{\mathrm{eq}}}\right)^2}} \tag{4.37}$$

基于上述分析，可建立 T^2-LLC 变换器优化目标函数，如式（4.38）所示。其中，考虑到谐振腔的不对称性，正向与反向传输时的功率损耗不同，因此在目标函数中引入正向满载功率损耗 P_{lossf} 与反向满载功率损耗 P_{lossb}。另一方面，为了消除损耗与电压变化范围之间的量纲差异，将两者各除以其最大值，并引入参与因子 k_1 与 k_2 来改变损耗与电压变化范围在优化中的权重，后续优化中 $k_1 = k_2 = 0.5$。

$$f_{\min}(L_{\mathrm{r}},C_{\mathrm{r}},L_{\mathrm{m}},K)=k_1\frac{P_{\mathrm{lossf}}+P_{\mathrm{lossb}}}{\max\limits_{L_{\mathrm{r}},C_{\mathrm{r}},L_{\mathrm{m}},K}(P_{\mathrm{lossf}}+P_{\mathrm{lossb}})}+k_2\frac{|\Delta V_{\mathrm{L}}|}{\max\limits_{L_{\mathrm{r}},C_{\mathrm{r}},L_{\mathrm{m}},K}(|\Delta V_{\mathrm{L}}|)} \tag{4.38}$$

考虑到前述参数计算与损耗模型的复杂性，本章采用遍历法搜寻最优谐振参数与变压器匝比，其优化步骤如下：

1）输入基本参数：中压端口额定电压 V_{M}、低压端口额定电压 V_{L}、额定开关频率 f_{s} 与额定传输功率 P_{tot}。死区时间设置为 1.1 倍的换流时间，例如，在工作情况 1 中，死区时间 t_{dead} 为 $1.1\times\left[(t_3-t_0)+t_{\mathrm{Qon}}+t_{\mathrm{Qoff}}\right]$，其中 t_{Qon} 为 MOSFET 的开通时间，$t_{\mathrm{Qon}}=53\mathrm{ns}$。各寄生参数与前述损耗计算中相同。

2）首先将变压器匝比 K 设置为 1，遍历谐振参数 L_{r}、L_{m} 与 C_{r}，根据前述方法采用数值法计算关键电压、电流表达式，并检验是否能实现开关管的 ZVS 开通。在此基础上计算电压 $V_{\mathrm{L\_max}}$ 与 $V_{\mathrm{L\_min}}$，以及开关管与变压器一、二次侧绕组电流有效值与关断电流。

3）根据 2）中的计算结果，重新计算变压器匝比 K，如式（4.39）所示，以使得低压端口电压与额定值偏差最小。在此基础上重新计算前述电流值与优化目标函数值。对比不同谐振参数下的优化目标函数值，得到最优方案。

$$K=\frac{1}{2}(V_{\mathrm{L\_max}}+V_{\mathrm{L\_min}})/\left(\frac{1}{3}V_{\mathrm{M}}\right) \tag{4.39}$$

基于表 4.1 中的基本参数，首先将励磁电感 L_{m} 被设置为 2mH，按上述优化方法遍历得到优化目标函数值分布，如图 4.9 所示，其中 L_{r} 与 C_{r} 分别在 $20\sim100\mu\mathrm{H}$ 与 $2\sim10\mu\mathrm{F}$ 之间变化。通过对比给定 L_{r} 条件下的优化目标函数值，可得优化目标函数值随 C_{r} 的最优分布曲线，如图 4.9 中的虚线所示，可见随 L_{r} 的增大，优化目标函数值变化很小，当 $(L_{\mathrm{r}},C_{\mathrm{r}})$ 的取值由点 A 向 B、C 移动时，优化目标函数值由 0.2076 变化到 0.2104 与 0.2110。因此，必须考虑其他问题以确定谐振参数，如谐振电感、电容体积，或者是否有负荷所需容值的商用电容型号，此处谐振电容值设置为 $4\mu\mathrm{F}$。

当 $C_{\mathrm{r}}=4\mu\mathrm{F}$ 时，在 $0.5\sim10\mathrm{mH}$ 和 $20\sim100\mu\mathrm{H}$ 范围内遍历 L_{m} 与 L_{r}，可得优化

函数值分布，如图 4.10 所示。相似地，给出优化目标函数值随 L_m 变化的分布曲线，如图 4.9 中的虚线所示，当谐振参数（L_r，L_m）由点 A 向 B、C、D 变化，优化目标函数值由 0.3265 陡降至 0.2125，然后轻微下降到 0.2110 和 0.2037。另一方面，考虑到实际制造中谐振电感误差为 ±5μH，励磁电感误差为 ±0.5mH，在图 4.10 中给出相应的变化范围。对于点 D，若谐振电感或励磁电感轻微偏离设计值，开关管容易丢失 ZVS 开通，导致较高的开通损耗。而对于点 B，当励磁电感偏小时，优化函数值会急剧增大。因此，选择点 C 作为最终优化结果，其中 $L_r =$ 65.5μH、$L_m = 2.5$mH、$C_r = 4$μF。在该参数下，重新计算变压器匝比为 1.025，实际谐振电感为 62.34μH。

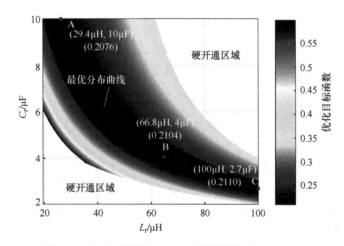

图 4.9　优化函数随 L_r 与 C_r 遍历结果（$L_m = 2$mH）

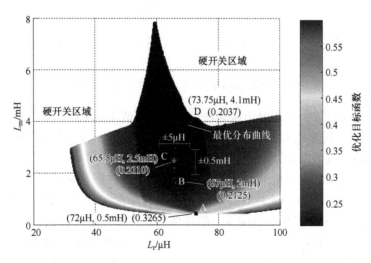

图 4.10　优化函数随 L_r 与 L_m 遍历结果（$C_r = 4$μF）

4.3 仿真与实验验证

4.3.1 仿真验证

基于表4.1中的基本参数与前述优化结果，本节在PLECS中进行了仿真验证，仿真中正向（由中压侧向低压侧）5kW满载情况下，低压直流端口电压为330.4V，反向（由低压侧向中压侧）满载情况下，电压为336.4V，电压传输比变化范围为0.3304~0.3364，在±1%以内。其满载5kW下的关键电压、电流波形如图4.11所示，三相电流保持均衡，波形与原理分析中一致。

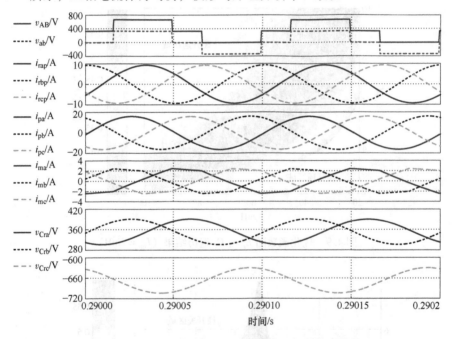

图4.11　正向满载工况下的关键电压及电流仿真波形

正向满载工况下，变压器中压侧绕组电流有效值为6.60A，中压侧开关管电流峰值为16.16A，谐振电容C_{ra}与C_{rb}电压峰值为370.46V，C_{rc}电压峰值为703.8V，励磁电感电流峰值为2.41A。

正向与反向满载工况下的中、低压侧开关管电压波形分别如图4.12和图4.13所示，开关管均实现了ZVS开通与小电流关断，降低了开关损耗。同时，结合对图4.9与图4.10中的最优分布曲线上的其他谐振参数点进行仿真发现，T^2-LLC变换器均运行于工作情况3或4，且中、低压侧开关管寄生电容充放电时间非常接近，该趋势与4.2.2节中的损耗分析结果一致，即工作情况3和4是T^2LLC变换器的最优工作模式。

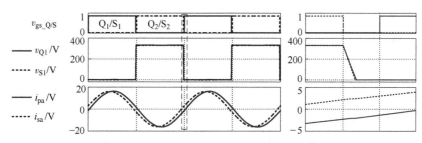

图 4.12　正向满载工况下的开关管 Q_1 与 S_1 开通波形及死区时间内波形放大图

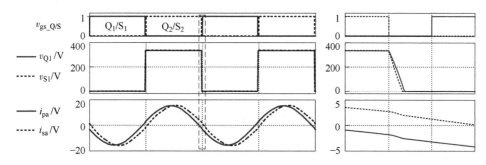

图 4.13　反向满载工况下的开关管 Q_1 与 S_1 开通波形及死区时间内波形放大图

4.3.2　实验验证

本节搭建了 T²-LLC 变换器样机进行了实验验证，详细参数如表 4.2 所示。由于实验中磁性元件的制作差异，三相谐振电感与励磁电感存在微小差异。不同传输功率下的实验结果如图 4.14 ~ 图 4.19 所示。

表 4.2　T²-LLC 变换器实验样机参数

参数	数值
L_{ra}、L_{rb}、L_{rc}/μH	63.41、62.29、61.53
C_{ra}、C_{rb}、C_{rc}/μF	3.941、3.940、3.940
L_{ma}、L_{mb}、L_{mc}/mH	2.446、2.524、2.488
变压器匝比 K	40 : 39
中压端口三相电容/mF	1
低压端口电容/mF	1
死区时间 t_{dead}/μs	1

如图 4.14a 所示，即使三相谐振参数存在一定差异，三相谐振电流 i_{rap} ~ i_{rcp} 与三相中压侧电流 i_{pa} ~ i_{pc} 可以保持三相均衡，且中压侧三相电容电压 v_{Ca} ~ v_{Cc} 也可保持均衡，如图 4.14b 所示。开关管 Q_1 与 S_1 的开关波形如图 4.14c、d 所示，均实现了 ZVS 开通与正向小电流关断，避免了较大的二极管反向恢复损耗，这意味着实验中变换器也工作于情况 3 或 4 内，与前述优化分析与仿真结果一致。

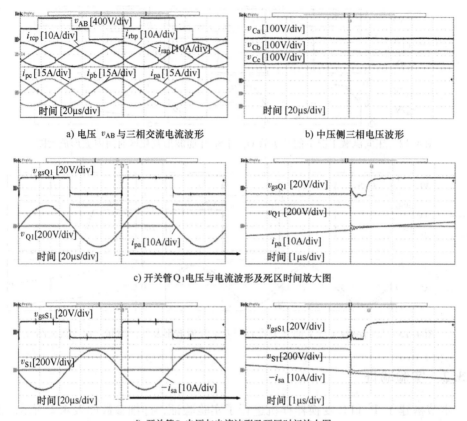

a) 电压 v_{AB} 与三相交流电流波形　　　　　b) 中压侧三相电压波形

c) 开关管 Q_1 电压与电流波形及死区时间放大图

d) 开关管 S_1 电压与电流波形及死区时间放大图

图 4.14　正向满载 5kW 情况下的实验结果

功率正向传输情况下，10% 负载（即 500W）的实验波形如图 4.15 所示。与正向满载运行工况相似，三相谐振电流 $i_{rap} \sim i_{rcp}$ 与三相中压侧电流 $i_{pa} \sim i_{pc}$ 依旧可以保持三相均衡，且中压侧三相电容电压 $v_{Ca} \sim v_{Cc}$ 也可以保持一致，分别如图 4.15a、b 所示。如图 4.15c、d 所示为中、低压侧开关管 Q_1 与 S_1 的开关波形，仍可实现 ZVS 开通，提升了轻载工况下的运行效率。

变换器反向满载与轻载下的相关实验波形分别如图 4.16 与图 4.17 所示，与正向工作情况相同，三相电流可保持平衡，中压侧三相电容电压一致，且中、低压侧开关管均可实现 ZVS 开通，与前述优化分析与仿真结果一致。

为了验证该变换器的动态性能，实验中使传输功率由 5kW 陡降至 0.5kW，变换器工作波形如图 4.18 所示。在跳变过程中，中压端口 A 相电容电压 v_{Ca} 与低压端口电压 v_L 几乎不变，电流 i_{pa} 与 i_{rap} 随着功率减小而迅速降低，且波形平滑，说明开环控制下的 T^2-LLC 变换器具有良好的动态性能，并可保持稳定的端口电压，适用于电力电子变压器中间直流级等应用场合。

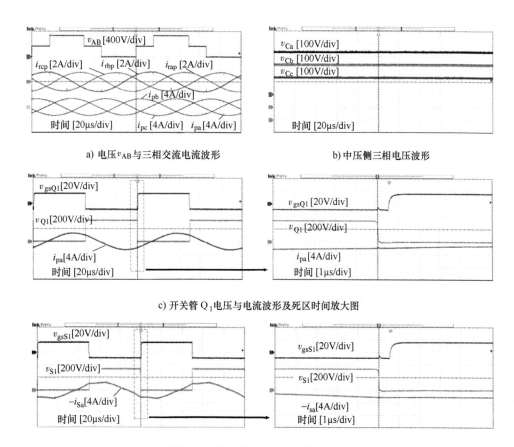

a) 电压v_{AB}与三相交流电流波形

b) 中压侧三相电压波形

c) 开关管 Q_1 电压与电流波形及死区时间放大图

d) 开关管 S_1 电压与电流波形及死区时间放大图

图 4.15　正向轻载 500W 情况下的实验结果

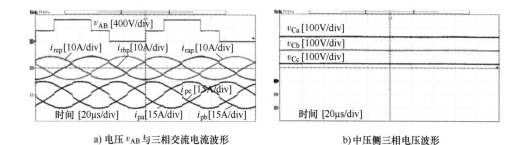

a) 电压v_{AB}与三相交流电流波形

b)中压侧三相电压波形

图 4.16　反向满载 5kW 情况下的实验结果

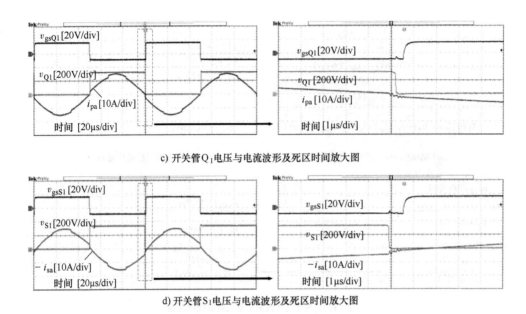

c) 开关管 Q_1 电压与电流波形及死区时间放大图

d) 开关管 S_1 电压与电流波形及死区时间放大图

图 4.16　反向满载 5kW 情况下的实验结果（续）

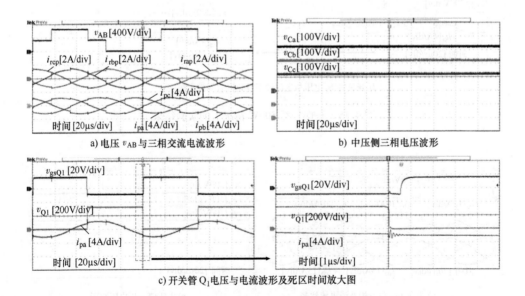

a) 电压 v_{AB} 与三相交流电流波形

b) 中压侧三相电压波形

c) 开关管 Q_1 电压与电流波形及死区时间放大图

图 4.17　反向轻载 500W 情况下的实验结果

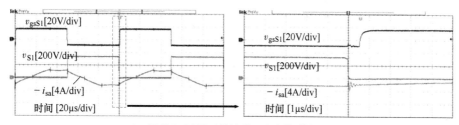

d) 开关管 S_1 电压与电流波形及死区时间放大图

图 4.17　反向轻载 500W 情况下的实验结果（续）

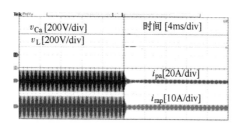

图 4.18　功率由正向满载 5kW 跳变至 0.5kW 时的实验波形

图 4.19 给出了传输功率在 $-5 \sim 5$kW 之间变化时的电压传输比 V_L/V_M 与变换效率，其中电压传输比在 0.328 ~ 0.337 之间变化，变化范围为 -1.6% ~ $+1.1\%$ 之间。变换器功率正向传输情况下，10% 负载工况的变换效率为 91.87%，在 3kW 以上的变换效率基本不变，最高效率为 97.86%。反向功率变换情况下，10% 负载工况的变换效率为 92.68%，最高变换效率为 97.94%，与正向功率传输情况相近。因此，所提出的 T²-LLC 变换器具有较高的运行效率与稳定的电压传输比。

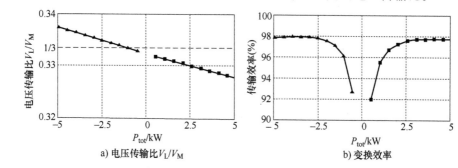

a) 电压传输比 V_L/V_M　　　　　　　　b) 变换效率

图 4.19　不同变换功率下的变换器性能

4.4　本章小结

本章针对第 2 章中的 T²-DAB 变换器存在的隔直电容体积较大、大电流情况下开关管关断损耗较高的问题，提出了一种三相三倍压 LLC 变换器，使交流回路中的三相电容工作于谐振状态，有效降低了所需的电容值，从而进一步减小了变换器的体积；另一方面，LLC 谐振腔的引入在实现开关管 ZVS 开通的基础上，减小了开关管的关断电流及损耗，拓展了三相三倍压型直流变换器在大功率场合的应用。针对电力电子变压器中间直流级以及端口电压相对固定的直流变压器场合，本章对 T^2-LLC 变换器采用开环控制，降低了系统控制的复杂度。通过分析开环控制下的 T^2-LLC 变换器典型工作模态，划分了 6 种软开关情况，并对关键电压、电流的表达式进行了推导。在此基础上，建立了详细的损耗与电压传输比变化模型，并以损耗最优与电压传输比变化范围最小为目标，对谐振参数进行了优化设计。最后，通过仿真与实验验证了理论分析结果。

第 5 章

DAB/SRC组合式ISOP型
直流变压器

第 2 章、第 3 章研究的直流变压器中基本模块采用的是 DAB 类型变换器，其具有灵活电压/功率控制能力；第 4 章研究的直流变压器中基本模块采用的是谐振类型变换器，其具有更高的变换效率，但电压传输比基本固定。本章将在对比分析 DAB 变换器与串联谐振变换器（Series Resonant Converter，SRC）的基础上，提出并研究一种 DAB/SRC 组合式 ISOP 型直流变压器，其兼具 DAB 变换器的灵活电压/功率控制能力与 SRC 变换器的高变换效率。

5.1 DAB 变换器和 SRC 特性对比分析

本节将从电压增益与损耗特性两方面，对 DAB 变换器与 SRC 进行对比分析。其中，DAB 变换器采用经典的单移相控制方式，而 SRC 采用开环定频控制。

5.1.1 DAB 变换器与 HC-DCM-SRC 电压增益特性对比

针对图 5.1 所示的 DAB 变换器，当采用单移相控制时，其传输功率 $P_{\text{t\_DAB}}$ 表达式如式（5.1）所示，其中 φ 为移相角，R_{L} 为负载电阻，f_{sd} 为开关频率，K_{d} 为变压器一、二次侧匝比。进一步可得，DAB 变换器电压增益 $V_{\text{LV}}/V_{\text{Md}}$ 如式（5.2）所示，可知通过调控移相角 φ，实现对电压增益的控制。

$$P_{\text{t\_DAB}} = \frac{K_{\text{d}} V_{\text{Md}} V_{\text{LV}}}{2\pi^2 L_{\text{s}} f_{\text{sd}}} \varphi(\pi - |\varphi|) = \frac{V_{\text{LV}}^2}{R_{\text{L}}} \tag{5.1}$$

$$\frac{V_{\text{LV}}}{V_{\text{Md}}} = \frac{1}{K_{\text{d}}} \times \frac{R_{\text{L}} \varphi(\pi - |\varphi|)}{2\pi^2 L_{\text{s}} f_{\text{sd}}} \tag{5.2}$$

全桥 SRC 拓扑结构如图 5.2 所示，其中电感 L_{r} 与电容 C_{r} 的谐振频率为 f_{r}。SRC 采用开环定频控制，功率输入侧全桥开关管驱动占空比固定 50%，功率输出侧全桥开关管则闭锁，工作于二极管整流状态。根据变换器开关频率 f_{ss} 与谐振频率 f_{r} 的关系，SRC 有三种工作模式：①欠谐振模式（$f_{\text{ss}} < f_{\text{r}}$）：如图 5.2b 所示，谐

振电流断续，因此功率输入侧开关管与输出侧整流二极管均可实现零电流开关，该模态下的 SRC 称作 HC-DCM-SRC（Half Cycle Discontinuous Conduction Mode Series Resonant Converter）；②过谐振模态（$f_{ss} > f_r$）：如图 5.2c 所示，变换器谐振电流连续，开关管无法实现零电流关断，整流二极管存在反向恢复损耗；③谐振模态（$f_{ss} = f_r$）：如图 5.2d 所示，该模态下开关管与整流二极管恰好实现零电流关断。一般地，SRC 工作于欠谐振模态下，以保证零电流关断的可靠实现，并且谐振频率 f_r 接近开关频率 f_{ss}，以减小谐振电流峰值。

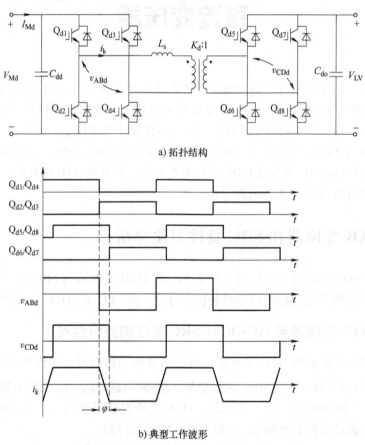

a) 拓扑结构

b) 典型工作波形

图 5.1　DAB 变换器拓扑结构与典型工作波形

HC-DCM-SRC 的电压增益 V_{LV}/V_{Ms} 可以表示为式（5.3），其中 R_{AC} 为等效输出电阻，如式（5.4）所示，R_s 为变换器开关管、电感、电容、变压器等元器件损耗的等效电阻。

$$\frac{V_{LV}}{V_{Ms}} = \frac{R_{AC}}{K_s\sqrt{(R_{AC} + R_s)^2 + \left(2\pi f_{ss}L_r - \dfrac{1}{2\pi f_{ss}C_r}\right)^2}} \qquad (5.3)$$

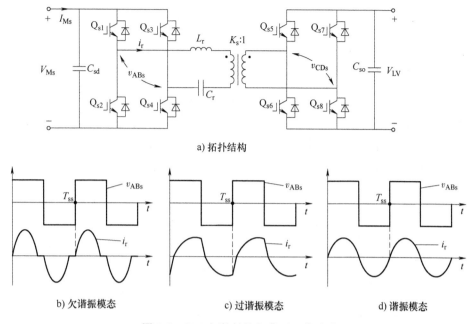

a) 拓扑结构

b) 欠谐振模态   c) 过谐振模态   d) 谐振模态

图 5.2 SRC 拓扑结构与典型工作波形

$$R_{AC} = \frac{8}{\pi^2} R_L \tag{5.4}$$

由式（5.3）可知，通过控制开关频率 f_{ss}，可调节电压增益，但由于损耗等效电阻 R_s 的存在，电压增益只能接近 $1/K_s$，因此 SRC 调压范围小于 DAB 变换器。另外，变频控制下还存在电感、高频变压器等磁性元件设计难度较大的问题。

5.1.2 DAB/SRC 损耗特性对比

在对比 DAB 变换器与 SRC 的损耗特性之前，首先对两者的参数设计方法进行简单介绍。对于 DAB 变换器，根据式（5.1），可得传输电感 L_s 的设计公式，如式（5.5）所示，其中，P_N 与 φ_N 分别为 DAB 变换器的额定传输功率与额定移相角。一般地，φ_N 设计在 30°~45° 范围内。

$$L_s = \frac{K_d V_{Md} V_{LV}}{2\pi^2 f_{sd} P_N} \varphi_N (\pi - |\varphi_N|) \tag{5.5}$$

而对于 SRC，为了保证开关管与整流二极管实现零电流开关，其开关周期 T_{ss} 需大于谐振周期 T_{sr}。而考虑到死区时间 t_{dead} 的存在，谐振周期 T_{rsr} 需小于 $(T_{ss} - 2t_{dead})$，由此可得 HC-DCM-SRC 中谐振电感 L_r 与谐振电容 C_r 需满足式（5.6）。当开关频率 $f_{ss} = 20\text{kHz}$，死区时间为 $t_{dead} = 0.5\mu\text{s}$ 时，谐振频率 f_r 需大于 20.408kHz，可以设计为 20.5kHz。

$$L_{\mathrm{r}}C_{\mathrm{r}} < \frac{1}{4\pi^2}(T_{\mathrm{ss}} - 2t_{\mathrm{dead}})^2 \qquad (5.6)$$

根据式（5.5）与式（5.6），在相同的输入输出电压和功率下分别对 DAB 变换器与 HC-DCM-SRC 关键参数进行设计，如表 5.1 所示。

表 5.1　DAB 与 HC-DCM-SRC 关键参数

变换器类型	DAB 变换器	HC-DCM-SRC
输入端口电压/V	400	
输出端口电压/V	400	
额定传输功率 P_{N}/kW	2	
开关频率/kHz	20	
变压器电压比 K:1	1:1	
传输电感 L_{s}/μH	300	
谐振电感 L_{r}/μH		57
谐振电容 C_{r}/μF		1
IGBT 选型	Infineon IKW50N60T	

基于表 5.1 中参数，分别搭建了 DAB 变换器与 HC-DCM-SRC 测试平台，并测量了变换器效率随传输功率的变化曲线，如图 5.3 所示。可见全功率范围内，HC-DCM-SRC 的效率始终高于 DAB 变换器，且随传输功率变化较小，而 DAB 变换器轻载情况下效率下降严重。

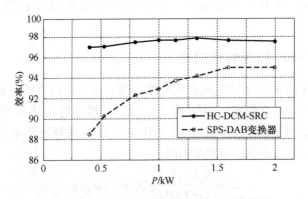

图 5.3　HC-DCM-SRC 和 SPS-DAB 效率曲线图

为进一步对比分析 DAB 变换器与 HC-DCM-SRC 的损耗特性，在 PLECS 中对两者的满载损耗进行了仿真，结果如表 5.2 所示。可见，两者开关器件的导通损耗相近，但由于单移相控制下的 DAB 变换器关断电流较大，造成了较大的关断损耗，从而使得 DAB 变换器效率下降严重。

表 5.2　DAB 变换器与 HC-DCM-SRC 损耗分布对比

变换器类型		DAB 变换器	HC-DCM-SRC
$Q_1 \sim Q_4$	导通损耗/W	10.05	9.44
	开关损耗/W	30.6	6.34
$Q_5 \sim Q_8$	导通损耗/W	0.41	0
	开关损耗/W	30.6	0
$D_1 \sim D_4$	导通损耗/W	0.17	0
$D_5 \sim D_8$	导通损耗/W	5.05	4.92
总损耗/W		76.88	20.7

5.2　DAB/SRC 组合式 ISOP 型直流变压器

5.2.1　电路结构与工作原理分析

基于前述分析可知，DAB 变换器具有灵活电压调节能力，而 HC-DCM-SRC 具有更高的变换效率。为了结合两者的优势，本章提出了一种 DAB/SRC 组合式 ISOP 型直流变压器，如图 5.4 所示，由 N 个 HC-DCM-SRC 与 1 个 DAB 变换器组成（注：可以由多个 DAB 变换器组成，这里以 1 个为例进行说明）。直流变压器大部分传输功率由 N 个 SRC 承担，因此可以达到较高的变换效率，而 DAB 变换器赋予了直流变压器端口电压的调节能力，实现了电压与功率的灵活控制。

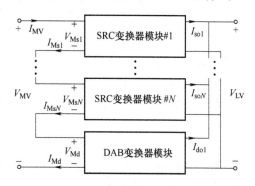

图 5.4　DAB/SRC 变换器组合式 ISOP 型
直流变压器拓扑结构

假设直流变压器中所有的 SRC 参数一致，则第 $1 \sim N$ 个 SRC 模块的中压侧端口电压可保持一致，如式（5.7）所示。由于 SRC 与 DAB 变换器中压侧端口串联，因此各变换器模块的输入电流相同，即可得式（5.8）。

$$V_{\text{Ms}1} = V_{\text{Ms}2} = \cdots = V_{\text{Ms}N} \tag{5.7}$$

$$I_{\text{Ms}1} = I_{\text{Ms}2} = \cdots = I_{\text{Ms}N} = I_{\text{Md}} = I_{\text{MV}} \tag{5.8}$$

对于 DAB 变换器，根据式（5.1），可得其中压侧端口电流表达式，如式（5.9）所示。

$$I_{\text{Md}} = \frac{P_{\text{t\_DAB}}}{V_{\text{Md}1}} = \frac{K_{\text{d}} V_{\text{LV}}}{2\pi^2 L_s f_{\text{sd}}} \varphi(\pi - |\varphi|) \tag{5.9}$$

那么，可得该模式下直流变压器传输功率与 DAB 变换器移相角的关系式，如式（5.10）所示。由此可知，组合式 ISOP 型直流变压器与 DAB 变换器具有相似的传输功率特性，通过调节移相角 φ，可以实现对直流变压器传输功率大小与方向的控制。与 DAB 变换器类似，移相角 φ 的范围被限制在 $-\pi/2 \sim \pi/2$ 间。由此可得该 DAB/SRC 组合式 ISOP 型直流变压器的控制框图，如图 5.5 所示，根据直流变压器不同应用场景的需求，包含三种控制模式：传输功率控制、低压端口电压 V_{LV} 控制与中压端口电压 V_{MV} 控制。

$$P_{tot} = V_{MV}I_{MV} = V_{MV}I_{Md} = \frac{K_d V_{MV} V_{LV}}{2\pi^2 L_s f_{sd}}\varphi(\pi - |\varphi|) \tag{5.10}$$

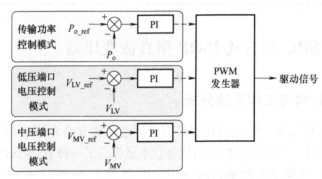

图 5.5　组合式 ISOP 型直流变压器控制策略框图

另一方面，根据参考文献 [141]，各 SRC 模块的传输功率 P_{t_SRC} 可近似表示为式（5.11），R_r 为折算到一次侧的等效寄生电阻（包括变压器、电容、电感的寄生电阻与开关器件、二极管的导通电阻）。

$$P_{t\_SRC} \approx \frac{8K_s}{\pi^2 R_r}V_{LV}(V_{Ms} - K_s V_{LV}) \tag{5.11}$$

根据式（5.9）与式（5.11），可得各 SRC 模块的中压端口电压，如式（5.12）所示，求解该式可得 SRC 模块中压端口电压 V_{Ms} 与移相角 φ 的关系式，如式（5.13）所示，从而可得 DAB 变换器模块的中压端口电压 V_{Md1}，如式（5.14）所示，其中 N_{SRC} 为直流变压器中 SRC 模块的个数。

$$V_{Ms1} = \cdots = V_{MsN} = \frac{\dfrac{8K_s}{\pi^2 R_r}V_{LV}(V_{Ms} - K_s V_{LV})}{\dfrac{K_d V_{LV}}{2\pi^2 L_s f_{sd}}\varphi(\pi - |\varphi|)} = V_{Ms} \tag{5.12}$$

$$V_{Ms} = \frac{16K_s^2 L_k f_{sd} V_{LV}}{16K_s L_s f_{sd} - K_d R_r \varphi(\pi - |\varphi|)} \tag{5.13}$$

$$V_{Md1} = V_{MV} - \frac{16N_{SRC}K_s^2 L_s f_{sd} V_{LV}}{16K_s L_s f_{sd} - K_d R_r \varphi(\pi - |\varphi|)} \tag{5.14}$$

假设直流变压器中、低压端口电压保持不变，由于移相角 φ 被限制在 $-\pi/2 \sim \pi/2$ 间，那么随着移相角 φ 的增大，各 SRC 模块中压端口电压 $V_{Ms1} \sim V_{MsN}$ 增大，DAB 变换器模块电压 V_{Md1} 减小。另一方面，由于各模块中压端口串联，V_{Md1} 随移相角 φ 的增大而减小，意味着 DAB 变换器模块传输功率在直流变压器总传输功率中的占比是随移相角 φ 的增大而减小的。因此，当功率由中压侧向低压侧传输时，随传输功率的增大，DAB 变换器传输功率的占比减小。根据 5.1 节中的分析，这有利于降低 DAB 变换器的开关管关断损耗，从而维持较高的变换效率。然而，当功率反向传输时，DAB 变换器传输功率的占比随功率的增大而增大，效率将有所降低，导致直流变压器整体效率有所下降。

假设直流变压器功率由中压侧向低压侧传输，且保持不变，当中压端口电压 V_{MV} 突增，而低压端口电压 V_{LV} 保持不变时，移相角 φ 将减小。若忽略此时 SRC 的损耗等效电阻 R_r，其电压增益 $K_s V_{LV}/V_{Ms}$ 接近于 1，那么 $V_{Ms1} \sim V_{MsN}$ 将基本保持不变，DAB 变换器将承受此时绝大部分的 V_{MV} 增量。相应地，若低压端口电压 V_{LV} 突增，而 V_{MV} 保持不变，移相角 φ 也将减小。若忽略此时 SRC 的损耗等效电阻 R_r，其电压增益 $K_s V_{LV}/V_{Ms}$ 接近于 1，那么 $V_{Ms1} \sim V_{MsN}$ 增大，导致 V_{Md1} 电压降低。

5.2.2　参数设计

有关 DAB 与 HC-DCM-SRC 的参数设计方法已经在 5.1 节中做了简单介绍，本节主要关注直流变压器中 SRC 与 DAB 变换器模块优化设计方法。为便于后续分析，下给出一个具体的应用参数：中压端口电压 $V_{MV} = 10\,(1 \pm 3\%)$ kV、低压端口电压 $V_{LV} = 750V$、额定传输功率 $P_N = 1MW$、SRC 与 DAB 变换器开关频率 $f_{ss} = f_{sd} = 20kHz$。

移相角为式 (5.10) 中 φ，当其取额定移相角时，用 φ_N 表示。由式 (5.10) 可以推导得 DAB 变换器传输电感 L_s 设计公式，令其中的额定移相角 φ_N 取 45°，可得式 (5.15)

$$L_s = \frac{3K_d V_{MV} V_{LV}}{32 P_N f_{sd}} \tag{5.15}$$

而对于 SRC，R_r 是其谐振电感、谐振电容、变压器与开关器件的等效电阻之和，难以直接计算。但由于 R_r 代表了变换器的功率损耗，可通过其额定功率 P_{N_SRC} 下变换效率进行估算，如式 (5.16) 所示。

$$R_r = \frac{P_{N\_SRC}(1-\eta)}{(P_{N\_SRC}/V_{Ms})^2} \tag{5.16}$$

考虑采用 1700V 级 IGBT，各 SRC 与 DAB 变换器中压端口电压暂取 1000V。为实现更高的变换效率，采用 9 个 SRC 模块与 1 个 DAB 变换器模块。对 1000V/750V/100kW 的 SRC 模块，设其变换效率 $\eta = 98.5\%$，按式 (5.16) 进行计算，可得 $R_r = 0.15\Omega$。

将式（5.15）代入式（5.13）中，可得 SRC 的中压端口电压 V_{Ms}，如式（5.17）所示。

$$V_{Ms} = \frac{3K_s^2 V_{MV} V_{LV}^2}{3K_s V_{MV} V_{LV} - 2P_N R_r \varphi(\pi - |\varphi|)} \qquad (5.17)$$

将式（5.15）代入式（5.14）中，可得 DAB 变换器的中压端口电压 V_{Md1}，如式（5.18）所示。

$$V_{Md1} = V_{MV} - \frac{3N_{SRC} K_s^2 V_{MV} V_{LV}^2}{3K_s V_{MV} V_{LV} - 2P_N R_r \varphi(\pi - |\varphi|)} \qquad (5.18)$$

根据式（5.17）与式（5.18），可得额定传输功率工况下（$\varphi = 45°$），SRC 与 DAB 变换器模块中压端口电压 V_{Ms} 与 V_{Md1} 随 V_{MV} 与 K_s 的变化曲面，如图 5.6 所示。其中，V_{Ms} 基本不随 V_{MV} 变化而变化，V_{MV} 的波动基本上只影响 DAB 变换器端口电压 V_{Md}，与前述分析一致。而随着 K_s 的增大，SRC 中压端口电压 V_{Ms} 增大，导致 DAB 变换器中压端口电压 V_{Md1} 减小。因此，后续设计 K_s 与 K_d 时，应注意其对 DAB 变换器端口电压的影响。

另一方面，取 $K_s = 1000/750 = 4/3$，根据式（5.17）与式（5.18），可得 V_{Ms} 与 V_{Md1} 随 V_{MV} 与 φ 的变化曲面，如图 5.7 所示。

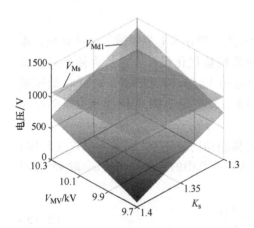

图 5.6　V_{Ms} 与 V_{Md1} 随 V_{MV} 与 K_s 变化曲面（$\varphi = 45°$）

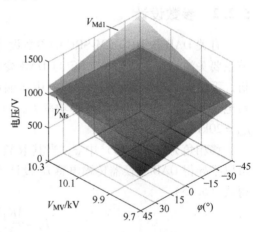

图 5.7　V_{Ms} 与 V_{Md1} 随 V_{MV} 与 φ 变化曲面（$K_s = 4/3$）

由于 R_r 较小，V_{Ms} 随移相角 φ 的变化很小，而 DAB 变换器端口电压 V_{Md} 随之变化明显。其中，V_{Md1} 在 $V_{MV} = 10.3\text{kV}$、$\varphi = -45°$ 处取到最大值，如式（5.19）所示。V_{Md1} 在 $V_{MV} = 9.7\text{kV}$、$\varphi = 45°$ 处取最小值，如式（5.20）所示。

$$V_{Md1\_max} = V_{MV\_max} - \frac{8N_{SRC} K_s^2 V_{MV\_max} V_{LV}^2}{8K_s V_{MV\_max} V_{LV} + P_N R_r \pi^2} \qquad (5.19)$$

$$V_{Md1\_min} = V_{MV\_min} - \frac{8N_{SRC} K_s^2 V_{MV\_min} V_{LV}^2}{8K_s V_{MV\_min} V_{LV} - P_N R_r \pi^2} \qquad (5.20)$$

由于采用 1700V 级 IGBT 器件，此处设定 DAB 变换器的中压端口最大工作电压 $V_{Md1\_lim}=1200V$，令式（5.19）中的 $V_{Md1\_max}<V_{Md1\_lim}$，可得式（5.21），求解得 $K_s>1.3717$。

$$\frac{1}{V_{MV\_max}-V_{Md1\_lim}}K_s^2-\frac{8V_{MV\_max}V_{LV}}{8N_{SRC}V_{MV\_max}V_{LV}^2}K_s-\frac{P_NR_r\pi^2}{8N_{SRC}V_{MV\_max}V_{LV}^2}>0 \quad (5.21)$$

另一方面，DAB 变换器在端口电压不匹配情况下，也容易丢失软开关，导致效率严重下降。因此，在设计中，希望 DAB 变换器中压端口电压变化范围 ΔV_{Md1} 较小，以使得 DAB 变换器尽量在中低压端口电压较为匹配的状态。由式（5.19）与式（5.20），定义 DAB 变换器中压端口电压变化比 ε_{Md1} 如式（5.22）所示，可得其随 K_s 的变化曲线如图 5.8 所示，其中，ε_{Md1} 随 K_s 的增大而增大。为使 DAB 端口电压变化范围较小，且不超过 1200V，可取 $K_s=1.39$，此时 $\varepsilon_{Md1}=0.7661$。

$$\varepsilon_{Md1}=\frac{\Delta V_{Md1}}{V_{Md1\_N}}=\frac{(V_{Md1\_max}-V_{Md1\_min})/2}{(V_{Md1\_max}+V_{Md1\_min})/2}=\frac{V_{Md1\_max}-V_{Md1\_min}}{V_{Md1\_max}+V_{Md1\_min}} \quad (5.22)$$

当 SRC 的变压器电压比 $K_s=1.39$ 时，根据式（5.17）与式（5.18），可得传输功率为 1MW，$V_{MV}=10kV$ 工况下，$V_{Ms}=1060V$，$V_{Md1}=460V$，由此可确定 DAB 变换器变压器电压比 $K_d=V_{Md1}/V_{LV}=0.61$，其端口电压最大值 $V_{Md1\_max}=1076.5V$，最小值 $V_{Md1\_min}=142.6V$。根据式（5.15）可得，DAB 变换器中的传输电感 $L_s=21.5\mu H$。在设计 SRC 谐振参数时，采用变压器漏感作为谐振电感，以减小所使用器件数量与体积，此处设变压器漏感，即谐振电感 $L_r=10\mu H$，

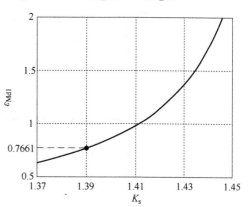

图 5.8　DAB 变换器中压端口电压变化比 ε_{Md1} 随 K_s 变化曲线

按 5.2.1 节中设计方法可知，$0.5\mu s$ 的死区时间下，谐振电容 $C_r=6.3\mu F$。

5.3　仿真和实验验证

5.3.1　仿真验证

基于表 5.3 所示的参数设计结果，在 PLECS 中搭建了相应的仿真模型，以验证所提出的控制策略与参数设计方法。

表 5.3   10kV/750V/1MW 组合式 ISOP 型直流变压器参数

参数		数值
SRC 模块数量 N_{SRC}		9
DAB 变换器模块数量 N_{DAB}		1
变压器电压比	K_s	1.39
	K_d	0.61
SRC 谐振电容 $C_r/\mu F$		6.3
SRC 谐振电感 $L_r/\mu H$		10
DAB 变换器传输电感 $L_s/\mu H$		21.5

如图 5.9 所示为传输功率控制模式下的仿真结果,在 0.5s 时,直流变压器的传输功率由 0.5MW 上升至 1MW,而在 1s 时,传输功率由中压侧向低压侧传输工况跳变为反向满载传输。相应地,移相角 φ 由 18° 上升至 45°,然后调整至 −45°,而 DAB 变换器中压端口电压 V_{Md1} 先减小后增大,与前述分析一致。

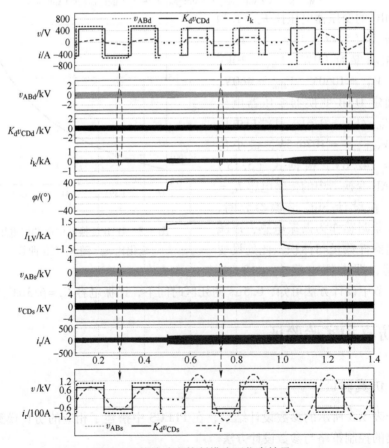

图 5.9   传输功率控制模式下仿真结果

图 5.10～图 5.14 分别给出了低压端口电压控制模式下的仿真结果，由图 5.10～图 5.12 可见，中压端口电压 V_{MV} 由 9.7kV 变化至 10.3kV 时，SRC 模块的中压端口电压 V_{Ms} 基本不变，而 DAB 变换器的中压端口电压 V_{Md} 受直流变压器中压端口电压 V_{MV} 的波动影响较大，与前述分析一致。如图 5.13 所示，当传输功率由正向满载 1MW 突变为反向满载传输时，低压端口电压 V_{LV} 经历短暂的调整后恢复稳定，且 DAB 变换器模块的移相角由正变负。如图 5.14 所示，当中压端口电压 V_{MV} 由 9.7kV 突增至 10.3kV 时，低压端口电压 V_{LV} 随着升高后快速调整至额定输出电压，而 DAB 变换器模块移相角随着减小，图 5.13 和图 5.14 证明了所提出的组合式 ISOP 型直流变压器在低压端口电压控制模式下具有较好的动态性能。

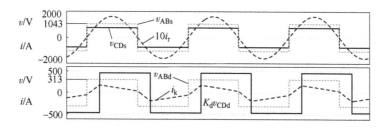

图 5.10　低压端口电压控制模式仿真结果（$V_{MV}=9.7\text{kV}$、$P_{tot}=1\text{MW}$）

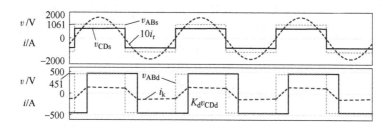

图 5.11　低压端口电压控制模式仿真结果（$V_{MV}=10\text{kV}$、$P_{tot}=1\text{MW}$）

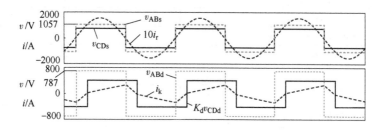

图 5.12　低压端口电压控制模式仿真结果（$V_{MV}=10.3\text{kV}$、$P_{tot}=1\text{MW}$）

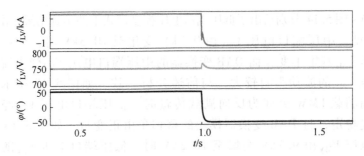

图 5.13　传输功率跳变情况下低压端口电压控制模式仿真结果

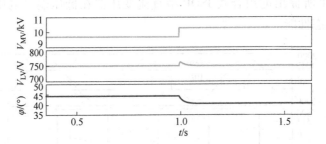

图 5.14　中压端口电压跳变情况下低压端口电压控制模式仿真结果

5.3.2　实验验证

为了验证该 DAB/SRC 组合式 ISOP 型直流变压器方案的可行性，搭建了 400V/100V/2kW 的原理性样机，其具体参数如表 5.4 所示，开关器件采用 Infineon 公司的 IKW30N60T，实验结果如图 5.15 ~ 图 5.19 所示。

表 5.4　实验样机参数

参数		数值
中压端口电压 V_{MV}/V		400
低压端口电压 V_{LV}/V		100
额定传输功率 P_N/kW		2
SRC 模块数量 N_{SRC}		2
DAB 变换器模块数量 N_{DAB}		1
SRC 开关频率 f_{ss}/kHz		20
DAB 变换器开关频率 f_{sd}/kHz		20
变压器电压比	K_s	1.73
	K_d	0.4
谐振电容 C_r/μF		1
谐振电感 L_r/μH		63
DAB 变换器传输电感 L_s/μH		37.5

图 5.15 给出了传输功率为 2kW 工况下的稳态工作波形，其中 1 与 2 号 SRC 模块的中压端口电压 V_{Ms1} 和 V_{Ms2} 分别为 179V 与 178V，说明无需额外的均压控制或均压电路，即可实现 SRC 模块间的端口均压。此时 DAB 变换器模块的中压端口电压 V_{Md1} 为 43V，相较于 SRC 模块，DAB 仅处理了少部分传输功率，约为 $43/400 = 10.75\%$。如图 5.15b 所示，SRC 中开关管均实现了 ZCS 关断，而 DAB 变换器也实现了 ZVS 开通，且 DAB 变换器中低压端口电压匹配，移相角约为 45°。

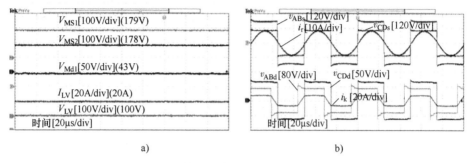

图 5.15　传输功率为 2kW 时的工作波形

图 5.16 给出了反向满载工况下的工作波形，两个 SRC 的中压端口电压分别为 172V 和 170V，均压效果较好。相较于图 5.15 中正向满载工况，SRC 中压端口电压有所降低，而 DAB 变换器的中压端口电压显著增加，此时 DAB 变换器工作于端口电压不匹配状态。

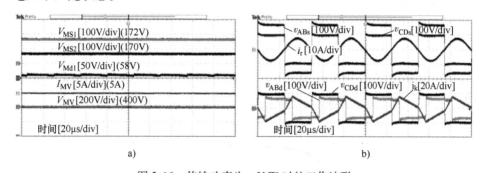

图 5.16　传输功率为 -2kW 时的工作波形

如图 5.17a 所示为低压端口电压控制模式下负载跳变工况的直流变压器响应波形，在 t_1 时刻，低压端口输出电流由 20A 跳变至 10A，移相角 φ 由 45° 减小至 17°，低压端口电压可快速恢复稳定。如图 5.17b 所示为低压端口电压控制模式下中压端口电压跳变的直流变压器响应波形，在 t_2 时刻，中压端口电压 V_{MV} 由 400V 上升至 450V，移相角由 45° 减小至 33°，以保持 V_{LV} 不变。该阶段内，SRC 模块中压端口电压几乎不变，而 DAB 变换器中压端口电压 V_{Md1} 由 40V 上升至约 90V，与前述分析一致。如图 5.18 所示为低压端口电压控制模式下，功率反转工况的直流变压器响应波形，在 t_1 时刻，传输功率由正向 1kW 突变至反向 1kW，SRC 模块中压端口电压先上升后下降，由正向传输时的 177V 降低至反向传输时的 170V，DAB 变换器模块中压端口电压上升 14V，移相角由 18°变化为 −24°。

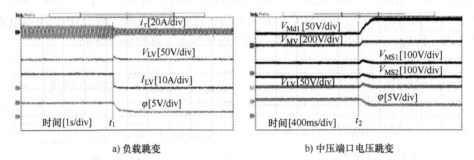

a) 负载跳变   b) 中压端口电压跳变

图 5.17 低压端口电压控制模式下，负载跳变与中压端口电压跳变情况下的响应波形

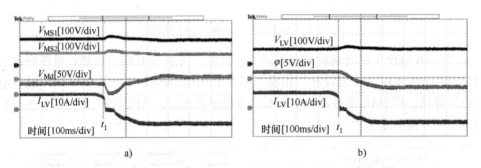

a)   b)

图 5.18 低压端口电压控制模式下，功率反转工况下直流变压器的响应波形

图 5.19 给出了实验样机的传输效率随传输功率变化曲线，显示所提出的 DAB/SRC 组合式直流变压器可以在较宽的功率范围内实现高变换效率。

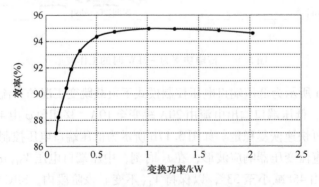

图 5.19 变换效率随传输功率变化曲线

5.4　本章小结

　　本章在对比分析 DAB 变换器与 SRC 运行特性的基础上，提出了一种 DAB/SRC 组合式 ISOP 型直流变压器结构及控制策略，既可实现灵活电压/功率控制，又具有较高的变换效率。本章通过建立 DAB/SRC 组合式 ISOP 型直流变压器的数学模型，推导了 DAB 与 SRC 模块的关键参数设计方法。最后，结合仿真与实验，验证了该直流变压器的可行性。

第6章

电容间接串联式ISOP型直流变压器

前面几章所研究的 ISOP 型直流变压器在中压端口处都采用集中式电容，即存在多个电容直接串联的结构，如图 6.1 所示，这使得直流变压器中的功率模块不能迅速切除或投入，并且导致中压直流母线短路故障情况下产生较高的电容放电电流，使得难以迅速隔离故障、电容电压下降严重且易造成电容损坏。而当短路故障被清除之后，中压侧电容需要重新充电，导致直流变压器重启较慢。针对该问题，本章提出并研究一种电容间接串联式输入串联输出并联（Indirectly Input Series Output Parallel，I²SOP）型直流变压器以及相应的非对称脉宽调制（Asymmetric Pulse Width Modulation，APWM）策略。最后通过仿真和实验验证了该 I²SOP 型直流变压器在短路故障工况下的优越性。

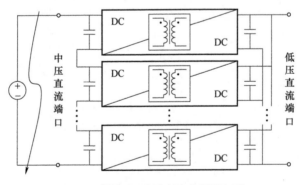

图 6.1　传统 ISOP 型直流变压器拓扑

6.1　电路结构和工作原理

6.1.1　电路结构与 APWM 控制策略

I²SOP 型直流变压器拓扑结构如图 6.2 所示，其由 N 个全桥变换器模块输入串联、输出并联组成（本章所研究的 I^2SOP 型主要针对中压侧结构进行改进，低压侧还是直接并联，为减少实验工作量，本章采用全桥变换器，即在低压侧采用二极管不控整流）。全桥变换器模块中，将输入侧一桥臂中间点与电容负极作为输入端口，避免了传统 ISOP 型直流变压器中压端口处电容直接串联带来的问题。在图 6.2 中，V_{in} 和 i_{in} 分别表示直流变压器的输入电压和电流，V_o 和 I_o 分别是直流变压器的输出电压和电流。V_{dj} 和 $v_{hvj}(j=1，\cdots，N)$ 分别是各全桥模块的输入侧支撑电容电压与输入端口电压，v_{hv} 表示 N 个全桥变换器模块串联后的输入端口电压，v_{Lin} 是输入滤波电感两端电压。

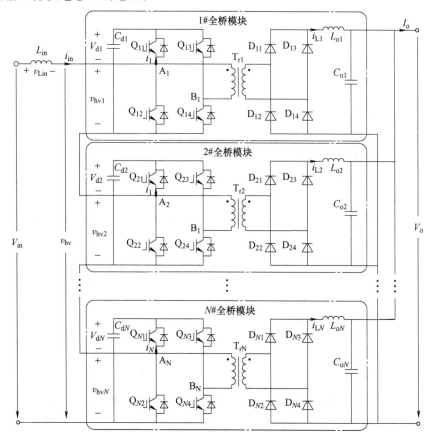

图 6.2　间接式 I^2SOP 全桥变换器拓扑

APWM 控制策略主要波形如图 6.3 所示，开关 Q_{j1} 和 Q_{j2} 驱动波形互补，Q_{j3} 和 Q_{j4} 驱动波形互补，且 Q_{j2} 和 Q_{j4} 具有相同的占空比。T_s 是开关周期，D_a 是占空比。根据开关管 Q_{j1} 的占空比 D_1 取值范围，可以分为两种工作模式：①模态 1：$0.5 \leqslant D_1 < 1$，如图 6.3a 所示；②模态 2：$0 \leqslant D_1 < 0.5$，如图 6.3b 所示。两种工作模态相互对偶，在全桥变换器交流端口处均可以形成相同的电压波形，但在其输入端口表现出不同的电压波形，从而对 I^2SOP 直流变压器系统具有不同影响。

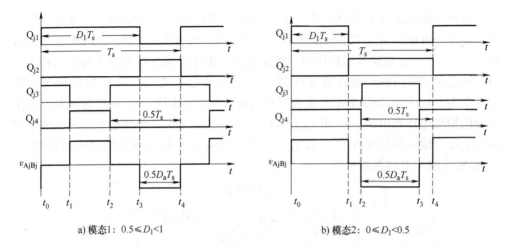

a) 模态1: $0.5 \leqslant D_1 < 1$　　　　　　　b) 模态2: $0 \leqslant D_1 < 0.5$

图 6.3　APWM 控制策略的主要波形

在对 APWM 控制下两种工作模态进行分析之前，作以下假设。

1）所有开关管、二极管、电感和电容均为理想器件；

2）输入滤波电感 L_{in} 足够大，使得输入电流 i_{in} 稳定在恒定电流 I_{in}；

3）输出滤波电容 C_{oj} 与支撑电容 C_{dj} 足够大，使输出电压与支撑电容电压分别为 V_o 与 V_{dj}；

4）变压器 T_{rj} 漏感足够小，可以忽略不计，所有变压器的匝比均为 1:K（$j = 1$，…，N）。

假设各全桥模块开关管 Q_{j1} 占空比相同均为 D_1，且支撑电容电压 V_{dj} 相等，即 $V_{d1} = V_{d2} = \cdots = V_{dN} = V_d$，可得式（6.1），其中 V_{hvj} 表示电压 v_{hvj} 的周期平均值。

$$V_{hv1} = V_{hv2} = \cdots = V_{hvN} = D_1 V_d \tag{6.1}$$

由此可得直流变压器输入滤波电感 L_{in} 的周期平均电压 V_{Lin}，如式（6.2）所示。

$$V_{Lin} = V_{in} - \sum_{j=1}^{N} V_{hvj} = V_{in} - ND_1 V_d \tag{6.2}$$

当系统达到稳定时，电感 L_{in} 上周期平均电压为零，可得式（6.3）。

$$V_d = \frac{V_{in}}{ND_1} \tag{6.3}$$

对于全桥变换器，可得其输出电压 V_o 的表达式，如式（6.4）所示。

$$V_o = V_d D_a K \tag{6.4}$$

对于图 6.3a 所示的工作模态 1，可得式（6.5）。

$$D_1 T_s + 0.5 D_a T_s = T_s \quad 0.5 \leqslant D_1 < 1 \tag{6.5}$$

结合式（6.3）~式（6.5），对输出电压 V_o 表达式进行整理，可得式（6.6）。

$$V_o = 2(1 - D_1) K \frac{V_{in}}{ND_1} \quad 0.5 \leqslant D_1 < 1 \tag{6.6}$$

对于如图 6.3b 所示的工作模态 2，同样可得式（6.7）。

$$D_1 T_s = 0.5 D_a T_s \quad 0 \leqslant D_1 < 0.5 \qquad (6.7)$$

结合式（6.3）、式（6.4）和式（6.7），可得工作模态 2 下的 V_o 表达式，如式（6.8）所示。

$$V_o = 2K \frac{V_{in}}{N} \quad 0 \leqslant D_1 < 0.5 \qquad (6.8)$$

结合式（6.6）和式（6.8），直流变压器电压增益 V_o/V_{in} 可以表示为式（6.9），可见工作模态 2 下直流变压器电压增益不受占空比 D_1 的影响，无法通过调节 D_1 实现对输出电压的控制。因此，I^2SOP 型直流变压器只能工作于模态 1，即占空比 D_1 范围限制在 $0.5 \sim 1$ 之间，以实现输出电压控制。

$$\frac{V_o}{V_{in}} = \begin{cases} \dfrac{2K(1-D_1)}{ND_1} & 0.5 \leqslant D_1 < 1 \\[2mm] \dfrac{2K}{N} & 0 < D_1 \leqslant 0.5 \end{cases} \qquad (6.9)$$

另外一方面，由式（6.3）可知，当 $0.5 \leqslant D_1 < 1$ 时，各全桥模块输入端口的电压之和将大于 V_{in}，这导致该 ISOP 型直流变压器相对于传统 ISOP 型直流变压器，需要更多的模块数量。但由于系统传输功率不变，各模块所需的功率则有所降低。

6.1.2　APWM 控制策略与移相控制策略对比分析

如图 6.4 所示为移相（Phase-Shifted，PS）控制策略下全桥变换器的工作波形，其中各开关管的占空比均为 50%，即 $D_1 = 0.5$。根据式（6.3），PS 控制策略下的全桥模块支撑电容电压 V_{d_p} 可表示为式（6.10），输出电压 V_{o_p} 可表示为式（6.11）。由式（6.10）可知，PS 控制策略下，各全桥模块支撑电容电压与直流变压器输入电压比例固定，而对于 APWM 控制策略，模块支撑电容电压随占空比 D_1 变化。

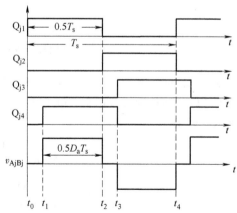

图 6.4　移相控制策略的主要波形

$$V_{d\_p} = 2 \frac{V_{in}}{N} \qquad (6.10)$$

$$V_{o\_p} = V_{d\_p} D_a K = 2 D_a K \frac{V_{in}}{N} \qquad (6.11)$$

下给出一个简单的例子，以对比分析两种控制策略下支撑电容电压情况，后续 APWM 与 PS 控制下的支撑电容电压分别表示为 V_{d_a} 与 V_{d_p}。假设模块数量 $N = 3$，直流变压器输入电压 V_{in} 在 $210 \sim 350\text{V}$ 间变化，输出电压 V_o 为 70V，变压器匝比为

$K = 0.5$。对于两种控制策略，占空比 D_a 在最低输入电压，即 210V 工况下，取到 1。

根据式（6.10），可得 PS 控制策略下模块支撑电容电压 V_{d_p}，如式（6.12）所示。

$$V_{d\_p} = 2\frac{V_{in}}{3} \tag{6.12}$$

结合式（6.3）和式（6.6），可得 APWM 控制策略下模块支撑电容电压 V_{d_a}，如式（6.13）所示。

$$V_{d\_a} = \frac{2KV_{in} + NV_o}{2NK} = 70 + \frac{V_{in}}{3} \tag{6.13}$$

由式（6.12）与式（6.13），可得两种控制策略下，模块支撑电容电压 V_d 随直流变压器输入电压 V_{in} 的变化曲线，如图6.5所示。相较于 PS 控制策略，APWM 控制策略可以有效降低支撑电容的电压应力。

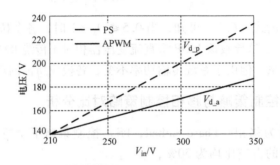

图6.5 两种不同控制策略下系统输入电压
变化时模块支撑电容电压对比

另一方面，根据式（6.11），PS 控制策略下占空比 D_{a_p} 可以表示为式（6.14），而根据式（6.5）和式（6.6），APWM 控制策略下占空比 D_{a_a} 可以表示为式（6.15）。

$$D_{a\_p} = \frac{NV_o}{2KV_{in}} = \frac{210}{V_{in}} \tag{6.14}$$

$$D_{a\_a} = \frac{NV_o}{KV_{in} + 0.5NV_o} = \frac{420}{V_{in} + 210} \tag{6.15}$$

根据式（6.14）与式（6.15），可得 PS 与 APWM 控制策略下占空比 D_a 随输入电压 V_{in} 变化曲线，如图6.6所示，APWM 控制策略下占空比 D_{a_a} 明显大于 PS 控制策略下的移相占空比 D_{a_p}。这导致 APWM 控制策略下的全桥输出的电压有效电平时间更长，因此相较于 PS 控制策略，其模块输出电流纹波更低，可以减小所需的输出滤波电感值。

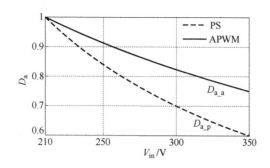

图 6.6　两种不同控制策略下系统输入电压范围内占空比对比

6.1.3　工作模态及软开关特性分析

本节对 APWM 控制下的全桥变换器模块工作模态与软开关情况进行分析，关键波形如图 6.7 所示，各工作模态的等效电路如图 6.8 所示。

1）模态 1 $[t_0, t_1]$：t_0 时刻，Q_{j2} 关断，由于 L_{lkj} 和 L_{oj} 的存在，电流 i_{in} 与 i_{Trj} 不能突变，因此电流 i_{in} 与 i_{Trj} 之和也不能突变，i_{Trj} 经 Q_{j1} 的反并联二极管与开关管 Q_{j3} 续流，i_{in} 经 Q_{j1} 的反并联二极管给支撑电容 C_{dj} 充电，输出侧电流 i_{Lj} 则经二次侧整流桥续流，如图 6.8a 所示。此时开通开关管 Q_{j1}，可以实现其 ZVS。在此阶段期间，电压 $v_{AjBj} = 0$，输入电压 $V_{hvj} = V_{dj}$。

2）模态 2 $[t_1, t_2]$：t_1 时刻，Q_{j3} 关断，若此时电流 i_{Trj} 小于 0，由于 L_{lkj} 的存在，电流 i_{Trj} 经开关管 Q_{j4} 的反并联二极管续流，此时开通开关管 Q_{j4} 可实现 ZVS。此时电压 $v_{AjBj} = V_{dj}$，电流 i_{Trj} 上升，当 i_{Trj} 上

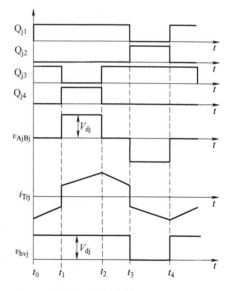

图 6.7　第 j 个全桥变换器模块的主要波形

升至 i_{Lj}/K 时，二次侧二极管 D_{j1} 与 D_{j4} 导通，如图 6.8b 所示。由于变压器漏感 L_{lkj} 较小，二极管换流的过程短暂，后续分析中将忽略该过程以简化推导。在此阶段，$V_{hvj} = V_{dj}$，由于 $i_{Trj} > i_{in}$，C_{dj} 放电。

3）模态 3 $[t_2, t_3]$：t_2 时刻，Q_{j4} 关断，电流 i_{Trj} 经开关管 Q_{j3} 的反并联二极管与开关管 Q_{j1} 续流，二次侧电流 i_{Lj} 经整流二极管续流，如图 6.8c 所示。此时开通开关管 Q_{j3} 可实现 ZVS 开通。在此阶段，$V_{hvj} = V_{dj}$，C_{dj} 经 i_{in} 充电。

4）模态 4 $[t_3, t_4]$：t_3 时刻，Q_{j1} 关断，Q_{j2} 导通，如图 6.8d 所示。在此阶段，$V_{hvj} = 0$，C_{dj} 经电流 i_{Trj} 放电，i_{in} 流经 Q_{j2}。在该模态中，从直流变压器中压侧看，该全桥变换器模块相当于在中压侧被旁路。

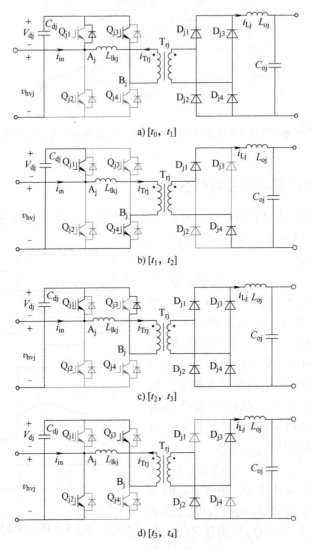

a) $[t_0, t_1]$

b) $[t_1, t_2]$

c) $[t_2, t_3]$

d) $[t_3, t_4]$

图 6.8　工作模态等效电路

由上述分析可知 Q_{j1} 和 Q_{j3} 易于实现 ZVS 开通，而 Q_{j2} 和 Q_{j4} 相对较难实现 ZVS 开通。而对于移相控制策略，超前桥臂较容易实现 ZVS 开通，而滞后桥臂相对较难实现 ZVS 开通。因此，两种控制策略具有相似的软开关特性。另一方面，由于在 APWM 控制策略中 Q_{j2} 和 Q_{j4} 导通时间短于 Q_{j1} 和 Q_{j3}，因此 Q_{j2} 和 Q_{j4} 的导通损耗低于 Q_{j1} 和 Q_{j3} 的导通损耗。

6.1.4 基于模块间交错移相控制策略的输入电感电流纹波分析

为了减小 I^2SOP 型直流变压器的输入和输出电流纹波，直流变压器模块间采用交错移相控制策略，相邻全桥变换器模块间的移相角为 $2\pi/N$。以包含三个模块的 I^2SOP 直流变压器系统为例，主要波形如图6.9所示，根据全桥变换器模块输入端口电压总和 v_{hv} 的偏置电压，可分为两种工作模态：$0.5 \leqslant D_1 \leqslant 2/3$ 和 $2/3 < D_1 < 1$。

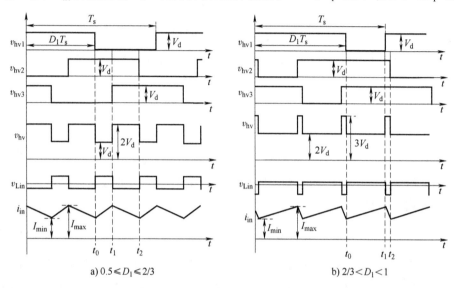

a) $0.5 \leqslant D_1 \leqslant 2/3$ b) $2/3 < D_1 < 1$

图6.9 三模块 I^2SOP 系统主要波形

工作模态1 工作波形如图6.9a所示，可得全桥模块输入端口电压总和 v_{hv}，如式（6.16）所示：

$$v_{hv}(t) = \begin{cases} V_d & t \in \left[\dfrac{kT_s}{3}, \dfrac{kT_s}{3} + \left(\dfrac{2}{3} - D_1 \right) T_s \right] \\ 2V_d & t \in \left[\dfrac{kT_s}{3} + \left(\dfrac{2}{3} - D_1 \right) T_s, \left(\dfrac{k+1}{3} \right) T_s \right] \end{cases} \quad k = 0,1,2 \quad (6.16)$$

工作模态2 工作波形如图6.9b所示，可得全桥模块输入端口电压总和 v_{hv}，如式（6.17）所示：

$$v_{hv}(t) = \begin{cases} 2V_d, & t \in \left[\dfrac{kT_s}{3}, \dfrac{kT_s}{3} + (1 - D_1) T_s \right] \\ 3V_d, & t \in \left[\dfrac{kT_s}{3} + (1 - D_1) T_s, \left(\dfrac{k+1}{3} \right) T_s \right] \end{cases} \quad k = 0,1,2 \quad (6.17)$$

将该例子拓展到由 N 个全桥模块组成的 I^2SOP 直流变压器，可得 v_{hv} 表达式，如式（6.18）所示，其中 m 为整数。当 N 是奇数时，D_1 取值范围如式（6.19）所示；当 N 为偶数时，D_1 取值范围如式（6.20）所示。

$$v_{\mathrm{hv}}(t) = \begin{cases} (N-m-1)V_{\mathrm{d}}, & t \in \left[\dfrac{kT_{\mathrm{s}}}{N}, \left(\dfrac{k-m}{N}+1-D_1\right)T_{\mathrm{s}}\right] \\[3mm] (N-m)V_{\mathrm{d}}, & t \in \left[\left(\dfrac{k-m}{N}+1-D_1\right)T_{\mathrm{s}}, \left(\dfrac{k+1}{N}\right)T_{\mathrm{s}}\right] \end{cases} \quad k=0,1,2,\cdots,N-1 \tag{6.18}$$

$$D_1 \in \left[\frac{1}{2}, \frac{N+1}{2N}\right] \cup \left[1-\frac{m+1}{N}, 1-\frac{m}{N}\right), m \in \left[0, \frac{N-3}{2}\right] \tag{6.19}$$

$$D_1 \in \left[1-\frac{m+1}{N}, 1-\frac{m}{N}\right), m \in \left[0, \frac{N-2}{2}\right] \tag{6.20}$$

根据式（6.18）~式（6.20），输入滤波器电感的电流纹波 Δi_{in} 可以推导为式（6.21）。

$$\Delta i_{\mathrm{in}} = I_{\max} - I_{\min} = -\frac{\left[V_{\mathrm{in}}-(N-m)V_{\mathrm{d}}\right]}{L_{\mathrm{in}}}\left[\frac{m+1}{N}-(1-D_1)\right]T_{\mathrm{s}}$$

$$= \frac{V_{\mathrm{in}}(1-D_1)T_{\mathrm{s}}}{L_{\mathrm{in}}}\left\{\frac{\left[N(1-D_1)-m\right]\left[m+1-N(1-D_1)\right]}{(N-ND_1)(ND_1)}\right\} \tag{6.21}$$

如果模块之间不存在相移角，则根据式（6.2），输入滤波电感的电流纹波可以推导为式（6.22）。

$$\Delta i_{\mathrm{in}}' = \frac{V_{\mathrm{in}}(1-D_1)}{L_{\mathrm{in}}}T_{\mathrm{s}} \tag{6.22}$$

基于式（6.21）与式（6.22），可定义电流纹波比 G_{P}，如式（6.23）所示，从而可得电流纹波比 G_{P} 随占空比 D_1 的变化曲线，如图6.10所示，可见交错移相控制策略的引入显著降低了电流纹波，有利于减小输入电感，降低支撑电容电流纹波。

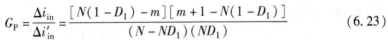

$$G_{\mathrm{P}} = \frac{\Delta i_{\mathrm{in}}}{\Delta i_{\mathrm{in}}'} = \frac{\left[N(1-D_1)-m\right]\left[m+1-N(1-D_1)\right]}{(N-ND_1)(ND_1)} \tag{6.23}$$

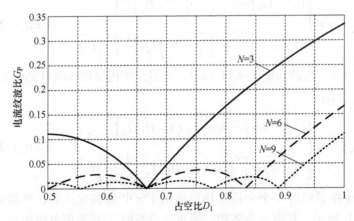

图 6.10　电流纹波比 G_{P} 随占空比 D_1 变化曲线图

6.2　模块间均压均流控制策略分析

6.2.1　平衡特性分析

针对 ISOP 型系统，有必要实现其输入电压均衡（Input Voltage Sharing，IVS）或输出电流均衡（Output Current Sharing，OCS）。对于传统 ISOP 型直流变压器，若变换器效率相等，可知 IVS 与 OCS 是完全等价的。而对于所提出的 I^2SOP 型直流变压器，各全桥变换器模块的输入端口电压为 $D_j V_{dj}$，假设各全桥变换器模块的效率为 $\eta_1 \sim \eta_N$，则各模块的低压端口输出功率可表示为式（6.24），并且式（6.24）可以改写为式（6.25），其中 D_j 分别是第 j 个全桥模块中开关管 Q_{j1} 的占空比（$j = 1,2,\cdots,N$）。

$$P_{oj} = V_{hvj}I_{in} = V_{dj}D_j \times I_{in} \times \eta_j = V_o I_{oj}, j = 1,2,\cdots,N \tag{6.24}$$

$$V_{d1}D_1\eta_1 : V_{d2}D_2\eta_2 : \cdots : V_{dN}D_N\eta_N = I_{o1} : I_{o2} : \cdots : I_{oN} \tag{6.25}$$

根据式（6.25），即使实现了各全桥模块支撑电容电压 V_{dj} 均衡，也会因为各全桥模块的开关器件与变压器存在差异，导致开关管占空比 D_j 以及各模块的输入功率不相等，也无法保证 OCS 的实现。这也就意味着 I^2SOP 型系统的 IVS/OCS 特性不同于传统的 ISOP 型系统。若要实现 OCS，模块支撑电容电压 V_{dj} 不一定相等。类似地，模块支撑电容电压 V_{dj} 保持均衡时，模块输出电流也不一定均衡。

为了验证上述均衡特性分析，对具有三个全桥变换器模块的 I^2SOP 系统进行仿真，系统参数如表6.1所示。三个变压器的匝数比相差约8%。令系统在1s时刻由 OCS 控制转变为支撑电容电压 IVS 控制，三个模块的输入电压、输出电流、$Q_{j1}(j = 1, 2, 3)$ 的占空比和系统输出电压波形如图6.11所示。在1s之前，系统

表6.1　仿真主要参数

参数	1#模块	2#模块	3#模块
输入电压 V_{in}/V		220	
输入电感 L_{in}/mH		1.2	
变压器电压比	1:0.65	1:0.6	1:0.55
支撑电容 C_d/mF		1	
负载电阻 R/Ω		1	
输出电压 V_o/V		70	

实现了三个模块 OCS，而三个模块的支撑电容电压和 Q_{j1} 的占空比并不相等。1s 后，系统转为 IVS 控制，三个模块的支撑电容电压逐渐均衡，而三个模块的输出电流则不均衡。

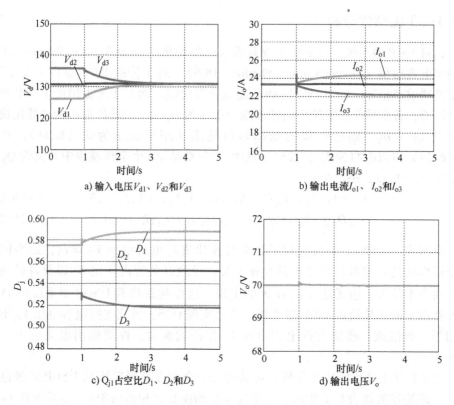

a) 输入电压 V_{d1}、V_{d2} 和 V_{d3}

b) 输出电流 I_{o1}、I_{o2} 和 I_{o3}

c) Q_{j1} 占空比 D_1、D_2 和 D_3

d) 输出电压 V_o

图 6.11　OCS 控制方式与 IVS 控制方式仿真结果

6.2.2　平衡控制策略

根据上述分析，OCS 控制策略和 IVS 控制策略均可用于 I²SOP 系统。从功率平衡或所有组成模块热平衡的角度来看，OCS 控制策略是更好的选择；而如果更关注开关器件的电压应力平衡，则应选择 IVS 控制。图 6.12a、b 分别给出了 I²SOP 系统的 IVS 和 OCS 控制策略，均采用输出电压 V_o 闭环控制，生成基本占空比 v_{o_EA}。在图 6.12a 中，IVS 控制器对模块支撑电容电压 V_{dj} 进行采样，并将其与采样电压平均值 V_{d_ave} 进行比较，产生补偿占空比 v_{d_EAj}，其中 $V_{d\_ave} = (V_{d1} + V_{d2} + \cdots + V_{dN})/N$，而 v_{o_EA} 和 v_{d_EAj} 的总和作为 Q_{j1} 的实际占空比。在图 6.12b 中，OCS 控制则采用各模块的输出电流 I_{oj} 与电流平均值 I_{o_ave} 闭环比较，产生补偿占空比 v_{d_EAj}，其中 $I_{o\_ave} = (I_{o1} + I_{o2} + \cdots + I_{oN})/N$。

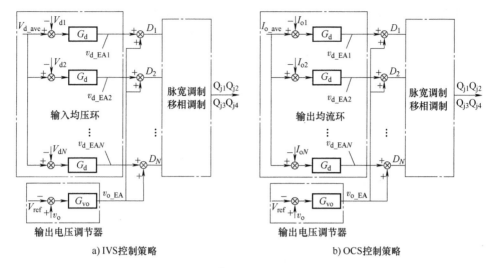

a) IVS控制策略　　　　　　　　　　　　　　　b) OCS控制策略

图 6.12　I^2SOP 系统的控制策略

6.3　故障处理策略

6.3.1　直流母线短路故障处理策略

对于直流电网而言，直流系统的阻抗较低，其短路故障处理是一个巨大的挑战。对于现有的 ISOP 系统，模块的输入滤波电容直接与直流母线并联，该集中式电容结构在直流母线短路时会导致很大的瞬间放电电流，导致电容损坏。而对于所提出的 I^2SOP 系统，当检测到直流故障时，闭锁所有开关管，如图 6.13 所示，各全桥模块的输入滤波电容被各开关管阻断，电容不会放电，从而防止 I^2SOP 系统产生瞬态放电电流，避免了电容损坏与短路故障处理。如果在短时间内及时阻断故障，各全桥模块支撑电容电压几乎不变，I^2SOP 系统可以快速实现故障重启过程。

同样以具有三个全桥模块的 I^2SOP 系统为例，直流母线短路故障情况下的仿真波形如图 6.14 所示，在 1s 时刻，直流母线发生短路故障，直流变压器所有开关管立即闭锁，各全桥变换器模块支撑电容电压 $V_{d1} \sim V_{d3}$ 略有上升。在 2s 时刻，直流母线短路故障清除，直流变压器恢复正常运行，各模块支撑电容电压 $V_{d1} \sim V_{d3}$ 快速均衡，系统输出电压快速恢复到额定值。

6.3.2　子模块冗余策略

ISOP 或 I^2SOP 系统的优点之一是高可靠性，当一个或几个子模块发生故障时，可以快速切除故障模块，投入备用模块，维持系统的稳定运行。对于 I^2SOP 系统，当检测到 j#模块故障时，可通过关闭 Q_{j1}、Q_{j3} 和 Q_{j4} 并打开 Q_{j2}，可以将 j#模块从运行中切除，系统仍然可以正常运行。然而，在某些情况下，开关管 Q_{j2} 可能损坏，因此实际上需要在 Q_{j2} 上并联额外的旁路开关 S，如图 6.15 所示，当 j#模块发生故障时，接通旁路开关。

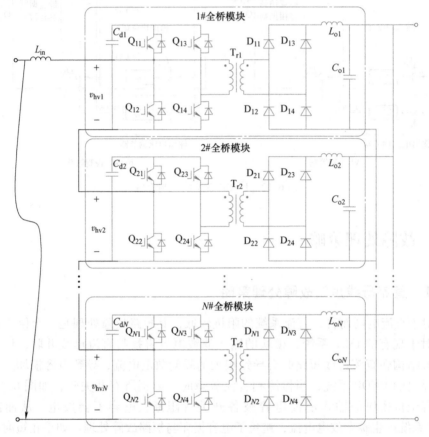

图 6.13　直流母线短路故障时等效电路图

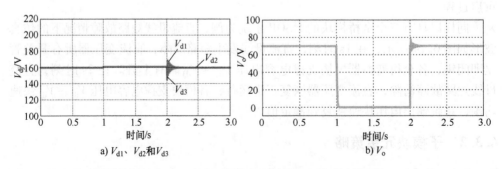

a) V_{d1}、V_{d2} 和 V_{d3} 　　　　　b) V_o

图 6.14　直流母线短路故障时 I^2SOP 系统的仿真波形

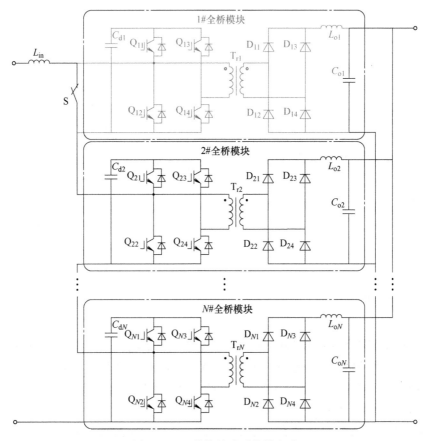

图 6.15　1#模块故障时等效电路

图 6.16 显示了 I^2SOP 系统子模块冗余仿真波形。在 1s 时刻，1#模块发生故障，通过闭锁 1#模块所有开关管，闭合旁路开关 S，切除 1#模块。如图 6.16a 所示，电压 V_{d1} 保持恒定，电压 V_{d2} 和 V_{d3} 立即增加，且保持相等。在短时间调节后，系统输出电压 V_o 恢复 70V。在 3s 时，1#模块重新投入，I^2SOP 系统再次恢复正常运行。

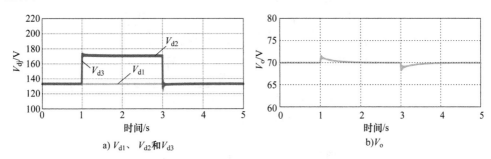

a) V_{d1}、V_{d2}和V_{d3}　　　　　　　　　b) V_o

图 6.16　1#模块切入切出时 I^2SOP 系统的仿真波形

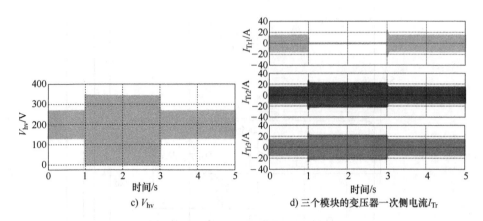

c) V_{hv}

d) 三个模块的变压器一次侧电流I_{Tr}

图 6.16 1#模块切入切出时 I^2SOP 系统的仿真波形（续）

6.4 实验结果

为了验证所提 I^2SOP 结构的有效性，搭建了一个包含三个全桥变换器模块的 I^2SOP 系统。系统输入电压范围为 175~350V，输出电压为 70V，传输功率为 1kW。输入滤波电感为 1.2mH，支撑电容 $C_{d1} = C_{d2} = C_{d3} = 470\mu F$，三个变压器的匝比均为1:0.6，开关频率$f_s = 10$kHz。

图 6.17 给出了 I^2SOP 系统的稳态实验波形，三个全桥模块采用的交错控制方式，系统输出电压稳定在 70V。由于 V_{AjBj} 的幅值等于模块输入电压，可见系统实现了各支撑电容电压均衡。输入电流的纹波频率是开关频率的三倍，大大降低了电流纹波。

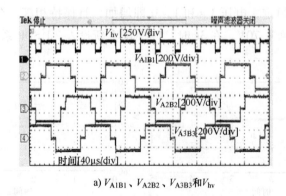

a) V_{A1B1}、V_{A2B2}、V_{A3B3}和V_{hv}

图 6.17 I^2SOP 系统稳态实验波形

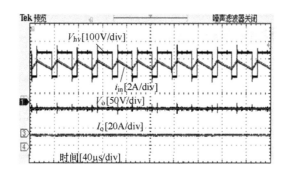

b) V_{hv}, I_{in}, V_o 和 I_o

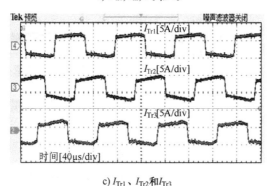

c) I_{Tr1}、I_{Tr2}和I_{Tr3}

图 6.17　I^2SOP 系统稳态实验波形（续）

直流母线短路故障情况下的实验波形如图 6.18 所示，在 t_1 时刻，中压直流母线短路，I^2SOP 系统闭锁，三个模块的支撑电容电压几乎不变，系统输出电压降至零。在 t_2 时刻，短路故障清除，I^2SOP 系统恢复，系统输出电压迅速恢复 70V，并且三个模块支撑电容电压保持平衡。

图 6.19 给出了 I^2SOP 系统中 1#模块投切时的实验波形，在 t_3 时刻，1#模块开关管闭锁，闭合其旁路开关，此时其支撑电容电压 V_{d1} 保持恒定，而 V_{d2} 和 V_{d3} 增加，以支撑系统输入电压。同时 1

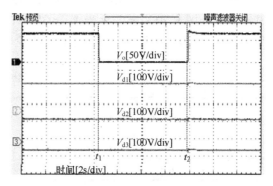

图 6.18　I^2SOP 系统的输入直流
母线短路故障实验波形

#模块的变压器电流减小到零，2#和3#模块的变压器电流相应增加。在 t_4 时刻，1#模块重新投入系统，I^2SOP 系统恢复正常运行。

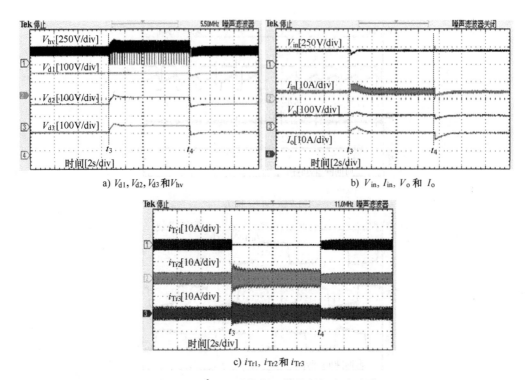

a) V_{d1}, V_{d2}, V_{d3} 和 V_{hv}

b) V_{in}, I_{in}, V_o 和 I_o

c) i_{Tr1}, i_{Tr2} 和 i_{Tr3}

图 6.19 I^2SOP 系统中 1#模块投切实验波形

APWM 控制策略和 PS 控制策略都可应用于 I^2SOP 系统，下面对比两种控制策略下全桥模块的开关电压应力，开关管电压波形如图 6.20 所示。图 6.20a、b 为 V_{in} = 190V 时的电压波形，由于开关管 Q_1 的占空比此时都接近 0.5，开关的电压应力几乎相同。图 6.20c、d 显示当 V_{in} = 350V 时的电压波形，APWM 控制策略下开关管电压应力显著低于 PS 控制策略，与理论分析一致。

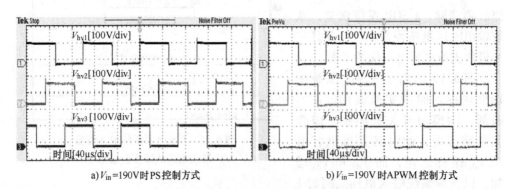

a)V_{in}=190V时PS控制方式

b)V_{in}=190V时APWM控制方式

图 6.20   基于 APWM 控制方式和 PS 控制方式下的
不同输入电压时开关 Q_{j2} 两端电压波形

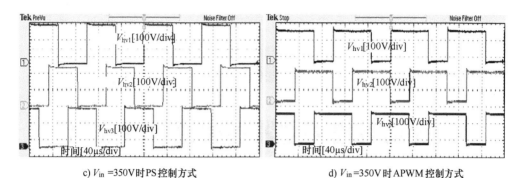

c) V_{in} =350V时PS控制方式　　　　　d) V_{in}=350V时APWM控制方式

图 6.20　基于 APWM 控制方式和 PS 控制方式下的
不同输入电压时开关 Q_{j2} 两端电压波形（续）

6.5　本章小结

本章提出并研究了一种电容间接串联式 ISOP 型直流变压器拓扑以及非对称脉宽调制策略，解决了现有 ISOP 型直流变压器中压侧集中式电容所带来的故障处理问题。通过分析其工作模态，本章给出了 I^2SOP 型直流变压器的设计方法，并基于仿真与实验验证了 I^2SOP 型直流变压器的可行性与中压侧短路故障处理能力。

第 7 章

模块化多电平型紧凑化直流变压器

第 2 章至第 6 章研究了 ISOP 型直流变压器以及其中的子模块变换器拓扑结构与控制,正如第 1 章中所述,基于模块化多电平换流器的直流变压器不仅能有效降低中压端口侧开关器件电压应力,还减少了高频变压器数量,同时具有天然的高冗余性优势,已成为直流变压器领域研究热点之一。本章提出了一种适用于中压直流配电网的模块化多电平直流变压器(Modular Multilevel DC Transformer, MMDCT)。该直流变压器拓扑一次侧通过半桥单元的串联支路降低开关管的电压应力。串联支路通过传输电感和隔直电容连接到变压器的一次绕组,二次侧采用一个全桥电路,只需要一个中高频变压器连接一、二次侧,提高了整个直流变压器的功率密度。同时,该拓扑结合了 MMC 变换器和 DAB 变换器的特征,具有高电压输入、故障易处理以及软开关的优点。另外,采用改进的准方波调制,通过改变恒投入/切出子模块的数量,使得传输电感两端电压在较宽的电压增益范围内实现匹配。本章从 MMDCT 的拓扑结构出发,详细介绍了该直流变压器的结构特点,并阐述其工作原理以及调制和控制策略。最后通过仿真和样机验证了 MMDCT 的可行性。

7.1 MMDCT 拓扑结构及工作原理

7.1.1 拓扑结构

MMDCT 拓扑结构如图 7.1 所示。中压侧通过一个电感 L_f 来并联连接一组由 N 个半桥单元组成的阀串,从而降低开关管的电压应力。阀串通过传输电感 L_d 和隔直电容 C_d 连接到变压器的一次绕组。二次侧采用一个全桥电路,通过一个中高频变压器连接一次侧,以提高直流变压器的功率密度。

如图 7.1 所示,i_s 为子模块串联支路电流,i_d 为变压器一次侧电流,i_M 为中压侧电流。根据 KCL,子模块串联支路电流 i_s 可以表示为

$$i_s = i_M - i_d \tag{7.1}$$

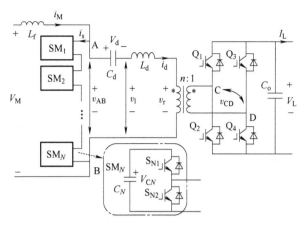

图 7.1　MMDCT 拓扑结构

可见，i_s 包括交流分量 i_d 和直流分量 i_M 两个部分。

当隔直电容 C_d 足够大时，忽略其电压波动，可以认为在 C_d 上的电压 V_d 是恒定不变的，由于电感和变压器上电压平均值都为零，所以 C_d 上的电压 V_d 值为中压侧电压 V_M，所以加在传输电感 L_d 左端的电压 v_1 为

$$v_1 = v_{AB} - V_d = v_{AB} - V_M \tag{7.2}$$

那么 v_1 就可以通过调节电压 v_{AB} 来进行控制，这样除了电压 v_{AB} 和 v_{CD} 之间的移相角，又多了子模块投入数量这样一个自由度对电压进行控制。同时，二次侧全桥每个桥臂上下开关管互补导通，两个桥臂之间移相 180°，从而产生 50% 占空比的方波电压 v_{CD}。与传统 DAB 变换器工作原理类似，通过改变传输电感 L_d 两端 v_1 与 v_{CD} 之间的移相角来调整传输功率大小和方向。

7.1.2　调制策略

传统的准方波（Quasi Square Wave，QSW）调制如图 7.2 所示，第 i 个子模块的驱动信号和电容电压分别表示为 G_i 和 V_{Ci}（$i = 1, 2, \cdots, N$）。$G_1 \sim G_N$ 的频率为 f_s，占空比为 50%，各个信号之间存在一个移相角 θ。当子模块电容实现均压时，串联子模块支路两端会产生一个 $N+1$ 电平的阶梯波 v_{AB}，从而降低 $\mathrm{d}v/\mathrm{d}t$。但是当输入电压在较宽范围内波动时，根据式（7.2），v_1 也会随着输入电压的增大而增大，MMDCT 就会出现较严重的电压不匹配情况。这可能导致开关器件丢失软开关，效率下降。

为了适应宽电压增益范围，MMDCT 采用如图 7.3 所示的调制策略，通过改变恒投入子模块的数量，对串联支路电压 v_{AB} 进行控制。不同于图 7.2 传统的 QSWM 调制，驱动信号 $G_1 \sim G_K$ 一直为高电平，即恒定投入 K 个子模块，K 需满足 $K < N$。根据电感 L_f 一个周期内伏秒平衡可得：

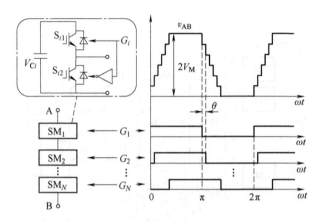

图 7.2 采用 QSWM 时阀串电压 v_{AB} 和驱动波形

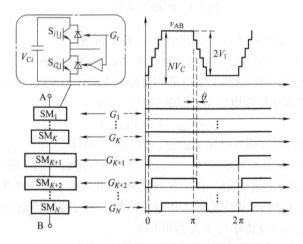

图 7.3 恒投入子模块串联支路准方波调制策略

$$(V_M - KV_C)T_h + (V_M - NV_C)T_h = 0 \tag{7.3}$$

式中，T_h 为 MMDCT 的开关半周期；V_C 为子模块电容电压平均值。

化简可得子模块电容电压平均值 V_C 为

$$V_C = \frac{2}{N+K}V_M \tag{7.4}$$

因此，根据图 7.4 所示的调制波形，v_1 的幅值 V_1 为

$$V_1 = \frac{N-K}{N+K}V_M \tag{7.5}$$

从式（7.5）可得，随着中压侧电压 V_M 的增大，通过增大 K 值就可以保证 V_1 的变化范围不大，当 $K=0$ 时，V_1 取到最大值，$V_{1,max}=V_M$。可见，通过采用图 7.3 中的调制策略，MMDCT 可以在宽电压增益范围下，实现较好的电压匹配，获得更好的软开关特性。

在此调制策略下，隔直电容 C_d 两端电压仍为电压 v_{AB} 中的直流分量，即

$$V_d = \frac{N-K}{N+K}V_M + KV_C = \frac{N-K}{N+K}V_M + \frac{2K}{N+K}V_M = V_M \tag{7.6}$$

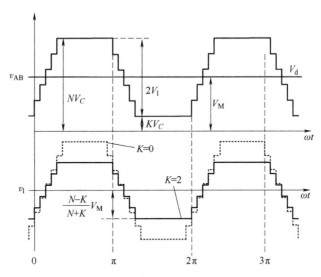

图 7.4 不同 K 下的 v_{AB} 和 v_1 波形

7.1.3 功率特性

MMDCT 采用单移相控制，稳态波形如图 7.5 所示。图 7.5 中 d_i 为对应子模块驱动信号的移相占空比。D 为一、二次侧电压 v_1 和 v_{CD} 之间移相角对应的占空比。为了简化数学分析和计算，将 v_1 上升/下降过程中的阶梯电压波形简化为斜坡电压波形，上升/下降时间对应的占空比即为 $d_{N,K+1} = d_N - d_{K+1}$。当功率从中压侧向低压侧传输时，MMDCT 有三种工作状态，即 $0 \leqslant D < d_{N,K+1}/2$，$d_{N,K+1}/2 \leqslant D < 1 - d_{N,K+1}/2$ 和 $1 - d_{N,K+1}/2 \leqslant D \leqslant 1$。

MMDCT 工作在 $0 \leqslant D < d_{N,K+1}/2$ 时，其稳态工作波形如图 7.5 所示，电压 v_1 和变压器一次侧电压 v_r 分别为

$$v_1(t) = \begin{cases} -\dfrac{N-K}{N+K}V_M + \dfrac{2(N-K)V_M}{(N+K)d_{N,K+1}T_h}(t-t_0) & t_0 \leqslant t < t_2 \\[2mm] \dfrac{N-K}{N+K}V_M & t_2 \leqslant t < t_3 \end{cases} \tag{7.7}$$

$$v_r(t) = \begin{cases} -nV_L & t_0 \leqslant t < t_1 \\ nV_L & t_1 \leqslant t < t_3 \end{cases} \tag{7.8}$$

式中，V_L 为低压侧电压；n 为变压器匝比。

MMDCT 一次侧电流 i_d 如式（7.9）所示。

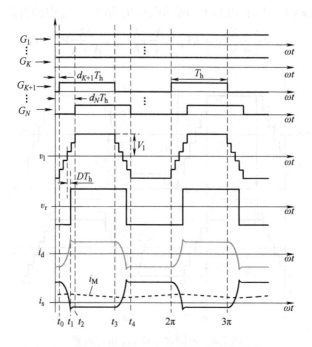

图 7.5 $0 \leqslant D < d_{N,K+1}/2$ 时稳态工作波形

$$i_{\mathrm{d}}(t) = \begin{cases} i_{\mathrm{d}}(t_0) + \dfrac{1}{L_{\mathrm{d}}}\left[\dfrac{(N-K)V_{\mathrm{M}}}{(N+K)d_{N,K+1}T_{\mathrm{h}}}(t-t_0)^2 + \left(nV_{\mathrm{L}} - \dfrac{N-K}{N+K}V_{\mathrm{M}}\right)(t-t_0)\right] & t_0 \leqslant t < t_1 \\[4mm] i_{\mathrm{d}}(t_1) + \dfrac{1}{L_{\mathrm{d}}}\left[\dfrac{(N-K)V_{\mathrm{M}}}{(N+K)d_{N,K+1}T_{\mathrm{h}}}(t-t_1)^2 + (v_1(t_1) - nV_{\mathrm{L}})(t-t_1)\right] & t_1 \leqslant t < t_2 \\[4mm] i_{\mathrm{d}}(t_2) + \dfrac{1}{L_{\mathrm{d}}}\left[\dfrac{N-K}{N+K}V_{\mathrm{M}} - nV_{\mathrm{L}}\right](t-t_2) & t_2 \leqslant t < t_3 \end{cases}$$

$$(7.9)$$

根据式（7.7）、式（7.9）以及电感电流对称性 $i_{\mathrm{d}}(t_0) = -i_{\mathrm{d}}(t_3)$，当 MMDCT 工作在 $0 \leqslant D < d_{N,K+1}/2$ 时，传输功率为

$$\begin{aligned} P_1 &= \frac{1}{T_{\mathrm{h}}}\int_0^{T_{\mathrm{h}}} v_1(t)i_{\mathrm{d}}(t)\,\mathrm{d}t \\[3mm] &= \frac{n\,\dfrac{N-K}{N+K}V_{\mathrm{M}}V_{\mathrm{L}}T_{\mathrm{h}}\left[-4D^3 + 6Dd_{N,K+1} - 3Dd_{N,K+1}^2\right]}{6L_{\mathrm{d}}d_{N,K+1}} \qquad 0 \leqslant D < \frac{d_{N,K+1}}{2} \end{aligned}$$

$$(7.10)$$

当 MMDCT 工作在 $d_{N,K+1}/2 \leqslant D < 1 - d_{N,K+1}/2$ 时，其稳态工作波形如图 7.6 所示。电压 v_1 和 v_{r} 分别为

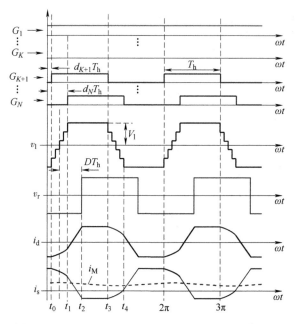

图 7.6　$d_{N,K+1}/2 \leqslant D < 1 - d_{N,K+1}/2$ 时稳态工作波形

$$v_1(t) = \begin{cases} -\dfrac{N-K}{N+K}V_M + \dfrac{2(N-K)V_M}{(N+K)d_{N,K+1}T_h}(t-t_0) & t_0 \leqslant t < t_1 \\[3mm] \dfrac{N-K}{N+K}V_M & t_1 \leqslant t < t_3 \end{cases} \quad (7.11)$$

$$v_r(t) = \begin{cases} -nV_L & t_0 \leqslant t < t_2 \\ nV_L & t_2 \leqslant t < t_3 \end{cases} \quad (7.12)$$

变压器一次侧电流 i_d 为

$$i_d(t) = \begin{cases} i_d(t_0) + \dfrac{1}{L_d}\left[\dfrac{(N-K)V_M}{(N+K)d_{N,K+1}T_h}(t-t_0)^2 + \left(nV_L - \dfrac{(N-K)V_M}{N+K}\right)(t-t_0)\right] & t_0 \leqslant t < t_1 \\[3mm] i_d(t_1) + \dfrac{1}{L_d}\left(\dfrac{N-K}{N+K}V_M + nV_L\right)(t-t_1) & t_1 \leqslant t < t_2 \\[3mm] i_d(t_2) + \dfrac{1}{L_d}\left[\dfrac{N-K}{N+K}V_M - nV_L\right](t-t_2) & t_2 \leqslant t < t_3 \end{cases}$$

$$(7.13)$$

根据式（7.11）、式（7.13）以及电感电流对称性 $i_d(t_0) = -i_d(t_3)$，当 MM-DCT 工作在 $d_{N,K+1}/2 \leqslant D \leqslant 1 - d_{N,K+1}/2$ 时，传输功率为

$$P_2 = \frac{1}{T_h}\int_0^{T_h} v_1(t)i_d(t)\,dt$$

$$= \frac{n\dfrac{N-K}{N+K}V_M V_L T_h \left[12D(1-D)-d_{N,K+1}^2\right]}{12L_d} \qquad d_{N,K+1}/2 \leqslant D < 1 - d_{N,K+1}/2$$

$$(7.14)$$

当 MMDCT 工作在 $1-d_{N,K+1}/2 \leqslant D \leqslant 1$ 时，其稳态工作波形如图 7.7 所示。电压 v_1 和 v_r 分别为

$$v_1(t) = \begin{cases} -\dfrac{N-K}{N+K}V_M + \dfrac{2(N-K)V_M}{(N+K)d_{N,K+1}T_h}(t-t_0) & t_0 \leqslant t < t_2 \\[3mm] \dfrac{N-K}{N+K}V_M & t_2 \leqslant t < t_3 \end{cases} \qquad (7.15)$$

$$v_r(t) = \begin{cases} nV_L & t_0 \leqslant t < t_1 \\ -nV_L & t_1 \leqslant t < t_3 \end{cases} \qquad (7.16)$$

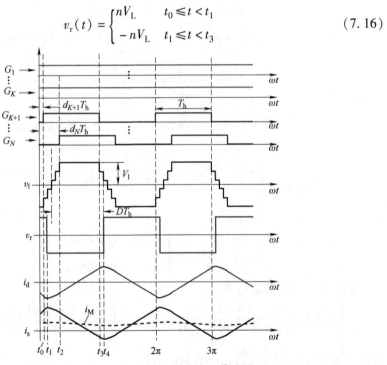

图 7.7　$1-d_{N,K+1}/2 \leqslant D \leqslant 1$ 时稳态工作波形

变压器一次侧电流 i_d 为

$$i_d(t) = \begin{cases} i_d(t_0) + \dfrac{1}{L_d}\left[\dfrac{(N-K)V_M}{(N+K)d_{N,K+1}T_h}(t-t_0)^2 - \left(nV_L + \dfrac{(N-K)V_M}{N+K}\right)(t-t_0)\right] & t_0 \leqslant t < t_1 \\[4mm] i_d(t_1) + \dfrac{1}{L_d}\left[\dfrac{(N-K)V_M}{(N+K)d_{N,K+1}T_h}(t-t_1)^2 + (v_1(t_1)+nV_L)(t-t_1)\right] & t_1 \leqslant t < t_2 \\[4mm] i_d(t_2) + \dfrac{1}{L_d}\left[\dfrac{N-K}{N+K}V_M + nV_L\right](t-t_2) & t_2 \leqslant t < t_3 \end{cases}$$

$$(7.17)$$

根据式（7.15）、式（7.17）以及电感电流对称性 $i_d(t_0) = -i_d(t_3)$，当 MM-DCT 工作在 $1 - d_{N,K+1}/2 \leqslant D \leqslant 1$ 时，传输功率为

$$
\begin{aligned}
P_3 &= \frac{1}{T_h} \int_0^{T_h} v_1(t) i_d(t) \mathrm{d}t \\
&= \frac{n \dfrac{N-K}{N+K} V_M V_L T_h \left[4(D-1)^3 - 6(D-1)d_{N,K+1} + 3(D-1)d_{N,K+1}^2 \right]}{6 L_d d_{N,K+1}}
\end{aligned}
$$

$$
1 - d_{N,K+1}/2 \leqslant D \leqslant 1 \tag{7.18}
$$

MMDCT 在 $d_{N,K+1} = 0$、$D = 0.5$、$K = 0$ 时，取得最大传输功率为

$$
P_{max} = \frac{n V_M V_L T_h}{4 L_d} \tag{7.19}
$$

根据式（7.10）、式（7.14）、式（7.18）和式（7.19）可以绘制得 $N = 9$，不同 K、$d_{N,K+1}$ 和 D 下的 MMDCT 标幺传输功率特性曲线，如图 7.8 所示。图 7.8a 为 $K = 0$ 时，不同 $d_{N,K+1}$ 情况下 MMDCT 的功率传输特性，可见，MMDCT 的传输功率随着 $d_{N,K+1}$ 的增大而减小，在 $D = 0.5$ 时达到最大值，但是整体来说 $d_{N,K+1}$ 对传输功率大小的影响很小，可以忽略不计。图 7.8b 为 $d_{N,K+1} = 0.02$ 时，不同 K 情况下 MMDCT 的传输功率特性，可见，随着 K 增大，变压器一次侧电压的幅值下降，在输出电压不变的情况下，在相同移相角 D 的情况下传输功率减小。

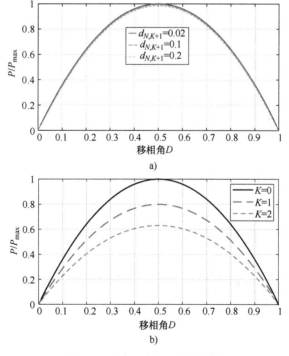

图 7.8　MMDCT 传输功率特性

7.1.4　软开关特性

在子模块投入，即子模块上开关管 S_{i1} 开通时，若 $i_s > 0$，S_{i1} 能够实现零电压 (Zero Voltage Switching, ZVS) 开通；在子模块切出，即子模块下开关管 S_{i2} 开通时，若 $i_s < 0$，S_{i2} 能够实现 ZVS。由图 7.8 可知，为了实现稳定控制，MMDCT 在功率由中压侧向低压侧传递时，D 最大只能工作到 0.5，不会让其工作在 $1 - d_{N,K+1}/2 \leq D \leq 1$ 的模态，因此软开关范围只考虑了前两种工作模态，如图 7.9 所示。

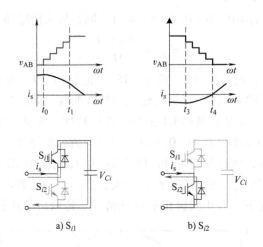

图 7.9　子模块中开关管实现软开关工作示意图

1. $0 \leq D < d_{N,K+1}/2$

当 MMDCT 工作在 $0 \leq D < d_{N,K+1}/2$ 时，由图 7.5 可得中压侧电流 i_M 为

$$
i_M(t) = \begin{cases} i_M(t_0) - \dfrac{1}{L_f}\left[\dfrac{(N-K)V_M}{(N+K)d_{N,K+1}T_h}(t-t_0)^2 - \dfrac{(N-K)V_M}{N+K}(t-t_0) \right] & t_0 \leq t < t_2 \\[4mm] i_M(t_2) - \dfrac{1}{L_f}\left[\dfrac{N-K}{N+K}V_M \right](t-t_2) & t_2 \leq t < t_3 \end{cases}
$$

$$(7.20)$$

此时 MMDCT 中压侧电流平均值为

$$
I_M = \frac{P_1}{V_M} = \frac{n\dfrac{N-K}{N+K}V_M T_h\left[-4D^3 + 6Dd_{N,K+1} - 3Dd_{N,K+1}^2 \right]}{6L_d d_{N,K+1}} \qquad 0 \leq D < \frac{d_{N,K+1}}{2}
$$

$$(7.21)$$

由式 (7.1)、式 (7.9) 和式 (7.20) 可得子模块串联支路电流 i_s 为

$$i_{s}(t) = \begin{cases} i_{M}(t_0) - i_{d}(t_0) - \dfrac{1}{L_f}\left[\dfrac{(N-K)V_M}{(N+K)d_{N,K+1}T_h}(t-t_0)^2 - \dfrac{(N-K)V_M}{N+K}(t-t_0)\right] \\[4mm] \quad -\dfrac{1}{L_d}\left[\dfrac{(N-K)V_M}{(N+K)d_{N,K+1}T_h}(t-t_0)^2 + \left(nV_L - \dfrac{(N-K)V_M}{N+K}\right)(t-t_0)\right] \qquad t_0 \leqslant t < t_1 \\[5mm] i_{M}(t_1) - i_{d}(t_1) - \dfrac{1}{L_f}\left[\dfrac{(N-K)V_M}{(N+K)d_{N,K+1}T_h}(t-t_1)^2 - \dfrac{(N-K)V_M}{N+K}(t-t_1)\right] \\[4mm] \quad -\dfrac{1}{L_d}\left[\dfrac{(N-K)V_M}{(N+K)d_{N,K+1}T_h}(t-t_1)^2 + (v_1(t_1) - nV_L)(t-t_1)\right] \qquad t_1 \leqslant t < t_2 \\[5mm] i_{M}(t_2) - i_{d}(t_2) - \dfrac{1}{L_f}\left(\dfrac{N-K}{N+K}V_M\right)(t-t_2) \\[4mm] \quad -\dfrac{1}{L_d}\left[\dfrac{N-K}{N+K}V_M - nV_L\right](t-t_2) \qquad t_2 \leqslant t < t_3 \end{cases}$$

$$(7.22)$$

由式（7.22）可知，$t_0 \leqslant t < t_2$ 时，子模块逐个投入，在 t_1 时刻 i_s 取到最小值，因此只要满足 $i_s(t_1) > 0$，即可保证所有 S_{i1} 实现 ZVS。同理，可以得到所有 S_{i2} 实现 ZVS 的条件。在该工作模式下，中压侧子模块串联支路所有功率器件实现 ZVS 的条件为

$$\begin{cases} i_s(t_1) > 0 \\ i_s(t_4) = 2I_M - i_s(t_1) < 0 \end{cases}$$

$$(7.23)$$

二次侧全桥实现 ZVS 的条件为开通时流过开关管的电流为负，此时电感电流需要满足

$$i_d(t_1) > 0 \qquad (7.24)$$

根据式（7.20）、式（7.23）、式（7.24），在该工作模式下保证所有开关管实现 ZVS 的条件可以表示为

$$\begin{cases} 1 - \dfrac{6N\lambda Md_{N,K+1} - (N-K)\left[(1+\lambda)(6D^2 - 6Dd_{N,K+1} + 3d_N^2) - 3d_{N,K+1}(1+\lambda+\lambda M)\right]}{(N-K)\lambda M[4D^3 - 6D^2 d_{N,K+1} + 6D(d_{N,K+1}^2 - d_{N,K+1}) - 2d_{N,K+1}^3 + 3d_{N,K+1}^2]} > 0 \\[5mm] 1 + \dfrac{6N\lambda Md_{N,K+1} - (N-K)\left[(1+\lambda)(6D^2 - 6Dd_{N,K+1} + 3d_{N,K+1}^2) - 3d_{N,K+1}(1+\lambda+\lambda M)\right]}{(N-K)\lambda M[4D^3 - 6D^2 d_{N,K+1} + 6D(d_{N,K+1}^2 - d_{N,K+1}) - 2d_{N,K+1}^3 + 3d_{N,K+1}^2]} < 0 \\[5mm] \dfrac{3N(1 - d_{N,K+1} - M)d_{N,K+1} - 6(N-K)(D^2 - Dd_{N,K+1}) - 3K(1 - d_{N,K+1} + M)d_{N,K+1}}{(N-K)M[4D^3 - 6D^2 d_{N,K+1} + 6D(d_{N,K+1}^2 - d_{N,K+1}) - 2d_{N,K+1}^3 + 3d_{N,K+1}^2]} > 0 \end{cases}$$

$$(7.25)$$

式中，$\lambda = L_f/L_d$，M 为直流变压器端口电压增益，$M = nV_L/V_M$。

2. $d_{N,K+1}/2 \leqslant D < 1 - d_{N,K+1}/2$

当 MMDCT 工作在 $d_{N,K+1}/2 \leqslant D < 1 - d_{N,K+1}/2$ 时，由图 7.6 可得中压侧电流 i_M 为

$$i_M(t) = \begin{cases} i_M(t_0) - \dfrac{1}{L_f}\Big[\dfrac{(N-K)V_M}{(N+K)d_{N,K+1}T_h}(t-t_0)^2\Big] & t_0 \leqslant t < t_1 \\[4mm] i_M(t_1) + \dfrac{1}{L_f}\Big(\dfrac{N-K}{N+K}V_M\Big)(t-t_1) & t_1 \leqslant t < t_3 \end{cases} \tag{7.26}$$

此时 MMDCT 中压侧电流平均值为

$$I_M = \frac{P_2}{V_M} = \frac{n\dfrac{N-K}{N+K}V_L T_h\big[12D(1-D)-d_{N,K+1}^2\big]}{12L_d} \qquad d_{N,K+1}/2 \leqslant D < 1 - d_{N,K+1}/2 \tag{7.27}$$

由式 (7.1)、式 (7.13) 和式 (7.26) 可得

$$i_s(t) = \begin{cases} i_M(t_0) - i_d(t_0) - \dfrac{1}{L_f}\Big[\dfrac{(N-K)V_M}{(N+K)d_{N,K+1}T_h}(t-t_0)^2 - \dfrac{(N-K)V_M}{N+K}(t-t_0)\Big] \\[2mm] \qquad\qquad\qquad\qquad\qquad\qquad\qquad\qquad\qquad\qquad t_0 \leqslant t < t_1 \\[2mm] -\dfrac{1}{L_d}\Big[\dfrac{(N-K)V_M}{(N+K)d_{N,K+1}T_h}(t-t_0)^2 + \Big(nV_L - \dfrac{(N-K)V_M}{N+K}\Big)(t-t_0)\Big] \\[5mm] i_M(t_1) - i_d(t_1) - \dfrac{1}{L_f}\Big(\dfrac{N-K}{N+K}V_M\Big)(t-t_1) \\[2mm] \qquad\qquad\qquad\qquad\qquad\qquad\qquad\qquad\qquad\qquad t_1 \leqslant t < t_2 \\[2mm] -\dfrac{1}{L_d}\Big(\dfrac{N-K}{N+K}V_M + nV_L\Big)(t-t_1) \\[5mm] i_M(t_2) - i_d(t_2) - \dfrac{1}{L_f}\Big(\dfrac{N-K}{N+K}V_M\Big)(t-t_2) \\[2mm] \qquad\qquad\qquad\qquad\qquad\qquad\qquad\qquad\qquad\qquad t_2 \leqslant t < t_3 \\[2mm] -\dfrac{1}{L_d}\Big[\dfrac{N-K}{N+K}V_M - nV_L\Big](t-t_2) \end{cases} \tag{7.28}$$

在实际应用中，为了保证输入电流平稳，电感 L_f 取值通常大于 L_d。由式 (7.28) 可知，$t_0 \leqslant t < t_1$ 时，子模块逐个投入，i_s 单调递减，因此只要满足 $i_s(t_1) > 0$，即可保证所有 S_{i1} 实现 ZVS。同理，可以得到所有 S_{i2} 实现 ZVS 的条件。当 MMDCT 工作在 $d_{N,K+1}/2 \leqslant D < 1 - d_{N,K+1}/2$ 时，利用电感电流对称性，子模块串联支路所有功率器件实现 ZVS 的条件为

$$\begin{cases} i_s(t_1) > 0 \\ i_s(t_4) = 2I_M - i_s(t_1) < 0 \end{cases} \tag{7.29}$$

二次侧全桥实现 ZVS 的条件为开通时流过开关管的电流为负，即

$$i_d(t_2) > 0 \tag{7.30}$$

结合式 (7.26)~式 (7.30)，在该工作模式下保证所有开关管实现 ZVS 的条件可以表示为

$$\begin{cases}
\left(1 + \dfrac{3K\left[\left(1-d_{N,K+1}\right)\left(1+\lambda+\lambda M\right)+\lambda M\left(3d_{N,K+1}-2D\right)\right]}{\left(N-K\right)\lambda M\left[6D^2-6D\left(1+d_{N,K+1}\right)+2d_{N,K+1}^2+3d_{N,K+1}\right]} \right. \\
\left. \quad -\dfrac{3N\left[\left(1-d_{N,K+1}\right)\left(1+\lambda+\lambda M\right)-\lambda M\left(2-2D-d_{N,K+1}\right)\right]}{\left(N-K\right)\lambda M\left[6D^2-6D\left(1+d_{N,K+1}\right)+2d_{N,K+1}^2+3d_{N,K+1}\right]} \right) > 0 \\[4pt]
\left(1 - \dfrac{3K\left[\left(1-d_{N,K+1}\right)\left(1+\lambda+\lambda M\right)+\lambda M\left(3d_{N,K+1}-2D\right)\right]}{\left(N-K\right)\lambda M\left[6D^2-6D\left(1+d_{N,K+1}\right)+2d_{N,K+1}^2+3d_{N,K+1}\right]} \right. \\
\left. \quad -\dfrac{3N\left[\left(1-d_{N,K+1}\right)\left(1+\lambda+\lambda M\right)-\lambda M\left(2-2D-d_{N,K+1}\right)\right]}{\left(N-K\right)\lambda M\left[6D^2-6D\left(1+d_{N,K+1}\right)+2d_{N,K+1}^2+3d_{N,K+1}\right]} \right) < 0 \\[4pt]
\left(\dfrac{3N\left(1-M-2D+d_{N,K+1}\right)}{\left(N-K\right)M\left[6D^2-6D\left(1+d_{N,K+1}\right)+2d_{N,K+1}^2+3d_{N,K+1}\right]} \right. \\
\left. \quad -\dfrac{3K\left(1+M-2D+d_{N,K+1}\right)}{\left(N-K\right)M\left[6D^2-6D\left(1+d_{N,K+1}\right)+2d_{N,K+1}^2+3d_{N,K+1}\right]} \right) > 0
\end{cases} \tag{7.31}$$

由式（7.25）和式（7.31）可以绘制出 $N=9$、$K=0$、$d_{N,K+1}=0.02$、$\lambda=22$ 情况下该直流变压器 ZVS 特性，如图 7.10 所示（未考虑开关器件漏源等效电容的影响，实际软开关范围更小一点），其中 $I_{Si1\_on}\left[-i_s(t_1)\right]$、$I_{Si2\_on}\left(i_s(t_4)\right)$、$I_{Q1\_on}\left[i_d(t_2)\right]$ 为分别和 I_M 标幺化后的串联子模块上开关管 S_{i1}、下开关管 S_{i2} 以及二次侧全桥开关管 Q_1 开通电流。由图 7.10a 所示，串联支路子模块的上管 S_{i1} 基本在全范围内实现了 ZVS 开通。由图 7.10b 所示，串联支路子模块的下管 S_{i2} 在 M 较大情况下，只能在重载（移相角 D 较大）条件下实现 ZVS 开通。因此，下管开通损耗较大，从图中也能看出，M 越大，软开关范围越小。另外，如图 7.10c 所示，MMDCT 二次侧全桥在轻载和增益较小时会丢失软开关。

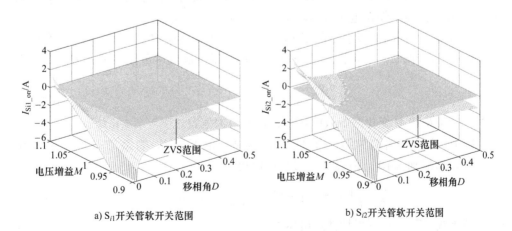

a) S_{i1}开关管软开关范围　　　　　　　b) S_{i2}开关管软开关范围

图 7.10　直流变压器 ZVS 特性

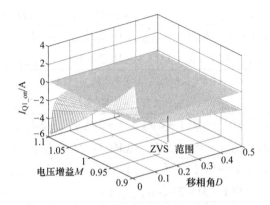

c) Q_1 开关管软开关范围

图 7.10　直流变压器 ZVS 特性（续）

7.2　基于子模块恒投入的电压控制策略

7.2.1　宽范围控制

定义 MMDCT 中高频变压器等效电压传输比 G 为

$$G = \frac{V_1}{nV_L} = \frac{N-K}{N+K} \cdot \frac{1}{M} \tag{7.32}$$

由式（7.32）可以看出当直流变压器端口电压增益 M 减小时，通过增加恒投入子模块的数量，即增大 K，来保证高频变压器等效电压传输比 G 变化较小，等效为让 DAB 变换器工作在电压较为匹配条件，即 G 为 1 左右。

采用图 7.3 提出的改进型调制策略后，可以根据增益 M 和式（7.32），利用参数 K 对 V_1 进行调节。为保证高频变压器等效电压传输比尽可能匹配，需满足如下关系式：

$$\min|G-1| \leqslant \sigma \tag{7.33}$$

式中，σ 为 K 和 M 变化时等效电压传输比的最大偏差。

以中压侧电压升高为例，当电压增加到某个值 V_{MK} 时，为满足式（7.33），调节参数 K 增加到 $K+1$，由式（7.32）可以得

$$\frac{N-K}{N+K}V_{MK} - nV_L = nV_L - \frac{N-K-1}{N+K+1}V_{MK} \leqslant \sigma nV_L \tag{7.34}$$

简化式（7.34）可得切换点电压为

$$V_{MK} = \frac{2nV_L}{\dfrac{N-K}{N+K} + \dfrac{N-K-1}{N+K+1}} \tag{7.35}$$

图 7.11 为 $N=9$，不同 K 下等效电压传输比 G 与增益 M 的关系曲线。从图中看出，电压增益 M 在 $0.5\sim1.0$ 之间变化时，等效电压传输比 G 大约在 $0.88\sim1.13$ 之间变化。

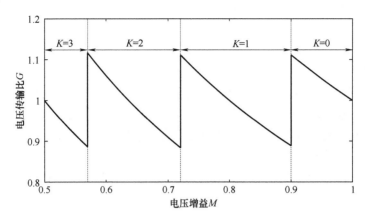

图 7.11　$N=9$，不同 K 下 MMDCT 电压传输比 G 与增益 M 的关系曲线

当中压侧电压发生突变时，例如电压突增，恒投入子模块数由 K 切换到 $K+1$，如果其占空比由原来的 50% 直接切换为 100%，电感电流会产生较大的尖峰，可能导致开关管损坏，降低电路可靠性。此外，移相角无法立即跟随 V_1 的变化，造成输出电压跌落。为了降低切换时电感电流尖峰，防止产生输出电压跌落，如图 7.12 所示，在第 $K+1$ 个子模块由占空比 50% 增加为 100% 时，引入一个占空比控制变量 D_{K+1}。当检测到输入电压发生突变时，使得 D_{K+1} 从 1 线性增大到 2（注：为 1 时对应的是半个周期，为 2 时对应的是整个周期），从而实现软切换。在软切换过程中，子模块电容电压为

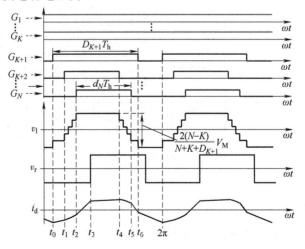

图 7.12　软切换过程中驱动波形与电压电流波形

$$V_C = \frac{2}{N + K + D_{K+1} - 1} V_M \tag{7.36}$$

由式（7.36）可见，随着 V_M 的升高，D_{K+1} 慢慢增大，从而可以减缓子模块电容上的电压变化率，减小切换冲击。另外，可以通过增加电压滞环避免直流变压器在切换点附近来回振荡，提高系统稳定性。

7.2.2 均压控制

MMDCT 在工作中需要保证子模块电容电压均衡，不同于传统 MMC，子模块投入后，子模块电流的方向会发生变化。因此，需要根据所有子模块驱动所对应的电荷变化量和子模块当前电压分配驱动信号。为了降低计算需求，本章采用电容电压双排序方法保证子模块电压均衡[47]。

根据子模块电容电压 v_{Ci}、电荷 Q_i 以及容值 C_i 之间的关系可以得到：

$$\Delta Q_i = \frac{\Delta v_{Ci}}{C_i} = \frac{v_{Ci} - v_{Ci0}}{C_i} \tag{7.37}$$

式中，v_{Ci0} 为上一周期该子模块电压。

从式（7.37）可知，可以根据电容电压在一个周期内的变化量来估算该驱动信号所对应的子模块电荷增量。子模块均压策略如图 7.13 所示，通过保存上一周期子模块电容电压，可以得到一个周期内子模块电容电压的变化量，即上一周期驱动信号所对应的电荷增量。随后，对子模块电容电压变化量和当前电容电压进行排序，将上一周期子模块电容电压变化量最大的驱动信号分配给当前电容电压最低的子模块，将上一周期子模块电容电压增量最小的驱动信号分配给当前电容电压最高的子模块。需要注意的是，当控制周期小于开关周期时，该方法同样适用。

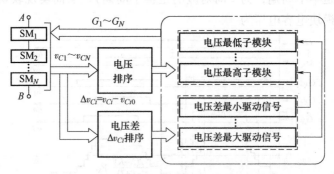

图 7.13 子模块均压策略框图

7.2.3 总体控制

MMDCT 总体控制框图如图 7.14 所示，首先通过采样输入电压和输出电压参考值，计算出 MMDCT 端口电压实际变比，由式（7.35）确定恒投入的子模块数 K，随后通过输出电压环调节移相角，最后根据移相角和子模块恒投入数，通过子模块均压策略配置各个开关管的驱动信号，完成对 MMDCT 输出电压的控制。在输出电压环中，采集的输出电压与参考值作差，然后经过 PI 调节产生外移相角。当电压发生突变时，引入软切换控制，使得切换子模块占空比 D_{K+1} 线性变化，即 $D_{K+1} = D_{K+1} + ht$，其中 h 可正可负，从而降低切换时电感电流尖峰和防止产生输出电压跌落。

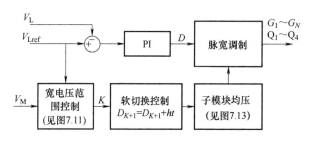

图 7.14 控制策略总体框图

7.2.4 仿真验证

为了验证提出的 MMDCT 拓扑和调制策略的有效性，在 PLECS 仿真平台搭建了并联型模块化多电平直流变压器系统，具体参数如表 7.1 所示。在仿真中 $h = \pm 50$，$d_9 = 0.02$。

表 7.1 仿真参数

参数	值
中压侧电压 V_M/kV	4.5 ~ 9
低压侧电压 V_L/V	750
额定功率 P_N/kW	200
子模块数量 N	9
子模块电容 $C_i/\mu F$	50
电感 L_f/mH	10
电感 $L_d/\mu H$	450
隔直电容 $C_d/\mu F$	100
变压器电压比 $n:1$	6:1
滤波电容 C_o/mF	1

把 $K = 0$、1、2 代入式（7.35），就能得到 K 需要变化时的中压侧电压 V_{MK}，具体数值如表 7.2 所示。采用图 7.3 的调制策略后，V_1 的标幺值变化范围为 88% ~ 113%。在相同的 V_M 变化范围下，该调制策略可以使得电压匹配程度更高。

表 7.2　输入电压 V_{MK}

输入电压	值	K
V_{M0}	5kV	0↔1
V_{M1}	6.267kV	1↔2
V_{M2}	7.923kV	2↔3

图 7.15 给出了 $K=0$ 时，MMDCT 由中压侧向低压侧传输功率时串联支路和变压器一次侧的电压以及一次侧边电流波形。由图 7.15a、b 可以看出，$V_M=4.5kV$ 时，$K=0$，即所有串联支路的子模块都以占空比 50% 进行工作，串联支路电压 v_{AB} 为一个 10 电平电压，最大值为 9kV，最小值为 0，其中每个子模块电容电压大约 1kV。同时，图 7.15a 为传输功率 $P=200kW$ 时的波形，移相角 $D=0.24$。图 7.15b 为传输功率 $P=100kW$ 时的波形，移相角 $D=0.1$。由此说明可以通过一、二次侧电压之间移相角的调节对输出电压进行控制。

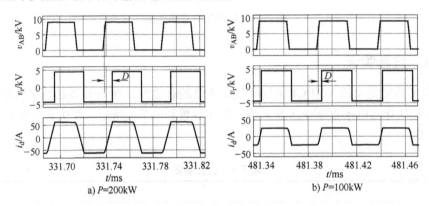

a) $P=200kW$　　　　　　　　　　b) $P=100kW$

图 7.15　$K=0$ 时正向传输功率稳态图形

图 7.16 给出了 $K=0$ 时，MMDCT 功率反向传输时串联支路和变压器一次侧电压以及一次侧电流波形。由图 7.16a、b 可以看出，$V_{in}=4.5kV$ 时，$K=0$，即所有串联支路的子模块都以占空比 50% 进行工作，串联支路电压 v_{AB} 为一个 10 电平电压，最大值为 9kV，最小值为 0，其中每个子模块电容电压大约 1kV。同时，图 7.16a 为反向传输功率 $P=-200kW$ 时的波形，移相角 $D=-0.23$。图 7.16b 为反向传输功率 $P=-100kW$ 时的波形，移相角 $D=-0.1$。由此说明可以通过一、二次侧电压之间移相角的调节，对传输功率方向进行控制。

图 7.17 给出了 $K=1$ 时，MMDCT 正向传输功率时串联支路和变压器一次侧电压和一次侧电流波形。由图 7.17a、b 可以看出，$V_{in}=5.6kV$ 时，$K=1$，即有一个串联支路中有一个子模块恒投入，串联支路电压 v_{AB} 为一个 9 电平电压，最大值为 10kV，最小值为 V_C，其中每个子模块电容电压 V_C 大约 1.125kV。同时，图 7.17a 为传输功率 $P=200kW$ 时的波形，移相角 $D=0.25$。图 7.17b 为传输功率 $P=$

100kW 时的波形,移相角 $D = 0.11$。

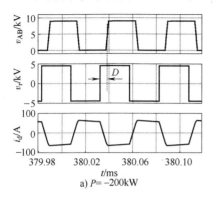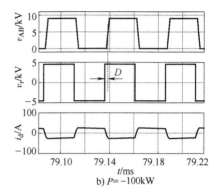

a) $P = -200\text{kW}$ b) $P = -100\text{kW}$

图 7.16 $K = 0$,反向传输功率稳态图形

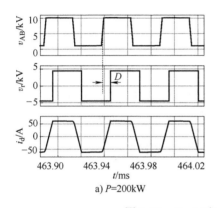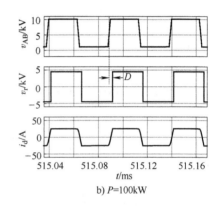

a) $P = 200\text{kW}$ b) $P = 100\text{kW}$

图 7.17 $K = 1$ 时正向传输功率稳态图形

    图 7.18 给出了 $K = 1$ 时,MMDCT 反向传输功率时的串联支路和变压器一次侧的电压和一次侧电流波形。由图 7.18a、b 可以看出,$V_{\text{in}} = 5.6\text{kV}$ 时,$K = 1$,即串联支路有一个子模块恒投入,串联支路电压 v_{AB} 为一个 9 电平电压,最大值为 10kV,最小值为 V_C,其中每个子模块电容电压 V_C 大约 1.125kV。同时,图 7.18a 为反向传输功率 $P = -200\text{kW}$ 时的波形,移相角 $D = -0.22$。图 7.18b 为反向传输功率 $P = -100\text{kW}$ 时的波形,移相角 $D = -0.11$。

    图 7.19 为 $K = 0$ 时功率突变的主要工作波形。在 $t = 0.4\text{s}$ 时刻,低压侧输出功率由 100kW 上升到 200kW,低压侧电压在经过短暂的电压跌落后重新稳定到 750V,输出电流由 133.3A 上升到 266.6A。串联支路的电压 v_{AB} 的幅值维持在 9kV 不变,其中各个子模块电容电压在短暂振荡后重新稳定在 1kV,同时移相角 D 由 0.1 变化到 0.24 左右。

    图 7.20 展示了输出功率 $P = 200\text{kW}$,中压侧电压从 4.5kV 突变到 5.625kV,之后突变到 4.5kV 的仿真波形。在 $t = 0.4\text{s}$ 时,输入电压在 0.01s 内从 4.5kV 突变到

5.625kV，当检测到表7.2中的电压值时，G_1驱动信号在0.01s内占空比由50%变化到100%，实现电感左端电压v_1由10电平电压变化到9电平电压，保证电压尽可能匹配。在$t=0.7$s时，输入电压在0.01s内从5.625kV突变到4.5kV，当检测到表7.2中的电压值时，G_1驱动信号在0.01s内占空比由100%变化到50%，实现电感左端电压v_1由9电平电压变化到10电平电压，保证电压尽可能匹配。在升压或降压过程中，通过反馈控制调节移相角，从而实现低压侧电压V_L很好地跟随参考值V_{Lref}，其波动大约在35V左右，没有明显的电压跌落。同时，子模块电容电压在切换过程中也能够实现很好地均压。

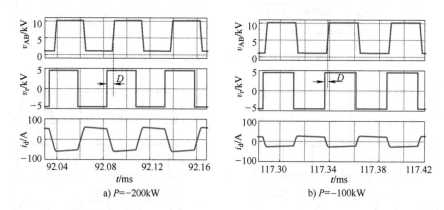

a) $P=-200$kW   b) $P=-100$kW

图7.18 $K=1$时反向传输功率稳态图形

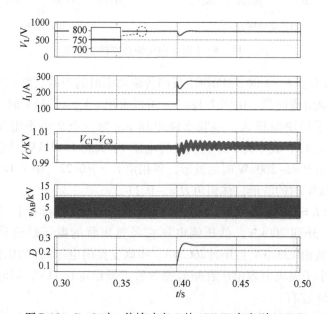

图7.19 $K=0$时，传输功率P从100kW突变到200kW

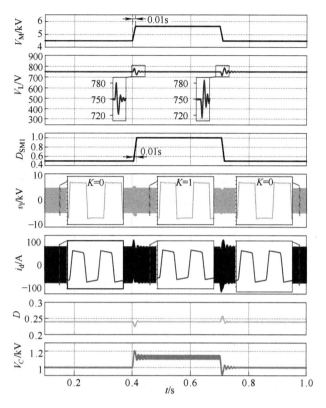

图7.20　中压侧电压突变时仿真波形

图7.21对比了硬切换控制和软切换控制时的电感电流峰值，两种控制都在 $t =$ 0.4s时，V_M 从4.5kV突变到5.625kV。硬切换控制时电感电流的峰值大约在170A。软切换控制时电感电流峰值大约在85A，比硬切换降低了大约50%。

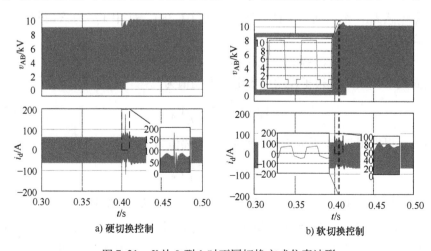

a) 硬切换控制　　　　　　　b) 软切换控制

图7.21　K 从0到1时不同切换方式仿真波形

7.3 基于子模块恒投入/恒切出的电压控制策略

7.3.1 工作原理

为了实现中压侧电压变化时高频变压器等效电压传输比 G 更加匹配，本章进一步提出如图 7.22 所示的调制方案，通过改变恒投入或恒切出子模块的数量，对串联支路电压 v_{AB} 进行控制。不同于图 7.3 的调制策略，除了驱动信号 $G_1 \sim G_K$ 一直为高电平，即恒投入 K 个子模块，还有 $G_{N-S+1} \sim G_N$ 一直为低电平，即恒切出 S 个子模块。需要注意的是，K 和 S 需满足 $K + S < N$。

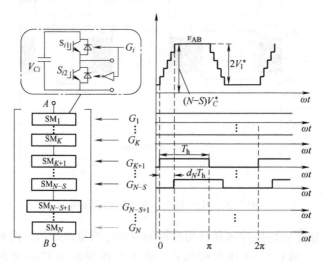

图 7.22 恒投入/恒切出子模块串联支路准方波调制策略

根据电感 L_f 一个周期内伏秒平衡可得式（7.38），式中 V_C^* 为该调制策略下子模块电容电压平均值。

$$(V_M - KV_C^*)T_h + (V_M - NV_C^* + SV_C^*)T_h = 0 \qquad (7.38)$$

化简式（7.38）可得子模块电容电压平均值为

$$V_C^* = \frac{2}{N - S + K}V_M \qquad (7.39)$$

因此，根据图 7.22 所示的调制波形，v_1^* 幅值为

$$V_1^* = \frac{N - S - K}{N - S + K}V_M \qquad (7.40)$$

当中压侧电压 V_M 不变时，随着 K 和 S 的增大，L_d 左端电压 v_1^* 的幅值减小。当 $K = 0$ 时，v_1^* 的幅值取到最大值 $V_{1max}^* = V_M$，且此时调整 S 仅影响 V_C^* 不改变 V_1^*。相比传统半桥 MMC 结构，在子模块电容电压相同的情况下，可以进一步降低

器件电流应力。通过采用图 7.22 所示调制策略，MMDCT 可以在宽电压增益下，实现更平滑的等效电压传输比。

7.3.2　功率特性

与 7.2 节中分析中类似，为了简化数学分析和计算，将 v_l^* 上升/下降过程中的阶梯电压波形简化为斜坡电压波形，上升/下降时间对应的占空比即为 $d_{N-S,K+1} = d_{N-S} - d_{K+1}$。MMDCT 采用单移相控制时，当功率从中压侧向低压侧传输时，MMDCT 有三种工作状态，即 $0 \leqslant D < d_{N-S,K+1}/2$，$d_{N-S,K+1}/2 \leqslant D < 1 - d_{N-S,K+1}/2$ 和 $1 - d_{N-S,K+1}/2 \leqslant D \leqslant 1$。

当 $0 \leqslant D < d_{N-S,K+1}/2$ 时，稳态波形如图 7.23 所示。L_d 端电压 v_l^* 和变压器一次侧电压 v_r^* 分别为

$$v_l^*(t) = \begin{cases} -\dfrac{N-S-K}{N-S+K}V_M + \dfrac{2(N-S-K)V_M}{(N-S+K)d_{N-S,K+1}T_h}(t-t_0) & t_0 \leqslant t < t_2 \\ \dfrac{N-S-K}{N-S+K}V_{in} & t_2 \leqslant t < t_3 \end{cases} \tag{7.41}$$

$$v_r^*(t) = \begin{cases} -nV_L & t_0 \leqslant t < t_1 \\ nV_L & t_1 \leqslant t < t_3 \end{cases} \tag{7.42}$$

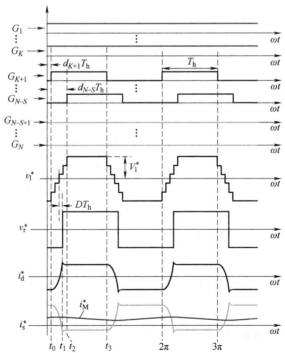

图 7.23　MMDCT 稳态波形，$K \neq 0$，$S \neq 0$，$0 \leqslant D < d_{N-S,K+1}/2$

变压器一次侧电流 i_d^* 为

$$i_d^*(t) =$$

$$\begin{cases} i_d^*(t_0) + \dfrac{1}{L_d}\left[\dfrac{(N-S-K)V_M(t-t_0)^2}{(N-S+K)d_{N-S,K+1}T_h} + \left(nV_L - \dfrac{(N-S-K)V_M}{N-S+K}\right)(t-t_0)\right] & t_0 \leqslant t < t_1 \\[4mm] i_d^*(t_1) + \dfrac{1}{L_d}\left[\dfrac{(N-S-K)V_M}{(N-S+K)d_{N-S,K+1}T_h}(t-t_1)^2 + (v_1^*(t_1) - nV_L)(t-t_1)\right] & t_1 \leqslant t < t_2 \\[4mm] i_d^*(t_2) + \dfrac{1}{L_d}\left[\dfrac{N-S-K}{N-S+K}V_M - nV_L\right](t-t_2) & t_2 \leqslant t < t_3 \end{cases}$$

$$(7.43)$$

根据式（7.41）、式（7.43）以及电感电流对称性 $i_d^*(t_0) = -i_d^*(t_3)$，当 MMDCT 工作在 $0 \leqslant D < d_{N-S,K+1}/2$ 时，传输功率为

$$P_1^* = \frac{1}{T_h}\int_0^{T_h} v_1^*(t)i_d^*(t)\,dt$$

$$= \frac{n\dfrac{N-S-K}{N-S+K}V_M V_L T_h\left[-4D^3 + 6Dd_{N-S,K+1} - 3Dd_{N-S,K+1}^2\right]}{6L_d d_{N-S,K+1}}$$

$$0 \leqslant D < d_{N-S,K+1}/2 \qquad (7.44)$$

当 MMDCT 工作在 $d_{N-S,K+1}/2 \leqslant D < 1 - d_{N-S,K+1}/2$ 时，其稳态工作波形如图 7.24 所示。v_1^* 和 v_r^* 分别为

$$v_1^*(t) = \begin{cases} -\dfrac{N-S-K}{N-S+K}V_M + \dfrac{2(N-S-K)V_M}{(N-S+K)d_{N-S,K+1}T_h}(t-t_0) & t_0 \leqslant t < t_1 \\[4mm] \dfrac{N-S-K}{N-S+K}V_M & t_1 \leqslant t < t_3 \end{cases}$$

$$(7.45)$$

$$v_r^*(t) = \begin{cases} -nV_L & t_0 \leqslant t < t_2 \\ nV_L & t_2 \leqslant t < t_3 \end{cases} \qquad (7.46)$$

变压器一次侧电流 i_d^* 为

$$i_d^*(t) =$$

$$\begin{cases} i_d^*(t_0) + \dfrac{1}{L_d}\left[\dfrac{(N-S-K)V_M(t-t_0)^2}{(N-S+K)d_{N-S,K+1}T_h} + \left(nV_L - \dfrac{N-S-K}{N-S+K}V_M\right)(t-t_0)\right] & t_0 \leqslant t < t_1 \\[4mm] i_d^*(t_1) + \dfrac{1}{L_d}\left(\dfrac{N-S-K}{N-S+K}V_M + nV_L\right)(t-t_1) & t_1 \leqslant t < t_2 \\[4mm] i_d^*(t_2) + \dfrac{1}{L_d}\left[\dfrac{N-S-K}{N-S+K}V_M - nV_L\right](t-t_2) & t_2 \leqslant t < t_3 \end{cases}$$

$$(7.47)$$

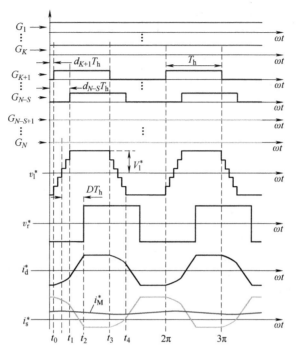

图 7.24 MMDCT 稳态工作波形，$K \neq 0$，$S \neq 0$，$d_{N-S,K+1}/2 \leqslant D < 1 - d_{N-S,K+1}/2$

根据式（7.45）、式（7.47）以及电感电流对称性 $i_d^*(t_0) = -i_d^*(t_3)$，当 MMDCT 工作在 $d_{N-S,K+1}/2 \leqslant D \leqslant 1 - d_{N-S,K+1}/2$ 时，传输功率为

$$P_2^* = \frac{1}{T_h} \int_0^{T_h} v_1^*(t) i_d^*(t)\, dt$$

$$= \frac{n\dfrac{N-S-K}{N-S+K} V_M V_L T_h \left[12D(1-D) - d_{N-S,K+1}^2 \right]}{12 L_d}, d_{N-S,K+1}/2 \leqslant D < 1 - d_{N-S,K+1}/2$$

$$(7.48)$$

当 MMDCT 工作在 $1 - d_{N-S,K+1}/2 \leqslant D \leqslant 1$ 时，其稳态工作波形如图 7.25 所示。v_1^* 和 v_r^* 分别为

$$v_1^*(t) = \begin{cases} -\dfrac{N-S-K}{N-S+K} V_M + \dfrac{2(N-S-K)V_M}{(N-S+K)d_{N-S,K+1}T_h}(t-t_0) & t_0 \leqslant t < t_2 \\ \dfrac{N-S-K}{N-S+K} V_M & t_2 \leqslant t < t_3 \end{cases} \quad (7.49)$$

$$v_r^*(t) = \begin{cases} nV_L & t_0 \leqslant t < t_1 \\ -nV_L & t_1 \leqslant t < t_3 \end{cases} \quad (7.50)$$

变压器一次侧电流 i_d^* 为

$$i_d^*(t) =$$

$$\begin{cases} i_\mathrm{d}^*(t_0) + \dfrac{1}{L_\mathrm{d}} \Big[\dfrac{(N-S-K)V_\mathrm{M}(t-t_0)^2}{(N-S+K)d_{N-S,K+1}T_\mathrm{h}} - \Big(nV_\mathrm{L} + \dfrac{N-S-K}{N-S+K}V_\mathrm{M} \Big)(t-t_0) \Big] & t_0 \leqslant t < t_1 \\[3mm] i_\mathrm{d}^*(t_1) + \dfrac{1}{L_\mathrm{d}} \Big[\dfrac{(N-S-K)V_\mathrm{M}}{(N-S+K)d_{N-S,K+1}T_\mathrm{h}}(t-t_1)^2 + (v_1^*(t_1) + nV_\mathrm{L})(t-t_1) \Big] & t_1 \leqslant t < t_2 \\[3mm] i_\mathrm{d}^*(t_2) + \dfrac{1}{L_\mathrm{d}} \Big[\dfrac{N-S-K}{N-S+K}V_\mathrm{M} + nV_\mathrm{L} \Big](t-t_2) & t_2 \leqslant t < t_3 \end{cases}$$

$$(7.51)$$

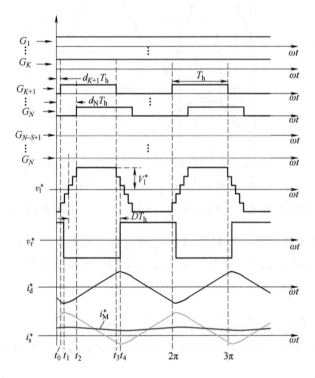

图 7.25 MMDCT 稳态工作波形，$K \neq 0$，$S \neq 0$，$1 - d_{N-S,K+1}/2 \leqslant D \leqslant 1$

根据式 (7.49)、式 (7.51) 以及 $i_\mathrm{d}^*(t_0) = -i_\mathrm{d}^*(t_3)$，当 MMDCT 工作在 $1 - d_{N-S,K+1}/2 \leqslant D \leqslant 1$ 时，传输功率为

$$P_3^* = \frac{1}{T_\mathrm{h}} \int_0^{T_\mathrm{h}} v_1^*(t) i_\mathrm{d}^*(t) \mathrm{d}t$$

$$= nV_\mathrm{M}V_\mathrm{L}T_\mathrm{h} \times \frac{N-S-K}{N-S+K} \times \frac{\begin{pmatrix} 4(D-1)^3 - 6(D-1)d_{N-S,K+1} \\ + 3(D-1)d_{N-S,K+1}^2 \end{pmatrix}}{6L_\mathrm{d}d_{N-S,K+1}},$$

$$1 - d_{N-S,K+1}/2 \leqslant D \leqslant 1 \tag{7.52}$$

MMDCT 在 $d_{N-S,K+1} = 0$、$D = 0.5$、$K = 0$、$S = 0$ 时取得最大传输功率为

$$P_{\max} = \frac{nV_M V_L T_h}{4L_d} \tag{7.53}$$

另外，因为传输功率表达式中都带有系数 $(N-S-K)/(N-S+K)$，当 K 增加到 $K+1$ 时，其值变化率为

$$P'_K = \left(\frac{N-S-K}{N-S+K} - \frac{N-S-K-1}{N-S+K+1}\right)\Big/\frac{N-S-K}{N-S+K} \tag{7.54}$$

当 S 增加到 $S+1$ 时，其值变化率为

$$P'_S = \left(\frac{N-S-K}{N-S+K} - \frac{N-S-K-1}{N-S+K-1}\right)\Big/\frac{N-S-K}{N-S+K} \tag{7.55}$$

式 (7.54) 除以式式 (7.55) 可得

$$\frac{P'_K}{P'_S} = \left(\frac{N-S-K}{N-S+K} - \frac{N-S-K-1}{N-S+K+1}\right)\Big/\left(\frac{N-S-K}{N-S+K} - \frac{N-S-K-1}{N-S+K-1}\right)$$
$$= \frac{N-S}{K} \times \frac{N-S+K-1}{N-S+K+1} \tag{7.56}$$

对式 (7.56) 作如下处理得：

$$\frac{P'_K}{P'_S} - 1 = \frac{N-S}{K} \times \frac{N-S+K-1}{N-S+K+1} - 1 = \frac{(N-S+K)(N-S-K-1)}{K(N-S+K+1)} > 0 \tag{7.57}$$

即得

$$\frac{P'_K}{P'_S} > 1 \tag{7.58}$$

从式 (7.58) 可以看出，K 变化造成的传输功率差比 S 变化造成的传输功率差要大，也就是说，K 的变化对传输功率影响大，S 的变化对传输功率影响小。

根据式 (7.44)、式 (7.48)、式 (7.52) 和式 (7.53) 可以绘制得 $N=9$，不同 K、S、$d_{N-S,K+1}$ 和 D 下的 MMDCT 标幺的传输功率特性曲线，如图 7.26 所示。图 7.26a 为 $K=1$、$S=1$ 时，不同 $d_{N-S,K+1}$ 情况下 MMDCT 的功率传输特性，可见传输功率随着 $d_{N-S,K+1}$ 的增大而减小，在 $D=0.5$ 时达到最大值，但是整体来说 $d_{N-S,K+1}$ 对传输功率的影响很小。图 7.26b 为 $d_{N-S,K+1} = 0.02$ 时，不同 K 和 S 情况下 MMDCT 的

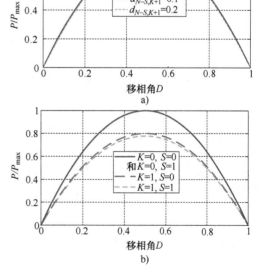

图 7.26　MMDCT 传输功率特性

传输功率特性。随着 K 和 S 增大，MMDCT 在相同移相角 D 的情况下传输功率减小。另外，图中也间接证明了式（7.58），即 K 的变化对传输功率影响大，S 的变化对传输功率影响小。

7.3.3 软开关特性分析

图 7.27 为 MMDCT 子模块实现软开关示意图。如图 7.27a 所示，在子模块投入，即子模块上开关管 S_{i1} 开通时，若 $i_s^* > 0$，S_{i1} 能够实现 ZVS；如图 7.27b 所示，在子模块切出，即子模块下开关管 S_{i2} 开通时，若 $i_s^* < 0$，S_{i2} 能够实现 ZVS。而子模块串联支路电流 i_s^* 由 i_M^* 和 i_d^* 组成，由于 i_M^* 中直流分量的存在，S_{i1} 更易实现 ZVS。相对地，S_{i2} 的软开关范围较窄。此外，开关管 S_{i1} 电流的有效值相比 S_{i2} 更大。从图 7.26 可以看出，为了实现稳定控制，该 MMDCT 在功率由中压侧向低压侧传输时，D 最

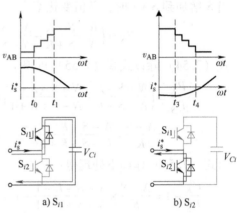

a) S_{i1}　　　　b) S_{i2}

图 7.27　子模块实现软开关工作示意图

大工作于 0.5，不会让其工作在 $1 - d_{N-S,K+1}/2 \leqslant D \leqslant 1$ 的模态，因此软开关范围只考虑了前两个工作模式。

1. $0 \leqslant D < d_{N-S,K+1}/2$

当 MMDCT 工作在 $0 \leqslant D < d_{N-S,K+1}/2$ 时，中压侧电流为

$$i_M^*(t) = \begin{cases} i_M^*(t_0) - \dfrac{1}{L_f}\left[\dfrac{(N-S-K)V_M(t-t_0)^2}{(N-S+K)d_{N-S,K+1}T_h} - \dfrac{(N-S-K)V_M}{(N-S+K)}(t-t_0) \right] & t_0 \leqslant t < t_2 \\[3mm] i_M^*(t_2) - \dfrac{1}{L_f}\left[\dfrac{N-S-K}{N-S+K}V_M \right](t-t_2) & t_2 \leqslant t < t_3 \end{cases}$$

$$(7.59)$$

此时 MMDCT 中压侧电流平均值为

$$I_M^* = \dfrac{P_1^*}{V_M} = n\dfrac{N-S-K}{N-S+K}V_L T_h \dfrac{\left[-4D^3 + 6Dd_{N-S,K+1} - 3Dd_{N-S,K+1}^2 \right]}{6L_d d_{N-S,K+1}} \qquad 0 \leqslant D < \dfrac{d_{N-S,K+1}}{2}$$

$$(7.60)$$

由式（7.1）、式（7.43）和式（7.59）可得

$$i_s^*(t) =$$

$$
\begin{cases}
i_M^*(t_0) - i_d^*(t_0) - \dfrac{1}{L_f}\left[\dfrac{(N-S-K)V_M(t-t_0)^2}{(N-S+K)d_{N-S,K+1}T_h} - \dfrac{(N-S-K)V_M}{N-S+K}(t-t_0)\right] \\
\quad -\dfrac{1}{L_d}\left[\dfrac{(N-S-K)V_M}{(N-S+K)d_{N-S,K+1}T_h}(t-t_0)^2 + \left(nV_L - \dfrac{(N-S-K)V_M}{N-S+K}\right)(t-t_0)\right] & t_0 \leqslant t < t_1 \\[4pt]
i_M^*(t_1) - i_d^*(t_1) - \dfrac{1}{L_f}\left[\dfrac{(N-S-K)V_M(t-t_1)^2}{(N-S+K)d_{N-S,K+1}T_h} - \dfrac{(N-S-K)V_M}{N-S+K}(t-t_1)\right] \\
\quad -\dfrac{1}{L_d}\left[\dfrac{(N-S-K)V_M}{(N-S+K)d_{N-S,K+1}T_h}(t-t_1)^2 + (v_1^*(t_1) - nV_L)(t-t_1)\right] & t_1 \leqslant t < t_2 \\[4pt]
i_M^*(t_2) - i_d^*(t_2) - \dfrac{1}{L_f}\left(\dfrac{N-S-K}{N-S+K}V_M\right)(t-t_2) \\
\quad -\dfrac{1}{L_d}\left[\dfrac{N-S-K}{N-S+K}V_M - nV_L\right](t-t_2) & t_2 \leqslant t < t_3
\end{cases}
\tag{7.61}
$$

由式（7.61）可知，$t_0 \leqslant t < t_2$ 时，子模块逐个投入，在 t_1 时刻 i_s^* 取到最小值，因此只要满足 $i_s^*(t_1) > 0$，即可保证所有 S_{i1} 实现 ZVS。同理，可以得到所有 S_{i2} 实现 ZVS 的条件。在该工作模式下，子模块串联支路所有功率器件实现 ZVS 的条件为

$$
\begin{cases}
i_s^*(t_1) > 0 \\
i_s^*(t_4) = 2I_M^* - i_s^*(t_1) < 0
\end{cases}
\tag{7.62}
$$

二次侧全桥实现 ZVS 条件为开通时流过开关管的电流为负，此时电感电流需要满足

$$
i_d^*(t_1) > 0
\tag{7.63}
$$

根据式（7.59）~式（7.63），在该工作模式下保证所有开关管实现 ZVS 的条件可以表示为

$$
\begin{cases}
1 - \dfrac{6(N-S)\lambda M d_{N-S,K+1}}{(N-S-K)\lambda M\left[4D^3 - 6D^2 d_{N-S,K+1} + 6D(d_{N-S,K+1}^2 - d_{N-S,K+1}) - 2d_{N-S,K+1}^3 + 3d_{N-S,K+1}^2\right]} \\
\quad -\dfrac{(1+\lambda)(6D^2 - 6Dd_{N-S,K+1} + 3d_N^2) - 3d_{N-S,K+1}(1+\lambda+\lambda M)}{\lambda M\left[4D^3 - 6D^2 d_{N-S,K+1} + 6D(d_{N-S,K+1}^2 - d_{N-S,K+1}) - 2d_{N-S,K+1}^3 + 3d_{N-S,K+1}^2\right]} > 0 \\[6pt]
1 + \dfrac{6(N-S)\lambda M d_{N-S,K+1}}{(N-S-K)\lambda M\left[4D^3 - 6D^2 d_{N-S,K+1} + 6D(d_{N-S,K+1}^2 - d_{N-S,K+1}) - 2d_{N-S,K+1}^3 + 3d_{N-S,K+1}^2\right]} \\
\quad -\dfrac{(1+\lambda)(6D^2 - 6Dd_{N-S,K+1} + 3d_{N-S,K+1}^2) - 3d_{N-S,K+1}(1+\lambda+\lambda M)}{\lambda M\left[4D^3 - 6D^2 d_{N-S,K+1} + 6D(d_{N-S,K+1}^2 - d_{N-S,K+1}) - 2d_{N-S,K+1}^3 + 3d_{N-S,K+1}^2\right]} < 0 \\[6pt]
\dfrac{3(N-S)(1 - d_{N-S,K+1} - M)d_{N-S,K+1}}{(N-S-K)M\left[4D^3 - 6D^2 d_{N-S,K+1} + 6D(d_{N-S,K+1}^2 - d_{N-S,K+1}) - 2d_{N-S,K+1}^3 + 3d_{N-S,K+1}^2\right]} \\
\quad -\dfrac{6(D^2 - Dd_{N-S,K+1}) - 3K(1 - d_{N-S,K+1} + M)d_{N-S,K+1}}{M\left[4D^3 - 6D^2 d_{N-S,K+1} + 6D(d_{N-S,K+1}^2 - d_{N-S,K+1}) - 2d_{N-S,K+1}^3 + 3d_{N-S,K+1}^2\right]} > 0
\end{cases}
\tag{7.64}
$$

2. $d_{N-S,K+1}/2 \leqslant D < 1 - d_{N-S,K+1}/2$

当 MMDCT 工作在 $d_{N-S,K+1}/2 \leqslant D < 1 - d_{N-S,K+1}/2$ 时，中压侧电流为

$$i_M^*(t) = \begin{cases} i_M^*(t_0) - \dfrac{1}{L_f}\left[\dfrac{(N-S-K)V_M}{(N-S+K)d_{N-S,K+1}T_h}(t-t_0)^2\right] & t_0 \leqslant t < t_1 \\[3mm] i_M^*(t_1) + \dfrac{1}{L_f}\left(\dfrac{N-S-K}{N-S+K}V_M\right)(t-t_1) & t_1 \leqslant t < t_3 \end{cases} \tag{7.65}$$

此时 MMDCT 中压侧电流平均值为

$$I_M^* = \frac{P_2^*}{V_M} = \frac{n\dfrac{N-S-K}{N-S+K}V_L T_h\left[12D(1-D) - d_{N-S,K+1}^2\right]}{12L_d} \qquad \frac{d_{N-S,K+1}}{2} \leqslant D < 1 - \frac{d_{N-S,K+1}}{2} \tag{7.66}$$

由式（7.1）、式（7.51）和式（7.65）可得

$$i_s^*(t) =$$

$$\begin{cases} i_M^*(t_0) - i_d^*(t_0) - \dfrac{1}{L_f}\left[\dfrac{(N-S-K)V_M(t-t_0)^2}{(N-S+K)d_{N-S,K+1}T_h} - \dfrac{(N-S-K)V_M}{N-S+K}(t-t_0)\right] \\[2mm] \quad - \dfrac{1}{L_d}\left[\dfrac{(N-S-K)V_M(t-t_0)^2}{(N-S+K)d_{N-S,K+1}T_h} + \left(nV_L - \dfrac{(N-S-K)V_M}{N-S+K}\right)(t-t_0)\right] & t_0 \leqslant t < t_1 \\[4mm] i_M^*(t_1) - i_d^*(t_1) - \dfrac{1}{L_f}\left(\dfrac{N-S-K}{N-S+K}V_M\right)(t-t_1) \\[2mm] \quad - \dfrac{1}{L_d}\left(\dfrac{N-S-K}{N-S+K}V_M + nV_L\right)(t-t_1) & t_1 \leqslant t < t_2 \\[4mm] i_M^*(t_2) - i_d^*(t_2) - \dfrac{1}{L_f}\left(\dfrac{N-S-K}{N-S+K}V_M\right)(t-t_2) \\[2mm] \quad - \dfrac{1}{L_d}\left[\dfrac{N-S-K}{N-S+K}V_M - nV_L\right](t-t_2) & t_2 \leqslant t < t_3 \end{cases} \tag{7.67}$$

在实际应用中，为了保证输入电流平稳，电感 L_f 取值通常大于 L_d。由式（7.67）可知，$t_0 \leqslant t < t_1$ 时，子模块逐个投入，i_s^* 单调递减，因此只要满足 $i_s^*(t_1) > 0$，即可保证所有 S_{i1} 实现 ZVS。同理，可以得到所有 S_{i2} 实现 ZVS 的条件。当 MMDCT 工作在 $d_{N-S,K+1}/2 \leqslant D < 1 - d_{N-S,K+1}/2$ 时，利用电感电流对称性，子模块串联支路所有功率器件实现 ZVS 的条件为

$$\begin{cases} i_s^*(t_1) > 0 \\ i_s^*(t_4) = 2I_M^* - i_s^*(t_1) < 0 \end{cases} \tag{7.68}$$

二次侧全桥实现 ZVS 的条件为开通时流过开关管的电流为负，即

$$i_d^*(t_2) > 0 \tag{7.69}$$

结合式（7.65）~式（7.69），在该工作模式下子保证所有开关管实现 ZVS 的条件可以表示为式（7.70）。

由式（7.64）和式（7.70）可以绘制出 $N=9$、$K=1$、$S=1$、$d_{N,K+1}=0.015$、$\lambda=22$ 情况下直流变压器的 ZVS 特性，如图 7.28 所示，其中 $I_{Si1\_on}(-i_s(t_1))$、$I_{Si2\_on}(i_s(t_4))$、$I_{Q1\_on}(i_d(t_2))$ 为分别和 I_M 标幺化后的串联子模块上开关管 S_{i1}、下开关管 S_{i2} 以及二次侧全桥开关管 Q_1 开通电流。由图 7.28a 所示，串联支路子模块上管 S_{i1} 在全范围内实现了 ZVS 开通。由图 7.28b 所示，串联支路子模块下管 S_{i2} 在 $M=0.71\sim0.79$ 时（$K=1$、$S=1$ 时，电压增益变化范围）也在全范围内实现了 ZVS。与 7.2 节中相比，一次侧开关管的 ZVS 范围更宽，主要是因为直流变压器工作于降压模式。另外从图中也能看出，M 越大，软开关实现越困难。由图 7.28c 所示，MMDCT 的二次侧全桥在轻载和增益较小时会丢失软开关，与 7.2 节中相比，其轻载时软开关范围变窄。

$$
\begin{cases}
1+\dfrac{3K\left[(1-d_{N-S,K+1})(1+\lambda+\lambda M)+\lambda M(3d_{N-S,K+1}-2D)\right]}{(N-S-K)\lambda M\left[6D^2-6D(1+d_{N-S,K+1})+2d_{N-S,K+1}^2+3d_{N-S,K+1}\right]} \\[3mm]
\quad -\dfrac{3(N-S)\left[(1-d_{N-S,K+1})(1+\lambda+\lambda M)-\lambda M(2-2D-d_{N-S,K+1})\right]}{(N-S-K)\lambda M\left[6D^2-6D(1+d_{N-S,K+1})+2d_{N-S,K+1}^2+3d_{N-S,K+1}\right]}>0 \\[4mm]
1-\dfrac{3K\left[(1-d_{N-S,K+1})(1+\lambda+\lambda M)+\lambda M(3d_{N-S,K+1}-2D)\right]}{(N-S-K)\lambda M\left[6D^2-6D(1+d_{N-S,K+1})+2d_{N-S,K+1}^2+3d_{N-S,K+1}\right]} \\[3mm]
\quad -\dfrac{3(N-S)\left[(1-d_{N-S,K+1})(1+\lambda+\lambda M)-\lambda M(2-2D-d_{N-S,K+1})\right]}{(N-S-K)\lambda M\left[6D^2-6D(1+d_{N-S,K+1})+2d_{N-S,K+1}^2+3d_{N-S,K+1}\right]}<0 \\[4mm]
\dfrac{3(N-S)(1-M-2D+d_{N-S,K+1})}{(N-S-K)M\left[6D^2-6D(1+d_{N-S,K+1})+2d_{N-S,K+1}^2+3d_{N-S,K+1}\right]} \\[3mm]
\quad -\dfrac{3K(1+M-2D+d_{N-S,K+1})}{(N-S-K)M\left[6D^2-6D(1+d_{N-S,K+1})+2d_{N-S,K+1}^2+3d_{N-S,K+1}\right]}>0
\end{cases}
$$

$$(7.70)$$

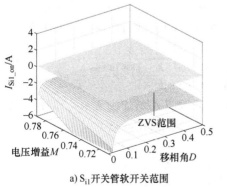
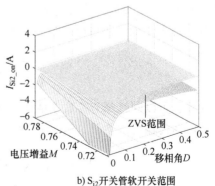

a) S_{i1} 开关管软开关范围　　　　　　b) S_{i2} 开关管软开关范围

图 7.28　直流变压器的 ZVS 特性

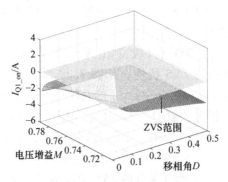

c) Q_1 开关管软开关范围

图 7.28　直流变压器的 ZVS 特性（续）

7.3.4　平滑切换点设计与控制策略

定义 MMDCT 中高频变压器等效电压传输比 G^* 为

$$G^* = \frac{V_1^*}{nV_L} = \frac{N - S - K}{N - S + K} \cdot \frac{1}{M} \tag{7.71}$$

由式（7.71）可以看出当 M 减小时，通过增加恒投入子模块数量，即增大 K，或者增加恒切出子模块数量，即增大 S，可以降低电压传输比 G^*，保证 MMDCT 的端口电压与变压器电压比匹配。由式（7.39）可见，增加 S 会使子模块电容电压升高，降低子模块的利用率，提高系统成本，因此 S 的取值不宜过大，本节选取 $S_{\max} = 1$。

采用图 7.22 提出的恒投入/恒切出子模块调制策略后，可以根据增益 M 和式（7.71），利用参数 K 和 S 对 V_1^* 进行调节。为保证 MMDCT 电压尽可能匹配，需满足如下关系式：

$$\min|G^* - 1| \leqslant \sigma \tag{7.72}$$

式中，σ 为 K、S 和 M 变化时 MMDCT 电压传输比的最大偏差。

以电压 V_M 升高为例，若保持 $S = 0$ 不变，当 V_M 增加到某个值 V_{MK} 时，为满足式（7.72），调节参数 K 增加到 $K + 1$，这种情况就是 7.2 节中分析的内容。

若保持 K 不变，还可以调节参数 S 增加到 $S + 1$，此时切换点的电压为

$$V_{MS} = \frac{2nV_L}{\dfrac{N - S - K}{N - S + K} + \dfrac{N - S - K - 1}{N - S + K - 1}} \tag{7.73}$$

此外，可以同时调节参数 S 增加到 $S + x$，调节 K 增加到 $K + y$，同样可以实现对等效电压传输比的调节，其中 x、y 为正整数，此时切换点的电压为

$$V_{MSK} = \frac{2nV_L}{\dfrac{N - S - K}{N - S + K} + \dfrac{N - S - K - x - y}{N - S + K - x + y}} \tag{7.74}$$

图 7.29 为 $N = 9$，不同调制策略下 MMDCT 等效电压传输比 G 与子模块电容电

压 $V_C/(nV_{\mathrm{L}})$ 特性曲线。设计时，选择 MMDCT 在增益 $M=1$ 时，电压传输比 $G=1$。调制策略 I 为传统 QSW 调制，随着增益 M 减小，电压传输比 G 由 1 逐渐增大到 2，$V_C/(nV_{\mathrm{L}})$ 同样随着 M 减小而增大。调制策略 II 通过只改变 K 降低电压传输比变化范围（即 7.2 节所提策略），利用式（7.35）确定切换点分别为 $M_{\mathrm{II}1}=25/44$、$M_{\mathrm{II}2}=79/110$、$M_{\mathrm{II}3}=9/10$，在切换点处分别改变 K 值为 $3\rightarrow2$、$2\rightarrow1$、$1\rightarrow0$。由图 7.29a 可见，通过改变 K 值，可以将 MMDCT 电压传输比 G 折叠在 0.88 ~ 1.13 范围内。由图 7.29b 可见，随着 K 值的增大，$V_C/(nV_{\mathrm{L}})$ 会在切换点处增大，随后减小，且在整个增益 M 变化范围内，均小于调制策略 I。调制策略 III 通过同时改变 K 和 S 降低电压传输比变化范围（即本节所提策略），利用式（7.35）、式（7.73）和式（7.74）确定 MMDCT 的切换点分别为 $M_{\mathrm{III}1}=11/20$、$M_{\mathrm{III}2}=34/55$、$M_{\mathrm{III}3}=70/99$、$M_{\mathrm{III}4}=71/90$、$M_{\mathrm{III}5}=9/10$，对应 K 和 S 分别为 （$K=2$、$S=1$）、（$K=2$、$S=0$）、（$K=1$、$S=1$）、（$K=1$、$S=0$）、（$K=0$、$S=0$）。由图 7.29a 可见，通过同时改变 K、S，可以在调制策略 II 的基础上进一步减小 MMDCT 的电压传输比，降低移相角变化范围，提高效率。由图 7.29b 可见，与调制策略 II 相类似，随着 K 值的增大，$V_C/(nV_{\mathrm{L}})$ 在切换点处增大，随后减小，且在整个增益 M 变化范围内，均小于调制策略 I，在 $S\neq0$ 时，$V_C/(nV_{\mathrm{L}})$ 略大于调制策略 II。

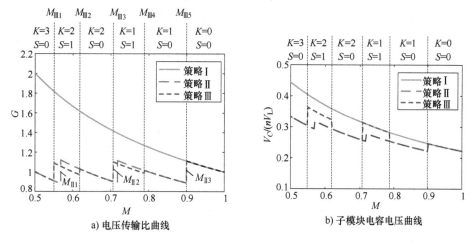

a) 电压传输比曲线　　　b) 子模块电容电压曲线

图 7.29　$N=9$ 时，不同调制策略下 MMDCT 电压传输比 G 与子模块电容电压 $V_C/(nV_{\mathrm{L}})$ 特性曲线

与 7.2 节中的软切换类似，对于满足式（7.73）的切换点，在第 $S+1$ 个子模块由占空比 50% 减小到 0 时，引入一个占空比控制变量 D_{N-S+1}；对于满足式（7.74）的切换点，先调节第 $N-S+1$ 个子模块占空比由 50% 减小到 0，随后调节第 $K+1$ 个子模块占空比由 50% 增加到 100%。在此基础上，可以通过增加电压滞环避免直流变压器在切换点附近来回振荡，提高系统稳定性。

MMDCT 输出电压控制策略框图如图 7.30 所示，首先通过采样输入电压和输出电压参考值，计算出 MMDCT 端口电压实际变比，由式（7.73）和式（7.74）确定恒投入的子模块数 K 和恒切出子模块数 S，随后通过输出电压环调节移相角，最后根据移相角和子模块投切数，通过子模块均压策略配置各个开关管的驱动信号，对低压侧电压进行控制。在电压环中，采集的低压侧电压与参考值作差，然后经过 PI 调节产生外移相角。当电压发生突变时，引入软切换控制，使得切换子模块占空比 D_{N-S+1} 和 D_{K+1} 线性变化，即 $D_{N-S+1} = D_{N-S+1} - ht$，$D_{K+1} = D_{K+1} + ht$，其中 h 可正可负，从而降低切换时电感电流尖峰和防止产生输出电压跌落。

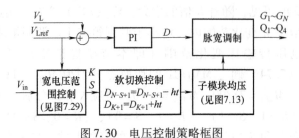

图 7.30　电压控制策略框图

7.3.5　仿真验证

为了验证理论分析的正确性，通过 PLECS 搭建了 MMDCT 系统的仿真模型。仿真参数与 7.2 节中一致，如表 7.1 所示。仿真过程中，梯形波上升/下降沿占空比 d_9 设置为 0.02，额定功率情况下，根据式（7.48）计算可得变换器的移相比 $D = 0.23$。

当 $V_M = 4.5\text{kV}$ 时，设置 $K = S = 0$，此时 MMDCT 的增益 $M = 1$，当 V_M 上升时，通过调节 K 和 S，实现直流变压器电压匹配。根据式（7.73）和式（7.74），不同的中压侧电压所对应的 K 和 S 如表 7.3 所示。

表 7.3　不同 V_M 时 K 和 S 的取值

电压 V_M	K	S
8.18~9kV	3	0
7.28~8.18kV	2	1
6.36~7.28kV	2	0
5.7~6.36kV	1	1
5~5.7kV	1	0
4.5~5kV	0	0

图 7.31 给出了直流变压器正向稳定运行时串联支路和变压器一次侧电压和一次侧电流波形，此时 $V_M = 6.1\text{kV}$。由图 7.31a 可以看出，当 $K = 1$、$S = 0$ 时，串联支路的一个子模块常投入工作，串联支路电压 v_{AB} 为一个 9 电平电压，最小值为子模块电容电压，大约为 1.2kV。同时高频电流峰值约为 59.5A。由图 7.31b 可以看出，当 $K = 1$、$S = 1$ 时，串联支路的一个子模块常投入工作，另一个模块常切出，

串联支路电压 v_{AB} 为一个 8 电平电压，最小值为子模块电容电压，大约为 1.36kV。同时，高频电流峰值约为 58A。对比两种调制方案可见，本节提出的方案中子模块电容电压上升，但是电流峰值下降。

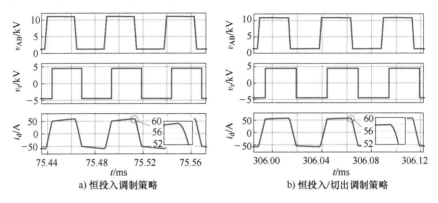

a) 恒投入调制策略　　　　　　　　　　b) 恒投入/切出调制策略

图 7.31　两种不同调制策略下正向传输功率稳态图形

图 7.32 为额定功率 $P_N = 200kW$ 情况下，不同 V_M 时 MMDCT 的仿真波形。0.2s 前，MMDCT 中压侧电压 $V_M = 4.5kV$，系统达到稳态。在 $t = 0.2s$、$t = 0.3s$、$t = 0.4s$、$t = 0.5s$、$t = 0.6s$，中压侧电压在 0.01s 内分别跳变至 5.625kV、5.785kV、7.07kV、7.5kV、9kV。$t = 0.2s$ 时，V_M 上升，当检测到 V_M 大于 5kV 时，串联子模块调制由 $K = S = 0$ 变化为 $K = 1$、$S = 0$。驱动信号 G_1 在 10ms 内占空比由 0.5 变化到 1，子模块串联支路电压 v_{AB} 由 10 电平变化为 9 电平，使电压尽可能匹配。在 $t = 0.3s$ 时，中压侧电压在 0.01s 内从 5.625kV 增大到 5.785kV，串联子模块调制由 $K = 1$、$S = 0$ 变化为 $K = S = 1$，驱动信号 G_9 在 10ms 内占空比由 0.5 变化到 0，子模块串联支路电压 v_{AB} 由 9 电平电压减小为 8 电平，使电压尽可能匹配。在 $t = 0.4s$ 时，中压侧电压在 0.01s 内从 5.785kV 增大到 7.07kV，串联子模块调制由 $K = S = 1$ 变化为 $K = 2$、$S = 0$。驱动信号 G_9 在 10ms 内占空比由 0 变化到 1，子模块串联支路输出电压 v_{AB} 依旧为 8 电平电压。相似的，$t = 0.5s$、$t = 0.6s$ 时串联子模块调制分别变化为 $K = 2$、$S = 1$ 和 $K = 3$、$S = 0$。在升压过程中，通过反馈控制调节移相角实现低压侧电压 V_L 很好地跟随参考值，其波动大约在 50V 左右，没有明显的电压跌落。子模块电容电压随着 V_M 增大而增大，且在切换过程中也能够实现均压。此外，随着电压增益 M 的减小，由于选择在合适的电压跳变值改变 K 和 S 实现了电压增益的宽范围控制，使得等效电压传输比 G 接近 1，故 MMDCT 移相角 D 在 V_{in} 变化过程中基本保持在 0.24 不变。

图 7.33 为额定功率 $P_N = 200kW$ 时，软切出与硬切出两种控制时子模块串联支路电压 v_{AB} 和功率电感电流 i_d。V_M 在 $t = 0.2s$ 从 5.625kV 突变到 5.785kV。图 7.33a 所示，采用硬切出控制波形对比，即对应驱动信号在一个周期内立即发生变化，该切出方法下，电感电流的峰值约为 $-150A$。图 7.33b 所示，采用软切出

控制，软切出时间为10ms，电感电流的峰值约为80A。采用软切出控制可以显著降低切出过程的电感电流 i_d 峰值。

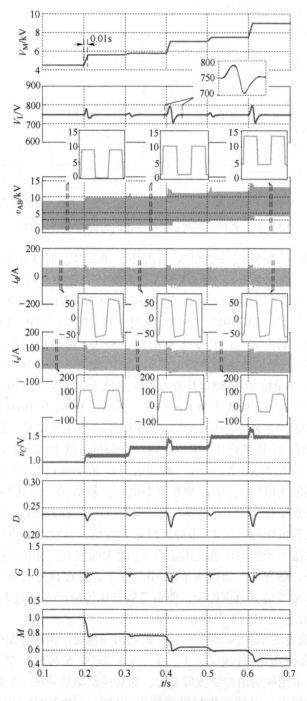

图 7.32　不同 V_M 情况下的仿真波形

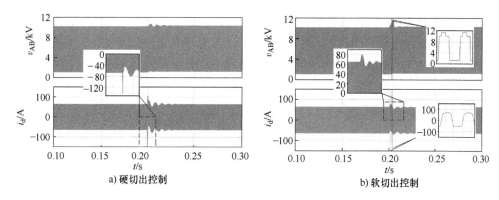

图 7.33 S 从 0 到 1 不同切出方式仿真波形对比

7.4 实验验证

本节结合前面两节的理论研究内容，搭建了 MMDCT 系统硬件实验平台，主要参数如表 7.4 所示。

表 7.4 样机参数

参数	值
中压侧电压 V_M/V	320 ~ 500
低压侧电压 V_L/V	100
额定功率 P_N/kW	2
子模块数量 N	5
子模块电容 C_i/μF	100
电感 L_f/mH	7.5
电感 L_d/μH	200
隔直电容 C_d/μF	100
变压器电压比 n:1	3:1
滤波电容 C_o/mF	1
开关频率 f_s/kHz	20

7.4.1 基于子模块恒投入的电压控制策略实验验证

为了验证该 MMDCT 的有效性，设置死区时间为 500ns，d_5 为 0.08。额定中压侧电压 $V_M = 320$V，额定低压侧电压 $V_L = 100$V。

图 7.34 给出了直流变压器正向传输功率时串联支路和变压器二次侧电压和一次侧电流波形。由图 7.34a、b 可以看出，当 K = 0 时，所有串联支路的子模块都以占空比 50% 进行工作，串联支路电压 v_{AB} 为一个 6 电平电压，最小值为 0，每个子

模块电容电压大约128V。同时，通过一、二次侧电压之间移相角的调节，对输出电压进行控制。由图7.34a、c可以看出，输入电压的不同，K值会变化。在图7.34c中，$K=1$，串联支路的一个子模块常投入工作，串联支路电压v_{AB}为一个5电平电压，最小值为子模块电容电压，大约为150V。

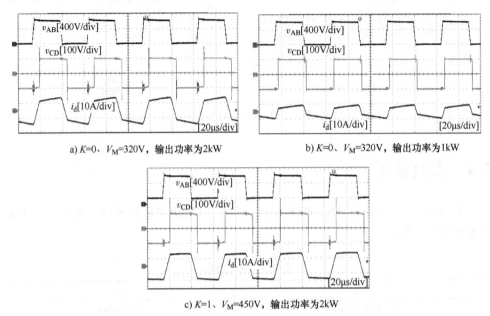

a) $K=0$、$V_M=320V$，输出功率为2kW

b) $K=0$、$V_M=320V$，输出功率为1kW

c) $K=1$、$V_M=450V$，输出功率为2kW

图7.34　正向传输功率时电压电流波形

图7.35给出了直流变压器反向传输功率时串联支路和变压器二次侧电压和一次侧电流波形。由图7.35a可见，当$K=0$时，所有串联支路的子模块都以占空比50%进行工作，串联支路电压v_{AB}为一个6电平电压，最小值为0，每个子模块电容电压，大约为128V。由图7.35b可见，当$K=1$时，所有串联支路的子模块都以占空比50%进行工作，串联支路电压v_{AB}为一个5电平电压，最小值为子模块电容电压大约150V。

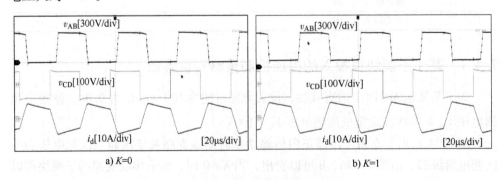

a) $K=0$

b) $K=1$

图7.35　反向传输功率时电压电流波形

图 7.36 给出了 K 不同值时的串联支路子模块 $SM_1 \sim SM_5$ 的电容电压波形。图 7.36a 为 $K = 0$ 时的各子模块电容电压波形，可知采用图 7.13 所示的均压策略后，串联支路子模块 $SM_1 \sim SM_5$ 的电容电压基本维持在 128V 左右。图 7.36b 为 $K = 1$ 时的各子模块电容电压波形，串联支路子模块 $SM_1 \sim SM_5$ 的电容电压基本维持在 150V 左右。证明了均压策略的有效性。

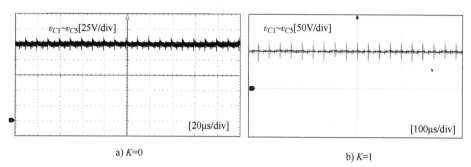

a) $K=0$　　　　　　　　　　　　　　　b) $K=1$

图 7.36　子模块电容电压

图 7.37 为 $K = 0$ 时，一次侧上下开关管的软开关波形。图 7.37a 为串联支路电压 v_{AB}、开关管 S_{51} 的驱动电压 v_{GS51}、开关管电压 v_{DS51} 以及串联支路电流 i_s。从图中可知，在 v_{GS51} 由低变高之前，串联支路电流 i_s 流过开关管 S_{51} 的反并联二极管，即电压 v_{DS51} 已经为零，说明开关管 S_{51} 实现了 ZVS 开通。图 7.37b 为串联支路电压 v_{AB}，开关管 S_{52} 的驱动电压 v_{GS52}、开关管电压 v_{DS52} 以及串联支路电流 i_s。从图中可知，在 v_{GS52} 由低变高之前，i_s 流过开关管 S_{52} 的反并联二极管，即电压 v_{DS52} 已经为零，说明开关管 S_{52} 实现了 ZVS 开通。

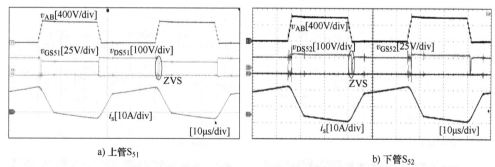

a) 上管S_{51}　　　　　　　　　　　　　b) 下管S_{52}

图 7.37　一次侧上下管软开关波形图

图 7.38 为 $V_M = 320V$ 时低压侧负载发生跳变时主要波形。如图 7.38a 所示，t_1 时刻，负载电阻由 10Ω 跳变至 5Ω，即输出功率由 1kW 上升到 2kW，V_L 电压经短暂调整后重新进入 100V 的稳态。串联支路电压 v_{AB} 的幅值维持在 640V 不变，其中第一个子模块电容电压 V_{C1} 也维持在 125V 不变，同时变压器一次侧电流 i_d 峰值由 5A 变化到 10A。如图 7.38b 所示，t_1 时刻，负载电阻由 5Ω 跳变至 10Ω，即输出功

率由2kW下降到1kW，V_L电压经短暂调整后重新进入100V的稳态。串联支路电压v_{AB}的幅值维持在640V不变，其中第一个子模块电容电压V_{C1}也维持在125V不变，同时变压器一次侧电流i_d峰值由10A变化到5A。实验说明，该直流变压器可以实现功率的平滑跳变。

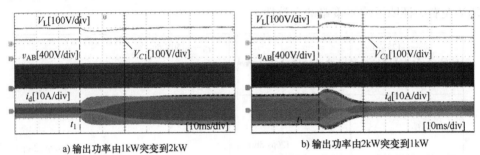

a) 输出功率由1kW突变到2kW　　　　　b) 输出功率由2kW突变到1kW

图7.38　负载跳变时主要波形

图7.39为负载为5Ω时V_M突变的主要工作波形。图7.39a为硬切换策略的主要工作波形，从图中可知，V_M在10ms内从320V变化到450V，K值在检测到跳变值后直接由0变为1。图7.39c为图7.39a的局部放大图，从图中可知，一次侧电流存在一个较大的电流尖峰，峰值达到30A左右，可能引起开关管的损坏。图7.39b为软切换策略的主要工作波形，从图中可知，V_M也是在10ms内从320V变化到450V，K值在检测到跳变值后缓慢地由0变为1。图7.39d为图7.39b的局部放大图，从图中可知，一次侧电流只有很小的波动，为此引入软切换策略可以增加电路的可靠性。

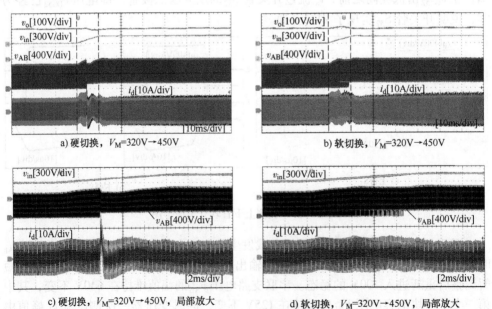

a) 硬切换，V_M=320V→450V　　　　　b) 软切换，V_M=320V→450V

c) 硬切换，V_M=320V→450V，局部放大　　　d) 软切换，V_M=320V→450V，局部放大

图7.39　中压侧电压跳变时硬切换、软切换主要波形对比

7.4.2 基于子模块恒投入/恒切出的电压控制策略实验验证

图 7.40 给出了直流变压器稳定运行时串联支路和变压器二次侧电压和一次侧电流波形。由图 7.40a 可以看出，当 $K=1$、$S=0$ 时，串联支路的一个子模块常投入工作，串联支路电压 v_{AB} 为一个 5 电平电压，最小值为子模块电容电压，大约为 173V。同时高频电流峰值约为 10A。由图 7.40b 可以看出，当 $K=1$、$S=1$ 时，串联支路的一个子模块常投入而另一个模块常切出，串联支路电压 v_{AB} 为一个 4 电平电压，最小值为子模块电容电压，大约为 208V。同时高频电流峰值约为 9A。对比两种调制方案，可见恒投入/切出方案中子模块电容电压上升，但是高频电流峰值下降。

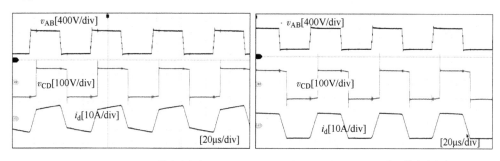

a) $K=1$、$S=0$、$V_M=520$V，输出功率为2kW   b) $K=1$、$S=1$、$V_M=520$V，输出功率为2kW

图 7.40 稳态电压电流波形

图 7.41 给出了 K、S 不同值时串联支路子模块 $SM_1 \sim SM_5$ 的电容电压波形。图 7.41a 为 $K=1$、$S=0$ 时的各子模块电容电压波形图，可知采用图 7.13 所示的均压策略后，串联支路子模块 $SM_1 \sim SM_5$ 的电容电压基本维持在 150V 左右。图 7.41b 为 $K=1$、$S=1$ 时的各子模块电容电压波形图，串联支路子模块 $SM_1 \sim SM_5$ 的电容电压基本维持在 200V 左右。证明了均压策略的有效性。

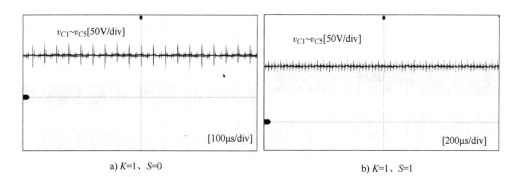

a) $K=1$、$S=0$ b) $K=1$、$S=1$

图 7.41 子模块电容电压

图7.42 为 $K=1$、$S=1$ 时，一次侧上下开关管的软开关波形。图7.42a 为串联支路电压 v_{AB}、开关管 S_{41} 的驱动电压 v_{GS41}、开关管电压 v_{DS41} 以及串联支路电流 i_s。从图中可知，在 v_{GS41} 由低变高之前，串联支路电流 i_s 流过开关管 S_{41} 的反并联二极管，即电压 v_{DS41} 已经为零，说明开关管 S_{41} 实现了 ZVS。图7.42b 为串联支路电压 v_{AB}，开关管 S_{42} 的驱动电压 v_{GS42}、开关管电压 v_{DS42} 以及串联支路电流 i_s。从图中可知，在 v_{GS42} 由低变高之前，串联支路电流 i_s 流过开关管 S_{42} 的反并联二极管，即电压 v_{DS42} 已经为零，说明开关管 S_{42} 实现了 ZVS。

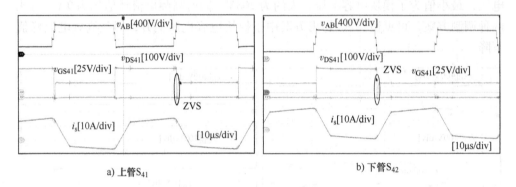

a) 上管 S_{41} b) 下管 S_{42}

图7.42 一次侧上下管软开关波形

图7.43 为输入电压突变工况下的实验波形。图7.43a 为硬切换策略的主要工作波形，从图中可知，V_M 在 10ms 内从 450V 变化到 500V，在检测到跳变值后，S 值直接由 0 变为 1。图7.43c 为图7.43a 的局部放大图，从图中可知，一次侧电流存在一个较大的电流尖峰，其峰值绝对值达到 26.5A 左右，可能引起开关管的损坏。图7.43b 为软切换策略的主要工作波形，从图中可知，V_M 也是在 10ms 内从 450V 变化到 500V，在检测到跳变值后，S 值缓慢地由 0 变为 1。图7.43d 为图7.43b 的局部放大图，从图中可知，引入软切换策略可以显著降低一次侧电流 i_d 的峰值，有助于提升电路的可靠性。

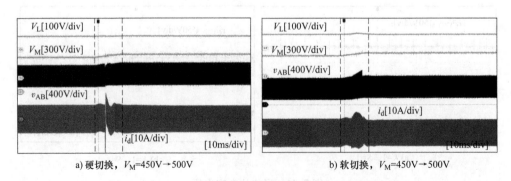

a) 硬切换，$V_M=450V\rightarrow500V$ b) 软切换，$V_M=450V\rightarrow500V$

图7.43 输入电压跳变时软切换和硬切换主要波形对比

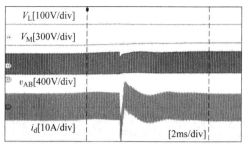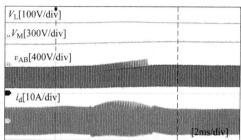

c) 硬切换，V_M=450V→500V，局部放大　　　　d) 软切换，V_M=450V→500V，局部放大

图 7.43　输入电压跳变时软切换和硬切换主要波形对比（续）

图 7.44 为不同 K、S 下效率随功率变化的曲线，当 V_M 分别为 320V、450V 与 500V 时，基于子模块恒投入的电压控制策略下，K 值分别取为 0、1、1，S 值则始终为 0，对应的最高效率分别为 96.3%、96.0% 和 94.6%。而当采用基于子模块恒投入/切出的电压控制策略时，320V 与 450V 工况与恒投入策略一致，而在 V_M = 500V 工况下，S = 1，最高效率提升至 95.6%，相较于子模块恒投入策略具有显著提升。图 7.44 说明，采用子模块恒投入/切出的模块化多电平型紧凑化直流变压器在宽输入电压与宽负载范围内均具有较高的变换效率。

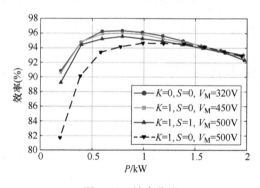

图 7.44　效率曲线

7.5　本章小结

本章提出并研究了一种适用于中压直流配电网的模块化多电平直流变压器，其具有高电压输入、故障处理简单、软开关与功率密度高的优点。本章从分析 MMDCT 的工作原理入手，分别提出了基于子模块恒投入与恒投入/切出的控制策略，对比分析了两者的工作特性，并通过仿真与实验验证了 MMDCT 及所提控制策略的可行性，以及宽电压输入与宽负载工况下优越性能。

第 8 章

模块化多电平-串联开关组合式直流变压器

在第 1 章中指出，采用低电压开关器件直接串联方式是提高直流变压器功率密度的一种可行方法，但串联开关器件存在驱动同步与电压不均的问题，特别是开关器件在动态工况下的电压均衡，需要增加额外的均压电路或控制来实现电压均衡。本章结合第 7 章中模块化多电平结构与开关器件串联技术，提出了一种模块化多电平-串联开关组合式直流变压器（Modular Multilevel with Series-connected Switches DC Transformer，M^2S^2DCT）。相较于传统的 MMC 型直流变压器，该结构可以有效减少半桥子模块数量，并且通过类方波调制策略，使得串联开关在零电压状态下实现换流，解决了传统方案中存在的动态均压与驱动同步问题。

8.1 拓扑结构及工作原理

8.1.1 拓扑结构

本书提出的 M^2S^2DCT 的拓扑结构如图 8.1 所示，通过在 DAB 变换器中压端口并联一组由 N 个半桥子模块构成的阀串，其中 DAB 变换器中压端口侧采用开关器件串联结构，以承受较高的电压应力，各开关管组（$SS_1 \sim SS_4$）中包含 M 个开关管。

相较于传统的全桥或半桥型 MMC-DCT，M^2S^2DCT 中仅含一组半桥子模块阀串，可减少所需的子模块数量。而相较于 ISOP 型 DCT，模块化多电平结构及串联开关器件的应用更有利于构建紧凑化直流变压器，同时也减少了磁性元件数量。并且，由于 M^2S^2DCT 中压侧无集中式电容，易于处理中压侧短路故障。

8.1.2 调制策略

以 M^2S^2DCT 中阀串子模块数 $N = 6$ 为例说明其调制策略，各开关管驱动信号波形如图 8.2 所示。其中，DAB 变换器部分采用经典的单移相（Single-Phase-Shifted，SPS）控制策略，中低压侧全桥内各开关管驱动信号占空比均为 50%，对角开关管驱动信号相同，上下管互补，并且 SS_i 内各串联开关管驱动信号一致（$i=$ 1、2、3、4）。将 SS_1 和 Q_1 驱动信号上升沿之间的相位差定义为移相角 φ，通过调节 φ 可实现对 M^2S^2DCT 传输功率的控制。SS_1 驱动信号上升沿与每个子模块开关周期 T_s 内第一个导通子模块上管驱动信号上升沿之间的相位差定义为 ψ。

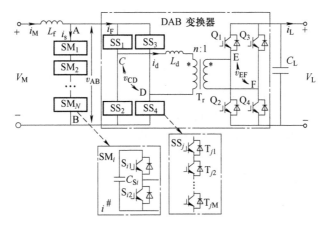

图 8.1　M^2S^2DCT 拓扑结构

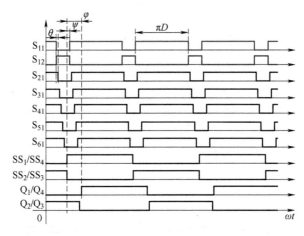

图 8.2　M^2S^2DCT 中各开关管驱动信号（$N=6$）

子模块阀串采用类方波调制策略，其中各半桥子模块上管 $S_{11} \sim S_{N1}$ 驱动信号的占空比均为 D，且两个相邻的驱动信号之间存在移相角 θ，子模块下管 $S_{12} \sim S_{N2}$ 的驱动信号则与对应上管互补。此外，子模块开关管的开关频率 f_s 为 DAB 结构中开关管开关频率 f_d 的两倍。

8.1.3　工作原理

基于上述调制策略，M^2S^2DCT 的主要工作电压和电流波形如图 8.3 所示。子

模块阀串端口电压 v_{AB} 为含零电平区间的多电平类方波电压，可减小串联开关管及高频变压器承受的 dv/dt。v_{AB} 经由中压侧全桥变换为双极性阶梯波电压 v_{CD}，低压侧全桥交流端口电压为两电平方波电压 v_{EF}。结合图 8.2 和图 8.3 可知，各串联开关管的驱动信号上升沿及下降沿均完全位于 v_{AB} 的零电平区间内，即所有的串联开关管均在其开关管电压 v_{ce}（以 IGBT 为例）为 0 的状态下完成开通和关断过程。因此，传统串联开关应用中存在的动态均压及同步驱动问题可以得到有效解决，进一步提升了变换器运行的可靠性。而串联开关管关断状态下的静态均压可以通过相对成熟的方案进行保证，如在每个开关管上并联均压电容及均压电阻。

对 M^2S^2DCT 工作原理进行分析之前作如下假设：

1）中压侧直流端口电压 V_M 及低压侧直流端口电压 V_L 保持固定值不变；

2）所有的开关器件、二极管、电感及电容均为理想模型；

3）采用有效的子模块电容均压控制，各子模块电容电压均保持为 V_{CS}。

首先，根据中压侧直流端口滤波电感 L_f 的伏秒平衡原理，可以得到式（8.1），由此推出子模块电容电压如式（8.2）所示。

$$V_M - NDV_{CS} = 0 \tag{8.1}$$

$$V_{CS} = \frac{V_M}{ND} \tag{8.2}$$

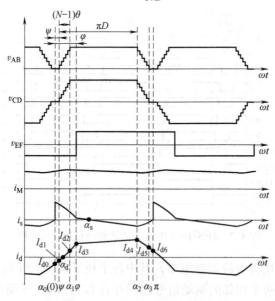

图 8.3　$\psi + (N-1)\theta \leqslant \varphi < \psi + \pi D$ 条件下 M^2S^2DCT 的主要工作波形

如图 8.2 和图 8.3 所示，选取 SS_1 的开通时刻，即 v_{AB} 零电平区间段中点作为电路状态分析的初始点 $\alpha_0 = 0$，可得 ψ 表达式为

$$\psi = \frac{(1-D)\pi - (N-1)\theta}{2} \tag{8.3}$$

如图 8.3 所示，以 $\psi + (N-1)\theta \leqslant \varphi < \psi + \pi D$ 工况为例进行具体分析，此时 M^2S^2DCT 运行在传输功率较大工况。以 SS_1 和 SS_4 开通的前半个周期为例，可划分为 8 个模态，各模态中 M^2S^2DCT 运行模态如图 8.4 所示，其中 α_s 和 α_d 分别表示 i_s 和 i_d 的过零点。

1）模态 1$[0, \psi]$：如图 8.4a 所示，当 $t = 0$ 时阀串内全部子模块均保持在下管开通状态，$v_{AB} = 0$。中压侧全桥在零电压状态换流，SS_2、SS_3 实现 ZVS 关断，SS_1、SS_4 实现 ZVS 开通。i_F 由正变负（以图 8.1 所示为参考正方向），与 i_M 共同经过子模块支路续流。低压侧开关管 Q_2 与 Q_3 处于开通状态，$v_{EF} = -V_L$，i_d 逐步上升，i_s 则保持递减。

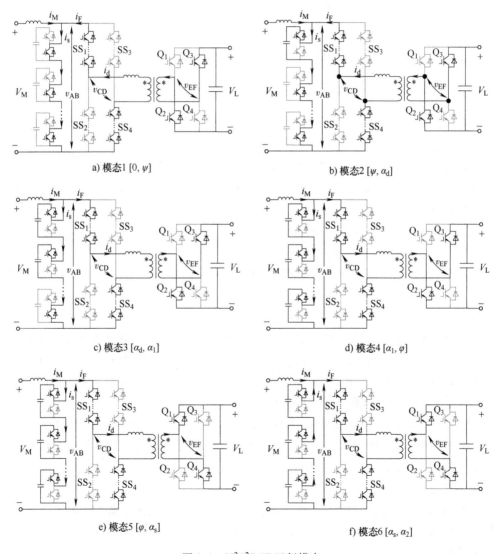

图 8.4　M^2S^2DCT 运行模态

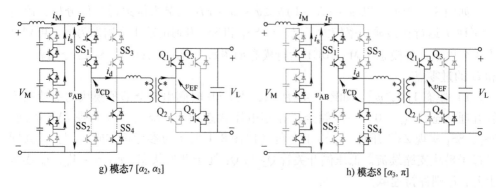

g) 模态7 [α_2, α_3]　　　　　　　　　　h) 模态8 [α_3, π]

图 8.4　M^{2}S^{2}DCT 运行模态（续）

2）模态 2[ψ, α_d]：如图 8.4b 所示，该模态内子模块下管逐个关断，对应的上管逐个开通。各电容接入子模块支路，v_{AB} 阶梯式上升。此时由于 $i_s > 0$，上管可以实现 ZVS 开通。在子模块电容电压以及低压侧电压共同作用下，i_d 及 i_F 继续上升，子模块电容电压上升。

3）模态 3[α_d, α_1]：如图 8.4c 所示，α_d 时刻，i_d 及 i_F 过零并继续增加，子模块电容电压继续上升，i_s 保持下降。

4）模态 4[α_1, φ]：如图 8.4d 所示，α_1 时刻，最后一个子模块上管开通。此时全部子模块电容均接入支路，由于 v_{AB} 的上升阶段内 i_s 始终大于 0，全部上管均可实现 ZVS 开通。

5）模态 5[φ, α_s]：如图 8.4e 所示，φ 时刻，低压侧全桥进行换流，Q_2、Q_3 关断，Q_1、Q_4 开通。由于此时 $i_d > 0$，Q_1 和 Q_4 可以实现 ZVS 开通。v_{EF} 由 $-V_L$ 变换为 V_L，i_d 及 i_s 的上升和下降斜率均减小。

6）模态 6[α_s, α_2]：如图 8.4f 所示，α_s 时刻，i_s 过零反向，子模块电容与中压侧直流端口共同向低压侧传输功率，电容电压开始下降。

7）模态 7[α_2, α_3]：如图 8.4g 所示，该模态内子模块上管逐个关断，下管逐个开通，电容逐个切出回路，v_{AB} 成阶梯式下降。由于该区间内 i_s 始终小于 0，全部下管均可实现 ZVS 开通。当 $v_{AB} < nV_L$ 时，i_d 开始下降，i_s 逐渐上升，此时功率仍然保持由中压侧端口和子模块电容向低压侧端口传输。

8）模态 8[α_3, π]：如图 8.4h 所示，α_3 时刻，最后一个子模块下管开通，此时全部子模块电容均切出支路，$v_{AB} = 0$，为中压侧全桥换流过程提供零电压状态，i_M 和 i_F 经子模块支路续流。由于 $f_s = 2f_d$，中压侧全桥开关管正半周期结束，子模块开关管经历完整开关周期。

根据图 8.3，分别可得每个模态下电压 v_{CD} 和 v_{EF} 的表达式，如式（8.4）所示，其中，$\alpha = \omega t$，$\alpha_1 = \psi + (N-1)\theta$，$\alpha_2 = \psi + D\pi$，$\alpha_3 = \psi + D\pi + (N-1)\theta$，「 」为向上取整符号。

$$v_{CD}(\alpha) = \begin{cases} 0 & \alpha \in [0, \psi) \\ \left\lceil \dfrac{\alpha - \psi}{\theta} \right\rceil V_{CS} & \alpha \in [\psi, \alpha_1) \\ NV_{CS} & \alpha \in [\alpha_1, \alpha_2) \\ \left\lceil \dfrac{\psi + \pi D + (N-1)\theta - \alpha}{\theta} \right\rceil V_{CS} & \alpha \in [\alpha_2, \alpha_3) \\ 0 & \alpha \in [\alpha_3, \pi) \end{cases} \tag{8.4}$$

$$v_{EF}(\alpha) = \begin{cases} -V_L & \alpha \in [0, \varphi) \\ V_L & \alpha \in [\varphi, \pi) \end{cases} \tag{8.5}$$

根据传输电感 L_d 所在回路的电压电流关系，可以得到式 (8.6)，其中 n 为隔离压器 T_r 的电压比。

$$L_d \frac{di_d}{dt} = v_{CD} - n v_{EF} \tag{8.6}$$

联立式 (8.4)~式 (8.6)，可以得到 i_d，如式 (8.7) 所示，其中 $I_{d0} \sim I_{d5}$ 为各区间段内 i_d 初始值，$k = \lceil (\alpha - \psi)/\theta \rceil$，$j = \lceil [\alpha - \psi - \pi D]/\theta \rceil$。

$$i_d(\alpha) = \begin{cases} I_{d0} + \dfrac{nV_L}{2\pi f_d L_d}\alpha & \alpha \in [0, \psi) \\ I_{d1} - \dfrac{k(k-1)\theta V_{CS}}{4\pi f_d L_d} + \dfrac{kV_{CS} + nV_L}{2\pi f_d L_d}(\alpha - \psi) & \alpha \in [\psi, \alpha_1) \\ I_{d2} + \dfrac{NV_{CS} + nV_L}{2\pi f_d L_d}(\alpha - \alpha_1) & \alpha \in [\alpha_1, \varphi) \\ I_{d3} + \dfrac{NV_{CS} - nV_L}{2\pi f_d L_d}(\alpha - \varphi) & \alpha \in [\varphi, \alpha_2) \\ I_{d4} + \dfrac{j(j-1)\theta V_{CS}}{4\pi f_d L_d} + \dfrac{((N-j)V_{CS} - nV_L)}{2\pi f_d L_d}(\alpha - \alpha_2) & \alpha \in [\alpha_2, \alpha_3) \\ I_{d5} - \dfrac{nV_L}{2\pi f_d L_d}(\alpha - \alpha_3) & \alpha \in [\alpha_3, \pi) \end{cases} \tag{8.7}$$

根据式 (8.7) 可以得到正半周期内电流终值 $i_d(\pi)$ 的表达式，如式 (8.8) 所示。

$$i_d(\pi) = I_{d0} + \frac{ND\pi V_{CS} + (2\varphi - \pi)nV_L}{2\pi f_d L_d} \tag{8.8}$$

根据变换器运行状态正负半周期的对称性，i_d 在该区间内的初值与终值满足式 (8.9)。

$$i_d(0) = -i_d(\pi) \tag{8.9}$$

联立式 (8.2)、式 (8.8) 及式 (8.9)，可以得到稳态时 i_d 的初值 I_{d0}，如式 (8.10) 所示。

$$I_{d0} = \frac{(\pi - 2\varphi) nV_L - \pi V_M}{4\pi L_d f_d} \tag{8.10}$$

联立式（8.4）~式（8.6），可得在 $0 < \varphi < \pi$ 的范围内，$i_d(\pi)$ 的表达式均如式（8.8）所示，而 φ 不同的其他工作模式下 I_{d0} 表达式均与式（8.10）相同，因此对 i_d 的分析计算均可按照式（8.7）的方式进行。

在上述 $0 \le \omega t \le \pi$ 区间内，M^2S^2DCT 平均传输功率 P_t 可以表示为式（8.11）。

$$P_t = \frac{1}{\pi} \int_0^\pi v_{CD}(\alpha) i_d(\alpha) d\alpha \tag{8.11}$$

联立式（8.4）、式（8.7）及式（8.11），得到 M^2S^2DCT 的正向传输（定义为由中压侧向低压侧）功率表达式，如式（8.12）所示。

$$P_t =$$

$$\begin{cases} \dfrac{nV_M V_L}{2\pi f_d L_d}\varphi & \varphi \in [0, \psi) \\[2ex] \dfrac{nV_M V_L}{24ND\pi^2 f_d L_d}\begin{pmatrix} 12\varphi(k - Dk + DN)\pi + k(1 - 4k^2 + 3N(2k - N))\theta^2 \\ + 6k(N - k)((1 - D)\pi - 2\varphi)\theta - 3k(1 - D)^2\pi^2 - 12k\varphi^2 \end{pmatrix} & \varphi \in [\psi, \alpha_1) \\[2ex] \dfrac{nV_M V_L}{24D\pi^2 f_d L_d}(12\varphi(\pi - \varphi) - 3\pi^2(1 - D)^2 - (N^2 - 1)\theta^2) & \varphi \in [\alpha_1, \alpha_2) \\[2ex] \dfrac{nV_M V_L}{24ND\pi^2 f_d L_d}\begin{pmatrix} 3((1 + D)^2 j - (1 - D)^2 N)\pi^2 - 12((N - j)\varphi + (k + Dk - N)\pi)\varphi \\ - (N - k)((2k - N)^2 + 2kN - 1)\theta^2 - 6(N - k)(j(1 + D)\pi - 2k\theta)\theta \end{pmatrix} & \varphi \in [\alpha_2, \alpha_3) \\[2ex] \dfrac{nV_M V_L}{2\pi f_d L_d}(\pi - \varphi) & \varphi \in [\alpha_3, \pi] \end{cases}$$

$$\tag{8.12}$$

由式（8.12）可知，P_t 在 $\varphi = \varphi_m = \pi/2$ 时达到最大值 P_m，其表达式如式（8.13）所示。当 $\varphi = 0$ 或 $\varphi = \pi$ 时，$P_t = 0$。

$$P_m = \frac{nV_M V_L}{24\pi^2 Df_d L_d}(3D(2 - D)\pi^2 - (N^2 - 1)\theta^2) \tag{8.13}$$

对于采用 SPS 控制下的 DAB 变换器，其传输功率表达式为式（8.14）。

$$P_{DAB} = \frac{nV_M V_L}{2\pi^2 f_d L_d}\varphi(\pi - \varphi) \tag{8.14}$$

基于式（8.12）和式（8.14），可以得到 M^2S^2DCT 及 DAB 变换器在相同电路参数下传输功率关于外移相角 φ 的变化曲线，如图 8.5 所示，可见 M^2S^2DCT 的功率特性与传统 DAB 变换器相似，通过调节移相角即可实现对传输功率大小和方向的控制，并

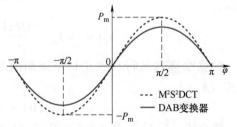

图 8.5 M^2S^2DCT 与 DAB 变换器功率特性对比

且 $[-P_m, P_m]$ 区间内的任一功率状态均与 $[-\pi/2, \pi/2]$ 中某一移相角一一对应。

此外，在 φ 相同的条件下，M^2S^2DCT 的传输功率大于 DAB 变换器，此处定义功率增益比 K_{pm} 为两变换器最大传输功率之比，如式（8.15）所示。

$$K_{pm} = 2 - D - \frac{(N^2-1)\theta^2}{3D\pi^2} \tag{8.15}$$

由于 v_{AB} 为含有零电平区间的 N 电平类方波电压，子模块上管的驱动信号内移相角 θ 和占空比 D 满足式（8.16）中关系。

$$\begin{cases} (N-1)\theta < (1-D)\pi \\ (N-1)\theta < D\pi \end{cases} \tag{8.16}$$

考虑到中压场景下 M^2S^2DCT 中子模块数量 N 较大，将式（8.16）代入式（8.15），可得 $1 < K_{pm} < 2$ 恒成立，即相同移相角下 M^2S^2DCT 能够传输更大的功率。且当 $D=1$、$\theta=0$ 时，M^2S^2DCT 的功率特性与 DAB 变换器等效。

8.2 运行特性

8.2.1 子模块支路工作特性

M^2S^2DCT 中子模块阀串并联 DAB 变换器的结构，拓展了 DCT 的控制自由度，下面将对其进行具体分析。根据图 8.1，子模块支路电流 i_s 可以表示为式（8.17），其中，i_M 为中压侧直流端口的输入电流，i_F 为中压侧全桥直流端口的输入电流，s_T 为中压侧全桥开关函数，其表达式如式（8.18）所示。

$$i_s = i_M - i_F = i_M - s_T i_d \tag{8.17}$$

$$s_T = \begin{cases} 1 & SS_1, SS_4 \text{ 导通} \\ -1 & SS_2, SS_3 \text{ 导通} \end{cases} \tag{8.18}$$

根据式（8.7）和式（8.17），可以得到 i_d 和 i_s 有效值关于传输功率的变化曲线，如图 8.6 所示，其中横坐标为标幺化传输功率 P_t^*，纵坐标为按 I_{d_rms} 最大值标幺化的电流有效值 I_{rms}^*。可见 i_s 有效值始终小于 i_d，且两者差距随传输功率增加而扩大。

图 8.7 展示了开关周期 T_s 内 M^2S^2DCT 中阀串与全桥电路传输功率，定义 $i_F = i_M$ 的时刻为 α_z，则当 $\omega t < \alpha_z$ 时，$i_d < i_M$，$i_s > 0$，由中压端口输入和 DAB 变换器中压侧端口回流功率均向阀串子模块电容中注入，该区间内子模块电容增加的能量定义为 E_{cu}。而当 $\omega t > \alpha_z$ 时，$i_d > i_M$，$i_s < 0$，功率由中压端口和子模块电容共同向低压侧传输，将该区间内子模块电容输出的能量定义为 E_{cd}。

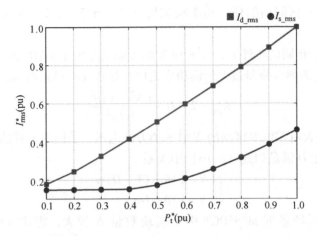

图 8.6 i_d 及 i_s 有效值关于 P_t 的变化曲线

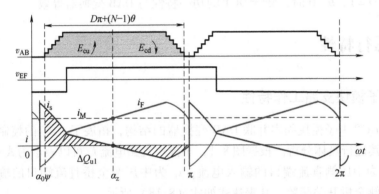

图 8.7 M^2S^2DCT 功率传输过程示意图

当变换器工作在稳态时，$E_{cu} = E_{cd}$，否则阀串中子模块电容电压无法保持稳定。若忽略子模块电容电压波动，开关周期 T_s 内第 k 个投入的子模块电容能量增量可以表示为 $V_{CS}\Delta Q_{uk}$，其中 ΔQ_{uk} 为电容电荷增量。在图 8.7 所示工况下，每个周期内第一个投入的子模块电容具备最大电荷增量 ΔQ_{u1}，因此 E_{cu} 可以进一步简化为其上限值 E_{cm}，其表达式如式（8.19）所示。

$$E_{cm} = NV_{CS}\Delta Q_{u1} = NV_{CS}\int_{\psi}^{\alpha_z} i_s(\omega t)\,d\omega t \qquad (8.19)$$

定义支路能量传输比 $k_e = E_{cm}/(P_t T_s)$，以反映功率传输过程中子模块阀串处理的能量占该周期内变换器总传输能量的比例。若 $k_e < 1$，说明除经阀串传输的能量外，还存在直接由中压侧端口向低压侧传输的部分；若 $k_e < 0.5$，说明由中压侧端口直接向低压侧传输的能量高于流经子模块电容的部分。根据式（8.19）和式（8.12），可得不同功率状态下 k_e 的变化曲线，如图 8.8 所示，其中横坐标同样为经额定功率标幺化的 P_t^*。可以看出，除功率极小区间内存在 $k_e > 0.5$ 的情况外，其他区间内 k_e 均小于 0.5，且 k_e 随 P_t 的增大而减小。在额定工作点处，$k_e < 0.1$，说明绝大部分功率通过中压侧全桥直接传输至低压侧，仅有小部分流经了子模块电容。由式（8.19）可知，E_{cm} 随功率增加而增大，而 $\varphi < \psi$ 的低传输功率区间内，E_{cm} 保持定值不变，因此流经子模块的功率同样保持在较低水平。

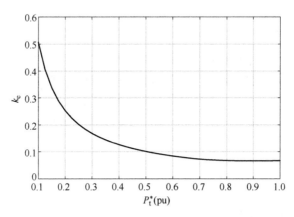

图 8.8　k_e 关于 P_t 的变化曲线

上述分析表明，M^2S^2DCT 中子模块阀串仅处理了较少一部分的传输功率，而传统半桥型 MMC-DCT 子模块需要处理全部的传输功率，因此 M^2S^2DCT 有利于减小子模块电流有效值与子模块电容电压纹波。

8.2.2　软开关特性

通过合理的参数及控制方法设计，M^2S^2DCT 中的全部开关管均可在较宽的端口电压及功率范围内实现零电压（ZVS）开通，从而有效降低开关损耗。以下将对 M^2S^2DCT 中不同开关管的 ZVS 特性进行分析，确定其软开关实现条件。为了简化分析，不考虑开关管及回路寄生参数的影响。

首先，结合图8.2和图8.3可知，中压侧全桥中的串联开关管均在零电压状态下完成开通和关断过程，因此仅需使阀串输出电压中的零电平时间大于串联开关管换流时间，即可在任意运行状态下实现串联开关管的零电压开通和零电压关断，避免动态均压问题，该条件对应的表达式如式（8.20）所示。

$$2\psi > t_{d\_on} + t_{d\_off} + t_r + t_f \qquad (8.20)$$

式中，t_{d_on} 为开通延迟时间；t_{d_off} 为关断延迟时间；t_r 为上升时间；t_f 为下降时间。

根据图8.3，低压侧全桥开关管实现 ZVS 的条件如式（8.21）所示，其中 $i_d(\varphi)$ 为 $\omega t = \varphi$ 处的传输电感电流。

$$i_d(\varphi) > 0 \qquad (8.21)$$

联立式（8.4）~式（8.6），可以得到 $i_d(\varphi)$ 的表达式如下：

$$i_d(\varphi) = \begin{cases} \dfrac{nV_L - V_M}{4f_d L_d} & \varphi \in [0, \psi) \\[3mm] \dfrac{((k-N)(D\pi - k\theta) + k(2\varphi - \pi))V_M + ND\pi nV_L}{4D\pi f_d L_d} & \varphi \in [\psi, \alpha_1) \\[3mm] \dfrac{(2\varphi - \pi)V_M + D\pi nV_L}{4D\pi f_d L_d} & \varphi \in \left[\alpha_1, \dfrac{\pi}{2}\right] \end{cases} \qquad (8.22)$$

对于阀串中的子模块开关管，其软开关特性由支路电流 i_s 决定。由图 8.9 可知，在阶梯波电压 v_{AB} 上升阶段，上管逐个开通，其 ZVS 实现条件为 $i_s > 0$；在 v_{AB} 下降阶段，下管逐个开通，其 ZVS 实现条件为 $i_s < 0$。因此，为了保证全部子模块开关管实现 ZVS 开通，v_{AB} 上升阶段内 i_s 最小值 I_{sumin} 应始终大于 0，而 v_{AB} 下降阶段内 i_s 最大值 I_{sdmax} 应始终小于 0。而 I_{sumin} 与 φ 取值密切相关，当满足图 8.9a 所示 $\psi < \varphi < \psi + (N-1)\theta$ 条件时，i_s 在 $\omega t = \varphi$ 处达到 I_{sumin}，因此开通时刻与 φ 相邻最近的第 k 个上管 ZVS 裕度最小。而当 $\varphi \leqslant \psi$ 或 $\varphi \geqslant \psi + (N-1)\theta$ 时，阀串中最先和最后导通的子模块上管最难实现 ZVS 开通。

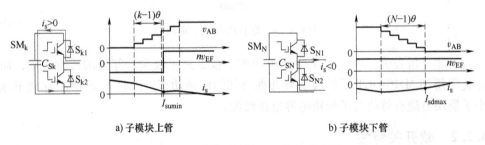

a) 子模块上管   b) 子模块下管

图 8.9 子模块开关管 ZVS 特性示意图

对于子模块中的下管，由于 i_s 在 v_{AB} 的下降阶段内保持递减，所以周期内最后一个开通的下管始终最难实现 ZVS 开通。

联立式 (8.4) ~ 式 (8.6) 及式 (8.17)，得到 I_{sumin} 和 I_{sdmax} 的表达式，分别如式 (8.23) 与式 (8.24) 所示，其中 P_t/V_{MV} 表示 i_M 的平均值 I_M；$k = \lceil (\varphi - \psi)/\theta \rceil$。

$$I_{sumin} = \frac{P_t}{V_M} - \begin{cases} \dfrac{(D\pi + (N-1)\theta + 2\varphi)nV_L - \pi V_M}{4\pi f_d L_d} & \varphi \in [0, \psi) \\[3mm] i_d(\varphi) & \varphi \in [\psi, \alpha_1) \\[3mm] \dfrac{((N-1)\theta - D\pi)(DnV_L + V_M) + 2D(\pi - \varphi)nV_L}{4D\pi f_d L_d} & \varphi \in \left[\alpha_1, \dfrac{\pi}{2}\right] \end{cases}$$

$$\hspace{10cm} (8.23)$$

$$I_{sdmax} = \frac{P_t}{V_M} - \frac{(2\varphi - (N-1)\theta - D\pi)nV_L + \pi V_M}{4f_d L_d} \qquad (8.24)$$

由式 (8.23) 和式 (8.24) 可以证明：$|I_{sumin}| \geqslant |I_{sdmax}|$ 在 $0 \leqslant \varphi \leqslant \pi/2$ 的范围

内始终成立。该结果说明，子模块上管的 ZVS 裕度大于下管，即下管更难实现 ZVS 开通。因此，只要保证每个周期内最后一个开通的子模块下管拥有足够的 ZVS 范围，即可保证所有的子模块开关管均可实现 ZVS 开通。需要说明的是，虽然在上述分析中忽略了 i_M 纹波，但是根据图 8.3 及 L_f 伏秒平衡关系，在 v_{AB} 上升阶段内，i_M 大于其平均值 I_M；在 v_{AB} 下降阶段内，$i_M < I_M$。因此，i_M 纹波实际上扩大了开关管 ZVS 范围，上述分析依然有效。

8.2.3　子模块电容均压特性

在采用高频类方波调制的方式下，M^2S^2DCT 中子模块电容电压均衡的分析及实现方法与传统 MMC 不同，图 8.10 所示为一个子模块开关周期内子模块电容充电及放电过程示意图。

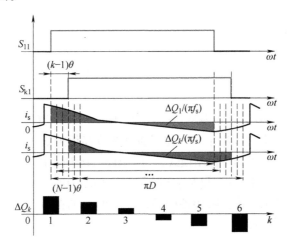

图 8.10　单周期内子模块电容充放电过程

对于该周期内第 k 个投入的子模块，其电容 C_{Sk} 接入支路的时间为 $[\psi + (k-1)\theta, \psi + (k-1)\theta + D\pi]$，此时流过 C_{Sk} 的电流即为电流 i_s，则该周期内 C_{Sk} 的电压变化量 ΔV_{CSk} 可以表示为式（8.25）。

$$\Delta V_{CSk} = \frac{\Delta Q_k}{C_{Sk}} = \frac{1}{\pi C_{Sk} f_s} \int_{\psi+(k-1)\theta}^{\psi+(k-1)\theta+\pi D} i_s(\alpha) d\alpha \tag{8.25}$$

此处为了简化分析，以子模块中各开关管均实现 ZVS 的情况为例进行说明。根据前述结论，在 v_{AB} 上升阶段内，$i_s > 0$；在 v_{AB} 下降阶段内，$i_s < 0$。且依据式（8.6），i_d 在 $\alpha_1 < \omega t < \alpha_2$ 区间内单调变化，因此，i_s 在 $\alpha_1 < \omega t < \alpha_2$ 区间内单调递减。此时，将 ΔQ_k 表示为式（8.26）。

$$\Delta Q_k = \int_{\psi+(k-1)\theta}^{\alpha_1} i_s(\alpha) d\alpha + \int_{\alpha_1}^{\alpha_2} i_s(\alpha) d\alpha + \int_{\alpha_2}^{\psi+(k-1)\theta+D\pi} i_s(\alpha) d\alpha \tag{8.26}$$

式（8.26）中的第一项始终为正，第三项始终为负。根据上述分析，k 越小，

ΔQ_k 越大（需要注意的是 ΔQ_k 是电荷变量，给电容充电时 ΔQ_k 为正，给电容放电时 ΔQ_k 为负，如图 8.10 的最下面一个横坐标所示），即周期内越先投入的子模块电容，其 ΔQ_k 越大。

当变换器处于稳态工作时，子模块阀串既不吸收功率，也不发出功率，那么一周期内所有子模块电容的电压变化量之和为 0，如式（8.27）所示。

$$\sum_{i=1}^{N} \Delta V_{\mathrm{CS}k} = 0 \qquad (8.27)$$

结合 $\Delta Q_1 \sim \Delta Q_N$ 的递减关系可知，每个开关周期 T_s 内，各模块的电容电压有增有减。如果各子模块始终保持同一投入位置，虽然 v_{AB} 的平均值保持不变，各电容电压将出现发散，无法实现变换器的正常运行。因此，需要根据 V_{CS} 的变化情况对各子模块开关管类方波调制信号相位进行调整，使电容电压保持均衡。

8.3 控制策略

8.3.1 功率/电压控制模式

根据式（8.12），在其他调制变量固定的条件下，$\mathrm{M}^2\mathrm{S}^2\mathrm{DCT}$ 的传输功率仅由高频变压器一、二次侧移相角 φ 决定，因此可通过调节移相角 φ 实现传输功率以及端口电压的控制。这里给出了两种控制模式，包括图 8.11a 所示的功率模式及图 8.11b 所示的端口电压模式。其中，P_{ref} 和 V_{ref} 分别为功率及端口电压给定值，P_t 和 V_t 则为端口功率和端口电压的采样值。限幅器的输出 φ_p 和 φ_v 的范围为 $[-\pi/2, \pi/2]$，即 P_t 关于 φ 的单调变化区间。

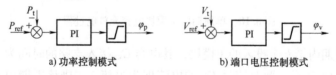

a) 功率控制模式　　　　　　　　b) 端口电压控制模式

图 8.11　功率/电压控制模式

8.3.2 子模块电容均压控制

对于模块化多电平结构，一般可直接对子模块电容电压采样排序，控制模块投入与切出顺序可以实现子模块电容电压均衡。然而，考虑到高电压应用场景下采样回路设计与维护的困难，以及高频通信及控制实现的复杂度，此方法存在一定局限。以下将对 $\mathrm{M}^2\mathrm{S}^2\mathrm{DCT}$ 中子模块电容的工作特性进行进一步分析，在发掘其自均压特性的基础上提出一种无需电压采样及闭环控制的自均压方法。

1. 子模块电容自均衡特性

下面将在 8.2.3 节中分析结果的基础上，对电容电压的自均衡特性进行进一步分析。由于稳态时支路电流 i_s 保持稳定，在不同周期内同一相对位置投入的子模块电容具有相同的电荷增量，即下式对于任意的整数 j 均成立。

$$\Delta Q_k = \int_{\psi+(k-1)\theta}^{\psi+(k-1)\theta+\pi D} i_s(\alpha)\,\mathrm{d}\alpha = \int_{\psi+(k-1)\theta+j\pi}^{\psi+(k-1)\theta+\pi D+j\pi} i_s(\alpha)\,\mathrm{d}\alpha \qquad (8.28)$$

根据图 8.2，当采用类方波调制时，阀串中共有 N 对移相角 θ 不同的上下管开关信号。如果每个子模块开关管在 N 个周期内均受到全部 N 对开关信号的触发，则各子模块电容在该 NT_s 区间段内的电荷变化量相同且均为 $\sum\limits_{k=1}^{N}\Delta Q_k$。定义这种类方波调制信号的分配方式为随机轮转调制（Random Rotation Modulation，RRM）。

考虑 SS_1 和 SS_4 导通区间内对应的 T_s，结合式（8.17），ΔQ_k 可以表示为式（8.29），表明投切顺序为第 k 个的子模块电容电荷变化量同时受中压侧输入电流 i_M 和传输电感电流 i_d 影响。

$$\Delta Q_k = \int_{\psi+(k-1)\theta}^{\psi+(k-1)\theta+\pi D} i_M(\alpha)\,\mathrm{d}\alpha - \int_{\psi+(k-1)\theta}^{\psi+(k-1)\theta+\pi D} i_d(\alpha)\,\mathrm{d}\alpha = \Delta Q_{M,k} - \Delta Q_{d,k}$$

$$(8.29)$$

忽略 i_M 纹波，可以得到 $\Delta Q_{M,k}$ 的表达式（8.30）。

$$\Delta Q_{M,k} = \frac{P_t}{V_M} \cdot \frac{D}{f_s} \qquad (8.30)$$

联立式（8.4）～式（8.6），可以得到 $\Delta Q_{d,k}$ 的表达式，如式（8.31）所示。

$$\Delta Q_{d,k} = \frac{1}{12ND\pi^2 f_s^2 L_d} \cdot$$

$$
\begin{cases}
\left((2k-N-1)\left(6ND\pi - \left(\begin{matrix} 2(N-k)^2 \\ +2k(N-1)+N \end{matrix} \right)\theta \right)\theta V_M \right. \\
\quad \left. -3ND\left(\begin{matrix} (\pi-2\varphi+(2k-N-1)\theta)^2 \\ -D(2-D)\pi^2 \end{matrix} \right)nV_L \right) & \begin{matrix} \varphi \in (\psi,\psi+N\theta),k<j \\ \varphi \in \left[\psi+N\theta,\frac{\pi}{2}\right],\forall k\in[1,N] \end{matrix} \\[4em]
\left((k+j-N-1)\left(6ND\pi - \left(\begin{matrix} 2(N-k)^2+j(2j-1) \\ +(N-k)(2j+1) \end{matrix} \right)\theta \right)\theta V_M \right. \\
\quad -3ND\left(\begin{matrix} ((N-k)^2+(k-1)^2-2(N-j)(j-1))\theta^2 \\ +(\pi-2\varphi)^2-D(2-D)\pi^2 \end{matrix} \right)nV_L \\
\quad \left. +6ND\left(\begin{matrix} (N+1)(\pi-2\varphi) \\ -(k-j)(D\pi-2\varphi)-2j\pi \end{matrix} \right)\theta nV_L \right) \\
\hfill \varphi \in (\psi,\psi+N\theta),k=j \\[3em]
\left((2k-N-1)\left(6ND\pi - \left(\begin{matrix} 2(N-k)^2 \\ +2k(N-1)+N \end{matrix} \right)\theta \right)\theta V_M \right. \\
\quad \left. +6ND^2\pi(2\varphi-(2k-N-1)\theta)nV_L \right) & \begin{matrix} \varphi \in (\psi,\psi+N\theta),k>j \\ \varphi \in [0,\psi],\forall k\in[1,N] \end{matrix}
\end{cases}
$$

$$(8.31)$$

将式（8.30）、式（8.31）代入式（8.29），可得式（8.32），表明当子模块开关管采用 RRM 时，NT_s 内全部子模块的电容电荷变化量均为 0。

$$\sum_{k=1}^{N} \Delta Q_k = 0 \qquad (8.32)$$

结合式（8.25），可以得到其电压变化量 $\sum_{k=1}^{N} \Delta V_{CSk}$ 同样为 0，且与电容容值无关。需要说明的是，虽然上述分析过程中忽略了 i_M 的影响，但根据阶梯波电压 v_{AB} 的对称性，依旧可以得到式（8.33），将其代入式（8.29），同样可以得到式（8.32），可证明上述分析的有效性。

$$\sum_{k=1}^{N} \Delta Q_{M,k} = N \frac{P_t}{V_M} \cdot \frac{D}{f_s} \qquad (8.33)$$

因此，M^2S^2DCT 可以通过类方波调制信号的轮转实现子模块电容均压，无需额外的电压采样及闭环控制，且不受电容容值差异及调制信号轮转顺序的影响。定义该方法的等效控制周期为 $T_b = NT_s$，则对于任一子模块，只要保证 T_b 内接收了完整的调制信号序列，即可实现均压，进一步降低对控制器实时性的要求。

图 8.12 为基于 RRM 的子模块均压控制示意图，其中 k_1，k_2，$\cdots$，k_N 为 0 ~ $(N-1)$ 按任意顺序构成的序列，其对应的内移相角序列 $k_1\theta$，$k_2\theta$，$\cdots$，$k_N\theta$ 则为各驱动信号与周期内第一个驱动信号的相位差。$1^{\#} \sim N^{\#}$ SM 表示图 8.12 中各顺序连接的子模块，其接收的 QSW 调制信号每隔 T_s 改变一次，总轮转周期为 NT_s。

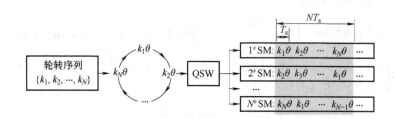

图 8.12　RRM 均压控制示意图

2. 电压纹波最优控制

在采用 RRM 控制时，虽然在轮转周期 NT_s 内，各子模块电容的电压变化量始终为 0，但是周期内电容电压的波动情况却受到轮转序列选取的影响。同样以 SS_1 和 SS_4 导通阶段内的子模块开关周期为例进行讨论。根据 8.2 节中的分析，当子模块中各开关管均满足 ZVS 条件时，T_s 内的电容电荷变化量 ΔQ_1，ΔQ_2，$\cdots$，ΔQ_N 依次递减，由正到负，满足式（8.34），该电荷变化量导致了每个 T_s 周期内子模块电容电压初始值的变化，即电压纹波中的低频分量。除此之外，子模块电容电压纹波还包含由于充放电造成的高频电压波动分量 ΔV_{Ce}，该高频分量几乎不受轮转序列影响，因此将其视为各周期内子模块电容电压波动的公共高频分量。

$$\begin{cases} \Delta Q_1 > \Delta Q_2 > \cdots > \Delta Q_N \\ \Delta Q_1 + \Delta Q_2 + \cdots + \Delta Q_N = 0 \end{cases} \tag{8.34}$$

定义 ΔV_{Cdm} 为 NT_s 内由 ΔQ_{dk} 引起的最大低频电压波动，其表达式为式（8.35）。

$$\Delta V_{Cdm} = \frac{1}{V_{CS}} \max\left\{ \sum_{k=1}^{1} \Delta Q_k, \sum_{k=1}^{2} \Delta Q_k, \cdots, \sum_{k=1}^{N} \Delta Q_k \right\} \tag{8.35}$$

全运行周期内电容的电压波动 ΔV_{Crp} 则定义为 NT_s 内电容电压最大值 V_{Csmax} 和最小值 V_{Csmin} 之差，ΔV_{Crp} 可分解为低频分量 ΔV_{Cdm} 与高频分量 ΔV_{Ce}，如式（8.36）所示。

$$\Delta V_{Crp} = V_{CSmax} - V_{CSmin} = \Delta V_{Cdm} + \Delta V_{Ce} \tag{8.36}$$

显然，均压序列选取的不同会导致 ΔV_{Cdm} 不同，从而对实际电压纹波产生影响。对于 $h^{\#}$ 子模块，定义其子模块上管开通时刻电压作为其该周期内的等效电压 V_{eh}，则有式（8.37）。

$$\Delta V_{Cdm} = \Delta V_{ehmax} = V_{ehmax} - V_{ehmin} \tag{8.37}$$

基于 ΔV_{ehmax} 和算法时间复杂度最小化的目标，本章提出了一种优化均压序列 S_{kop} 的实现方法，如图 8.13a 所示。首先，根据式（8.29）可以得到 ΔQ_k 的实时计算结果，将其划分为正负两个数组，对两个数组进行排序，可得与排序结果对应的移相角正序列 S_{Qap} 及负序列 S_{Qan}。其次，依据式（8.35），将反映低频波动的电荷累积变化量定义为 $S_Q = \sum_{i=1}^{j} \Delta Q_i (j = 1,2,\cdots,N)$。以 $|S_Q|$ 最小化为原则，从 S_{Qap} 和 S_{Qan} 依次选取对应的移相角构成优化移相序列 S_{kop}。最后，以 S_{kop} 作为载波移相调制的输入参数，产生各子模块开关管的驱动信号，实现子模块的均压控制。

为方便理解，$N = 6$ 为例进行具体说明，设 $\Delta Q_1 \sim \Delta Q_6$ 的计算结果为 $\Delta Q_k = [+4\Delta Q_0, +2\Delta Q_0, +\Delta Q_0, -1.5\Delta Q_0, -2.5\Delta Q_0, -3\Delta Q_0]$，如图 8.13b 所示，其中 ΔQ_0 为参考电荷量。选取第一个开通的上管驱动信号上升沿作为参考点，则初始移相序列为 $S_{k0} = [0, \theta, 2\theta, 3\theta, 4\theta, 5\theta]$。在后续算法中，根据移相角与电荷变化量一一对应的关系，S_{k0} 采用与 ΔQ_k 相同的变换方式，最终导出 S_{kop}。依据极性划分并采用升序排列后，由 ΔQ_k 导出电荷正序列 $\Delta Q_{ap} = [+\Delta Q_0, +2\Delta Q_0, +4\Delta Q_0]$ 以及负序列 $\Delta Q_{an} = [-1.5\Delta Q_0, -2.5\Delta Q_0, -3\Delta Q_0]$。而后，由 ΔQ_{ap} 的第一个元素开始，从 ΔQ_{an} 和 ΔQ_{ap} 交替抽取元素计算 $S_Q = \sum_{i=1}^{j} \Delta Q_i$ $(j=1, 2, \cdots, N)$ 并保留 $|S_Q|$ 较小的项，最终得到优化后的电荷变化量序列 $\Delta Q_{op} = [+\Delta Q_0, -1.5\Delta Q_0, +2\Delta Q_0, -2.5\Delta Q_0, +4\Delta Q_0, -3\Delta Q_0]$，同时得到 $S_{kop} = [2\theta, 3\theta, 1\theta, 4\theta, 0, 5\theta]$，最终得到如图 8.13c 所示的优化轮转示意图。上述优化算法中涉

及的计算与选取过程如表 8.1 所示，其中 S_{Qp} 和 S_{Qn} 分别表示由 ΔQ_{ap} 和 ΔQ_{an} 中取得元素后对应的 S_Q 计算结果。

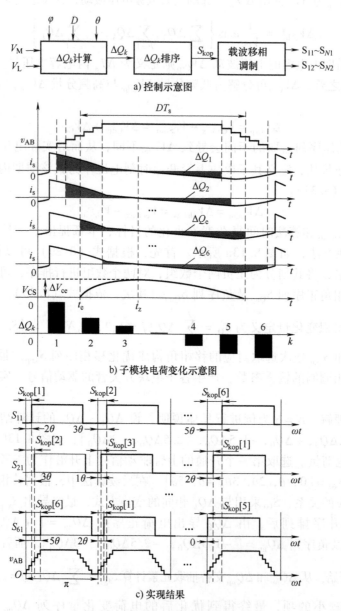

a) 控制示意图

b) 子模块电荷变化示意图

c) 实现结果

图 8.13 优化轮转均压控制策略（$N=6$）

表 8.1　优化算法流程示例

j	1	2	3	4	5	6
S_{Qp}	$+\Delta Q_0$	$+3\Delta Q_0$	$+1.5\Delta Q_0$	$+5.5\Delta Q_0$	$+3\Delta Q_0$	/
S_{Qn}	/	$-0.5\Delta Q_0$	$-3\Delta Q_0$	$-\Delta Q_0$	$-4\Delta Q_0$	0
$|S_Q|_{min}$	ΔQ_0	$0.5\Delta Q_0$	$1.5\Delta Q_0$	ΔQ_0	$3\Delta Q_0$	0
S_Q	ΔQ_0	$-0.5\Delta Q_0$	$+1.5\Delta Q_0$	$-\Delta Q_0$	$+3\Delta Q_0$	0
ΔQ_{op}	ΔQ_0	$-1.5\Delta Q_0$	$+2\Delta Q_0$	$-2.5\Delta Q_0$	$+4\Delta Q_0$	$-3\Delta Q_0$
S_{kop}	2θ	3θ	1θ	4θ	0	5θ

采用不同轮转序列时单个子模块电容均压效果如图 8.14 所示，可以看出，应用优化轮转序列可以减小电容电压的波动。如前所述，该优化方法本质是改变等效控制周期 NT_s 内 ΔQ_{dk} 的分布情况，从而减小电压低频波动量，在各 T_s 内高频分量 ΔV_{ce} 均相同的条件下，实现全周期内实际电压纹波 ΔV_{Crp} 的优化。该优化方法无需设置电压采样，且对各子模块电容值不同的情况同样有效。在算法的复杂度层面，该优化方法中只涉及一次排序算法，对控制器实时性的要求较低。

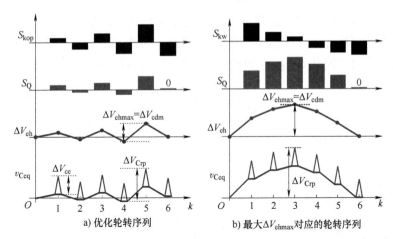

图 8.14　采用不同轮转序列时的均压效果

8.4　参数设计及仿真验证

8.4.1　M²S²DCT 参数设计

考虑中压直流配电网典型应用场景，依据以下具体规格进行参数设计：
1）中压侧直流端口额定电压 $V_M = 10\text{kV}$；
2）低压侧直流端口额定电压 $V_L = 750\text{V}$；
3）额定功率 $P_N = 1\text{MW}$；

4）串联开关器件工作频率 $f_\mathrm{d} = f_\mathrm{s}/2 = 20\mathrm{kHz}$。

根据图 8.1，阀串支路与各串联开关器件的电压应力相同，均为阶梯波电压 v_AB 峰值 $V_\mathrm{ABm} = V_\mathrm{M}/D$。对于 D 的取值，应同时考虑对阶梯波电压 v_AB 的 $\mathrm{d}v/\mathrm{d}t$ 限制，以及零电平区间大于串联开关管换流时间的要求，因此 D 的取值不应过大。通常，当 $\mathrm{M}^2\mathrm{S}^2\mathrm{DCT}$ 运行在高频开关状态时（>10kHz），D 的取值一般不超过 0.9，以维持 μs 尺度的零电平区间，保证串联开关器件的可靠关断及导通。由此可以确定串联子模块数量 N 及中压侧全桥各桥臂串联开关管数量 M，其表达式如下，其中，V_CSm 和 V_cem 分别表示子模块和串联器件中单个开关器件允许的最大电压。

$$\begin{cases} N = V_\mathrm{ABm}/V_\mathrm{CSm} \\ M = V_\mathrm{ABm}/V_\mathrm{cem} \end{cases} \tag{8.38}$$

根据中压侧滤波电感 L_f 的伏秒平衡原理，可以得到 i_M 纹波 ΔI_M 的表达式（8.39）。考虑一般情况下中压侧直流端口电流纹波要求，将允许的最大电流纹波值代入式（8.39），可以求得对应的 L_f 最小值。

$$\Delta I_\mathrm{M} = \frac{(1-D)V_\mathrm{M}}{D\pi f_\mathrm{s} L_\mathrm{f}}\left[D\pi - (N-1)\theta\right] \tag{8.39}$$

子模块电容容值可以依据其电压波动大小进行确定，基于 $\mathrm{M}^2\mathrm{S}^2\mathrm{DCT}$ 软开关特性，当所有子模块开关管均能实现 ZVS 开通时，每个周期内第一个投入的子模块电容具有最大电压波动 ΔV_CSm，如式（8.40）所示，其中 α_z 表示电流 i_s 的过零点。

$$\Delta V_\mathrm{CSm} = \frac{\int_\psi^{\alpha_\mathrm{z}} i_\mathrm{s}(\alpha)\mathrm{d}\alpha}{C_\mathrm{S}} \tag{8.40}$$

联立式（8.4）~式（8.6）、式（8.11）及式（8.40），可以得到 ΔV_CSm 的表达式如下：

$$\begin{cases} \Delta V_\mathrm{CSm} = \dfrac{1}{1152Df_\mathrm{d}^2 L_\mathrm{d}\pi^4 J_1 C_\mathrm{S}} \cdot \\ \qquad \begin{pmatrix} 36\pi^2(2\varphi + \pi(D-1) + (N-1)\theta)\begin{pmatrix} (\pi(1+D) - 2\varphi)J_1 \\ + (2\pi(D-1) + (N-1)\theta)DnV_\mathrm{L} \end{pmatrix}J_1 \\ - (J_2 + 12\pi\varphi nV_\mathrm{L})^2 + 36\pi^2((\pi - 2\varphi)J_1)^2 + 2J_2\begin{pmatrix} J_2 - 6\pi(\pi D + (N-1)\theta)J_1 \\ + 12\pi D\varphi nV_\mathrm{L} \end{pmatrix} \end{pmatrix} \\ J_1 = V_\mathrm{M} - DnV_\mathrm{L} \\ J_2 = (3\pi^2(1-D)^2 + 12\varphi^2 - 12\pi\varphi + (N^2-1)\theta^2)nV_\mathrm{L} \end{cases} \tag{8.41}$$

将最大中压侧端口电压 V_M、额定功率 P_N 对应的移相角 φ 及最大电压纹波 ΔV_CSm 代入式（8.41），即可得到 C_S 的下限值，使得全运行范围内电容电压纹波不超过规定的上限。

基于 $P_\mathrm{N} = 1\mathrm{MW}$ 和 $V_\mathrm{M} = 10\mathrm{kV}$ 的额定运行状态，对隔离变压器电压比 n 和传输

电感 L_d 的取值进行具体分析。依据式（8.22）~ 式（8.24），可以得到 $\mathrm{M^2S^2DCT}$ 中不同开关管 ZVS 范围关于 n 和 L_d 的变化曲线，图 8.15a、b 及 c 分别给出了电流 I_sumin、I_sdmax 和 $ni_\mathrm{d}(\varphi)$ 的变化曲线。其中，I_sumin 和 I_sdmax 反映了子模块上管和下管的最小 ZVS 范围，而 $ni_\mathrm{d}(\varphi)$ 为低压侧开关管的开通电流。从图中可以看出，与软开关特性分析结论一致，子模块中上管的 ZVS 范围比下管更大。同时，n 的取值对各开关管软开关特性有着更显著的影响。随着 n 的增大，子模块中开关管 ZVS 范围减小，而低压侧开关管 ZVS 范围则随之增大。因此，为了保证全部开关管均具有足够的 ZVS 范围，需要优先确定 n 的取值。

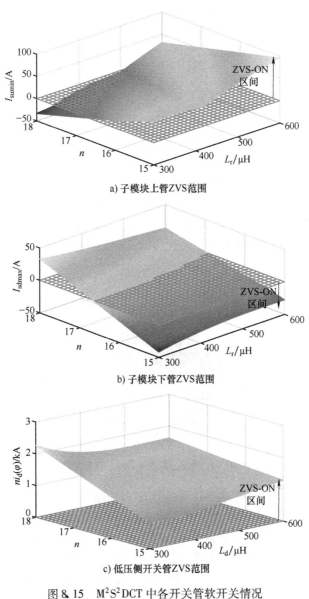

a) 子模块上管ZVS范围

b) 子模块下管ZVS范围

c) 低压侧开关管ZVS范围

图 8.15　$\mathrm{M^2S^2DCT}$ 中各开关管软开关情况

子模块及低压侧全桥中开关管的电流应力取决于阀串支路电流峰值 I_{sm} 及传输电感电流峰值 I_{dm}。根据 M^2S^2DCT 工作原理，I_{dm} 可能出现在 $\omega t = \varphi$ 或 $\omega t = \alpha_2$ 处，联立式（8.4）~式（8.6）及式（8.22），得到其表达式如下：

$$I_{dm} = \max\{i_d(\varphi), i_d(\alpha_2)\} \tag{8.42}$$

$$i_d(\alpha_2) = \frac{(D\pi - (N-1)\theta)(DnV_L - V_M) + 2\varphi nV_L}{4D\pi f_d L_d} \tag{8.43}$$

根据一、二次侧全桥移相角 φ 的大小关系，阀串支路电流的最大值 I_{sm} 可能出现在 $\omega t = 0$ 或 $\omega t = \alpha_1$ 时刻，其表达式如下，其中 $J = (N-1)\theta V_M - D\pi V_M$，$K = D(2\varphi - (N-1)\theta)nV_L$。

$$I_{sm} = \max\{i_s(0), i_s(\alpha_1)\} \tag{8.44}$$

$$i_s(0) = \frac{P_t}{V_M} - I_{d0} \tag{8.45}$$

$$i_s(\alpha_1) = \frac{P_t}{V_M} - \begin{cases} \dfrac{J + K + D^2\pi nV_L}{4D\pi f_d L_d} & \varphi \in [0, \alpha_1) \\[3mm] \dfrac{J - K + D(2-D)\pi nV_L}{4D\pi f_d L_d} & \varphi \in \left[\alpha_1, \dfrac{\pi}{2}\right] \end{cases} \tag{8.46}$$

根据式（8.42）和式（8.44），可以得到 I_{sm} 和 I_{dm} 关于 n 和 L_d 的变化曲线，如图 8.16 所示。根据图 8.15，为保证全部开关管均满足 ZVS 条件，n 的取值应不超过 17，在该范围内，当 L_d 较大时，$I_{sm} > I_{dm}$，而当 L_d 较小时，存在 $I_{sm} < I_{dm}$。因此，L_d 可根据子模块及低压侧开关管的电流应力进行折中选取。

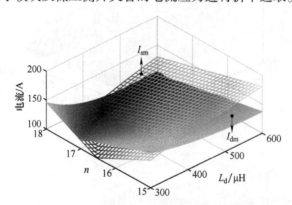

图 8.16　I_{sm} 和 I_{dm} 关于 n 和 L_d 的变化曲线

根据式（8.11），若 SS_1 和 SS_4 导通区间内传输电感电流满足条件 $i_d(\psi) > 0$，则表明变换器运行过程中不存在由中压侧全桥至子模块支路的回流功率，可进一步降低阀串支路损耗及对电容容值的要求。基于式（8.4）~式（8.6），以 $i_d(\psi) = 0$ 得到边界条件如图 8.17 所示。两条曲线代表不同功率状态；l_1 表示 $P_t = 1MW$；l_2 表示 $P_t = 0.8MW$。由图 8.17 可知，在相同的参数下，传输功率越大，功率回流的现象越显著。且随着运行状态变化，在 n 较大且 L_d 较小的区间内更容易满足 $i_d(\psi) > 0$，从而实现回流功率抑制的目标。因此，设计中应该按照额定功率状态对应的回流功率边界条件对 n 和 L_d 的取值进行进一步调整。

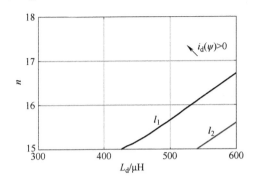

图 8.17　$i_d(\psi)$ 边界条件关于 n 和 L_d 的变化情况

综合上述讨论，可以将参数设计流程总结如图 8.18 所示。

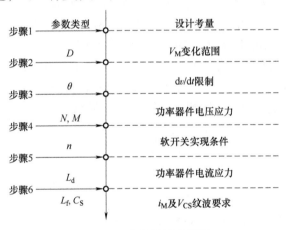

图 8.18　参数设计流程图

8.4.2　仿真验证

根据上述参数设计方法，得到了该运行场景下 M^2S^2DCT 的主要参数如表 8.2 所示。以此为基础，本节采用 PLECS 搭建仿真模型对理论分析内容进行验证。

表 8.2　参数设计表

参数	取值
中压侧端口电压 V_M/kV	10
低压侧端口电压 V_L/V	750
额定功率 P_N/MW	1

（续）

参数	取值
串联子模块数量 N	6
串联开关管数量 M	6
子模块电容 $C_S/\mu F$	4
中压侧滤波电感 L_f/mH	6
传输电感 $L_d/\mu H$	500
隔离变压器电压比 n	16.5:1
全桥开关管开关频率 f_d/kHz	20
子模块开关管开关频率 f_s/kHz	40
最小 QSW 移相角 $\theta_{min}/(°)$	1.8

图 8.19 所示为不同功率条件下高频变压器交流回路主要波形，中压侧全桥交流端口电压 v_{CD} 为含有零状态的 13 电平类方波电压，低压侧全桥交流端口等效至一次侧的电压，nv_{EF} 则为两电平方波电压，其峰值为 12.3kV。子模块上管驱动信号的占空比 D 为 0.75，可得 v_{CD} 的峰值电压为 13.3kV。i_d 正负对称，在满载情况下峰值为 118A，空载情况下峰值为 59.3A。在单移相控制下，一、二次侧全桥移相角 φ 随传输功率的降低而减小，且在空载情况下 $\varphi = 0$，表现为 nv_{EF} 上升沿与 v_{CD} 零电平区间中点重合。此外，在 nv_{EF} 上升沿处，即低压侧全桥 Q_2、Q_3 关断、Q_1、Q_4 开通时刻，i_d 为正值，因此低压侧开关管可以实现 ZVS 开通。

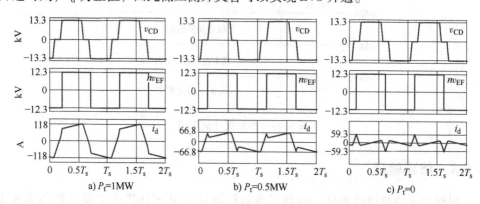

图 8.19　不同功率条件下高频变压器交流回路主要工作波形

图 8.20 所示为不同功率条件下子模块支路主要电压和电流波形，支路端口电压 v_{AB} 为含有零电平区间的 7 电平类方波电压，峰值为 13.3kV。支路电流 i_s 中含有直流分量，且有效值和峰值随传输功率的降低而减小。在 v_{AB} 上升阶段内，i_s 始终大于 0；在 v_{AB} 下降阶段内，i_s 始终小于 0。该结果说明子模块上管与下管均可实现 ZVS 开通，且最后一个开通的子模块下管开通电流最小，因此其软开关条件最苛

刻。在闭环均压方式下，各子模块电容电压可以保持均衡，其平均值为2222.2V，且纹波小于±1%的额定值，与设计要求一致。

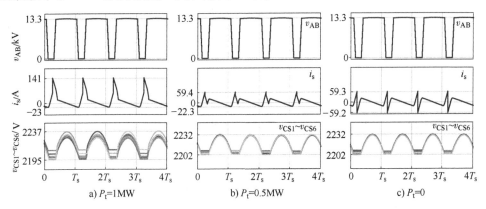

a) $P_t=1MW$ b) $P_t=0.5MW$ c) $P_t=0$

图8.20 不同功率条件下子模块支路主要工作波形

图8.21所示为中压侧全桥上下桥臂中单个串联开关管的工作情况，其中上下串联开关管的驱动信号分别为 v_{ge1} 和 v_{ge2}，承受电压分别为 v_{ce1} 和 v_{ce2}。从图中可以看出，各串联开关管驱动信号上升沿及下降沿处于 v_{AB} 零电平区间内，因此始终工作在零电压开通与关断条件下，且开关器件电压应力均为 v_{AB} 峰值的1/6。

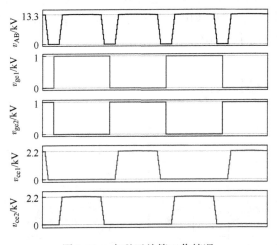

图8.21 串联开关管工作情况

图8.22为额定电压及功率状态下采用不同轮转方式时 1# 子模块主要仿真波形，包括子模块上管驱动信号 v_{ge11}、支路端口电压 v_{AB} 以及电容电压 v_{CS1}。可以看出，采用轮转排序方法时子模块电压均可保持稳定，平均值为额定电压2.2kV。而采用优化轮转序列时，通过调节每个子模块开关周期 T_s 内 v_{ge11} 相对于 v_{AB} 的相位，将电容电压的最大电压波动由58V减小到42V。

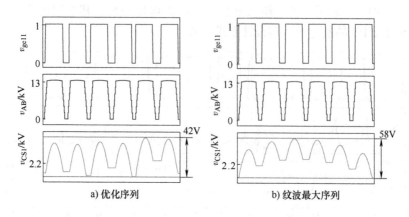

图 8.22　不同轮转序列下子模块电容电压仿真波形

图 8.23 所示为变换器功率动态过程主要波形，其中图 8.23a 所示为低压侧母线电压控制模式，在 0.2s 时，负载功率由半载（500kW）突增至满载（1MW），在 0.3s 时重新回到 500kW。在该过程中，V_L 在经历约 10ms 的调节过程后重新稳定在额定值 750V。图 8.23b 所示为功率控制模式下，传输功率给定值在 0.3s 时从 1MW 突变至 200kW，而后在 0.5s 时突变至 −1MW 的调节过程。可以看出，M^2S^2DCT 具备功率双向传输的能力，通过调节 φ 实现传输功率跟随给定变化的目标。在上述动态过程中，子模块电容电压的稳态电压平均值维持在 2.2kV，稳态纹波小于 42V，最大波动小于 70V。

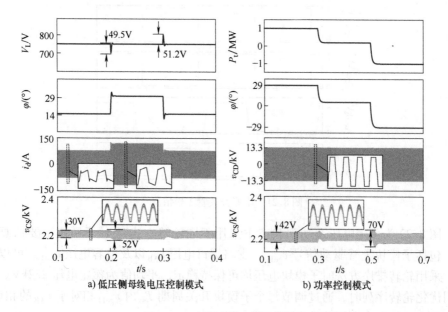

图 8.23　功率动态过程仿真波形

8.5　实验验证

8.5.1　样机平台

在实验室中搭建了 M^2S^2DCT 样机平台进一步验证其运行原理及特性，主要参数如表 8.3 所示。控制部分则包含驱动电路、采样电路及 DSP 控制器（TMS320F28377D）。此外，样机中各类开关管的选型如下：

1）子模块开关管：Infineon/IPW60R055CFD7（30A/650V）；

2）中压侧串联开关管：Infineon/IKW50N60T（50A/600V）；

3）低压侧开关管：Infineon/IKW50N60T（50A/600V）。

表 8.3　实验样机参数设置情况

参数	数值
中压侧额定电压 V_M/V	600
低压侧额定电压 V_L/V	200
额定功率 P_N/kW	4
子模块数量 N	6
串联开关管数量 M	2
子模块电容 $C_S/\mu F$	10
中压侧滤波电感 L_f/mH	3
传输电感 $L_d/\mu H$	150
变压器匝比 n	32:10
全桥开关频率 f_d/kHz	20
子模块开关频率 f_s/kHz	40
死区时间 t_d/ns	500

8.5.2　实验结果

图 8.24 所示为 $V_M=600V$ 条件下主要工作波形。图 8.24a 为满载（$P_t=4kW$）情况下高频变压器交流回路波形，中压侧全桥交流端口电压 v_{CD} 为含有零电平的双极性类方波电压，峰值为 750V，零电平区间长度为 2.5μs，上升及下降阶段内每个电压阶梯的长度为 500ns。低压侧全桥交流端口电压 v_{EF} 为双极性方波电压，峰-峰值为 400V。L_d 的电流峰值 I_{dm} 为 12.9A。一、二次侧全桥移相角 φ 约为 12°，子模块上管驱动信号的占空比为 0.8。图 8.24b 所示为该周期内最后一个开通的子模块下管工作波形，可以看出其开通时刻支路电流 i_s 小于 0，说明其可以实现 ZVS，进一步说明全部子模块中开关管均可实现 ZVS 开通。v_{AB} 为含有零电平区间的单极性类方波，峰值为 750V，i_s 峰值约为 9A。图 8.24c 所示为半载（$P_t=2kW$）情况

下的工作波形，v_{CD} 与满载情况保持一致，I_{dm} 为 9.8A，I_{sm} 为 6.8A，φ 约为 6°。此外，在 v_{CD} 的上升阶段内，i_s 大于 0，而在 v_{CD} 的下降阶段内，i_s 小于 0，且 v_{EF} 的上升沿处 $i_d > 0$，该结果说明变换器中的全部开关管均可实现 ZVS 开通。

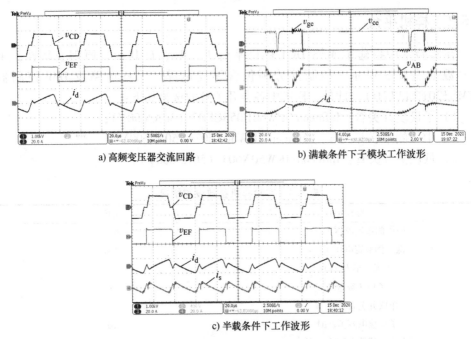

a) 高频变压器交流回路

b) 满载条件下子模块工作波形

c) 半载条件下工作波形

图 8.24　$V_M = 600V$ 条件下正向功率传输稳态工作波形

图 8.25 所示为工作在反向功率传输状态下的主要波形，其中图 8.25a 为满载情况，图 8.25b 为半载情况。与功率正向状态一致，v_{CD} 为双极性类方波电压，峰值为 750V，v_{EF} 为两电平方波，峰值为 200V。i_d 与 i_s 的峰值和有效值均与同功率正向传输状态下接近。类似的，根据 v_{CD} 上升和下降过程中 i_s 的正负，以及 v_{EF} 与 i_d 的关系，可以判断各开关管均工作在 ZVS 开通状态下。

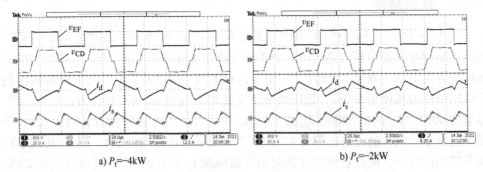

a) $P_t = -4kW$

b) $P_t = -2kW$

图 8.25　$V_M = 600V$ 条件下反向功率传输稳态工作波形

图 8.26 所示为 $V_M = 600V$、$P_t = 4kW$ 额定状态下中压侧串联开关管的工作情况，同一桥臂中的两个串联开关管可以在同一驱动信号控制下实现可靠开通与关断，不存在动态均压问题。各开关管的关断电压峰值均为 375V 左右，为 v_{AB} 最大值的一半。通过在每个开关管上并联 1nF 均压电容的方式，实现了同一桥臂内两开关管关断状态下的电压均衡，两者的偏差均小于 2%。

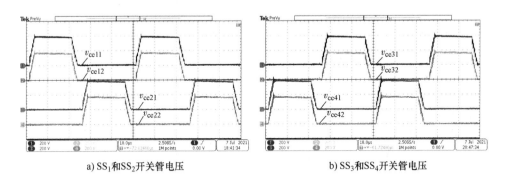

a) SS$_1$和SS$_2$开关管电压   b) SS$_3$和SS$_4$开关管电压

图 8.26 中压侧串联开关管工作情况

图 8.27 所示为开环轮转均压控制下子模块电容电压的实验波形，可以看出，所提控制方法可以实现子模块电容电压的均衡。各电容的平均电压均为额定值 125V 上下，且最大值（127.5V）和最小值（122.8V）之间的电压偏差为 4.7V，小于 5% 额定电压。由于实际应用过程中驱动信号的一致性问题和回路寄生参数的影响，各电容电压无法保证完全一致，在实际应用中有必要保证开关器件与子模块电容的一致性，以提升均压效果。

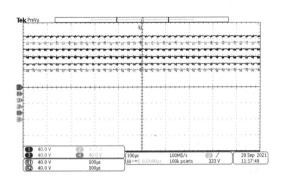

图 8.27 轮转均压方式下子模块电容电压波形

进一步地，如图 8.28 所示，当采用图 8.28a 中的优化轮转序列时，电容电压的最大波动约为 3.5V；而当采用图 8.28b 所示一般轮转序列时，电容电压的最大波动为 4.8V。因此，采用优化序列能够降低约 30% 的电压波动，该结果与理论以及仿真结果相一致。

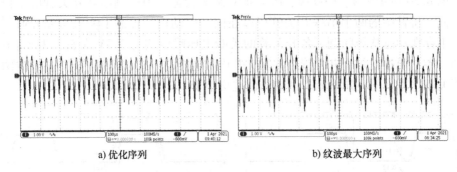

a) 优化序列   b) 纹波最大序列

图 8.28   不同轮转序列下子模块电容电压波形

图 8.29 所示为 $V_M = 600V$ 时负载功率由 2kW 跳变至 4kW 时的主要波形。可以看出实现了负载动态过程中端口电压的稳定，其波动小于 18V。在调节过程中，i_d 由 9.8A 增大至 13A，最大波动小于 1.5A，且持续时间小于 20ms。

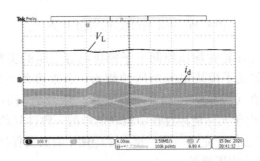

图 8.29   负载突变情况下主要波形

图 8.30 所示为实验样机的效率曲线，样机在较宽的功率范围内可达到较高的运行效率，且在满载情况下达到最高点 95.7%。

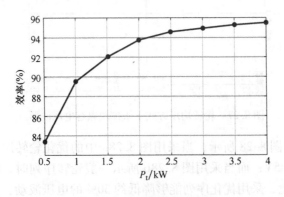

图 8.30   实验样机效率曲线

8.6 本章小结

本章提出了一种模块化多电平-串联开关组合式直流变压器拓扑，结合了模块化多电平结构与高压串联开关器件结构的优势，在减小子模块数量的同时，实现了串联开关管的可靠驱动。本章详细分析了该直流变压器的工作原理、软开关特性与均压特性，并提出了相应的功率/电压控制与子模块电容均压策略，以及关键参数设计方法，最后结合仿真与实验，验证了该直流变压器与控制策略的可行性，以及理论分析的正确性。

模块化多电平-串联开关组合式
直流变压器的宽电压高效控制

第 8 章提出了一种模块化多电平-串联开关组合式直流变压器（M²S²DCT），其结合了模块化多电平换流器与串联开关器件的优点，可以提高直流变压器的功率密度，但在第 8 章中只采用了经典的单移相（SPS）控制策略，当直流变压器端口电压不匹配或在轻载情况下，单移相控制策略具有电流应力大、易丢失软开关等不足。针对该问题，本章提出了基于子模块类方波调制改进的软开关优化控制、基于低压侧全桥内移相的电感电流优化控制以及基于中压侧全桥换流移相的阀串支路电流优化控制三种控制策略，实现了 M²S²DCT 宽电压宽负载范围内的高效运行。

9.1 基于子模块类方波改进调制的软开关及支路电流优化控制

为方便分析与对比，将 M²S²DCT 及其 SPS 控制策略与主要工作波形重画，如图 9.1 所示。对于 DAB 型变换器，端口电压不匹配会导致开关管软开关特性丢失、电流应力及回流功率增大等现象产生，对运行效率及可靠性产生负面影响。对于 M²S²DCT，虽然中压侧串联开关管始终工作在零电压开关状态，但低压侧全桥和子模块中开关管的 ZVS 实现仍旧与端口电压密切相关。以传输功率较大，即 $\varphi > \alpha_1$ 的情况为例，对于低压侧各开关管，由式（8.22）可以得到，实现 ZVS 时（$i_d(\varphi) > 0$）中压侧端口电压 V_M 应满足的条件式（9.1）：

$$V_M < \frac{D\pi}{\pi - 2\varphi} n V_L \tag{9.1}$$

显然，当 V_M 过高时，容易出现低压侧开关管 ZVS 丢失的情况。若此时能够适当增大子模块上管开关占空比 D，则可以使软开关特性得到保持。对于子模块中各开关管，根据式（8.24），忽略 θ 的影响，可以得到软开关条件对应的 V_M 关系式（9.2）。

$$V_M > \left(D - \frac{(2\varphi - (1 - D)\pi)^2}{2D\pi^2} \right) n V_L \tag{9.2}$$

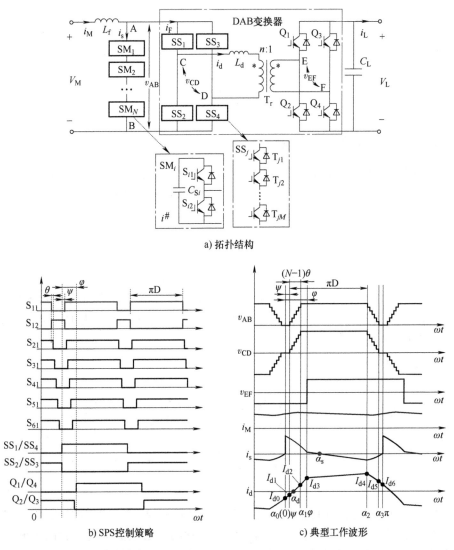

图 9.1 M^2S^2DCT 拓扑结构、SPS 控制策略及主要工作波形

V_M 过低时，子模块中各开关管的 ZVS 特性将难以得到保持。由式（9.2）可知，如果此时能够使 D 对应减小，则可以使得 ZVS 条件得到满足。针对中压侧端口电压变化导致 ZVS 开通丢失的问题，本章对阀串子模块类方波调制策略进行改进，以提升直流变压器宽电压范围运行性能。

9.1.1 动态占空比控制策略

由子模块电容电压表达式（8.2）可知，在中压侧直流电压 V_M 变化的情况下，通过调节各子模块上管的驱动信号占空比 D 按照式（9.3）变化，可以保持阀串端

口阶梯波电压 v_{AB} 的峰值 V_{ABm} 为额定值，从而保持传输电感 L_d 两侧电压峰值之比 V_{ABm}/nV_L，即 DAB 变换器的等效电压传输比不变，以使各开关管实现 ZVS。同时，该控制策略可以将各子模块中电容和开关管电的压应力保持在额定状态，不受 V_M 变化的影响。

$$D = \frac{V_M}{V_{ABm}} \tag{9.3}$$

9.1.2 动态内移相控制策略

除了阀串子模块的占空比 D 外，其子模块移相角 θ 的选取同样影响着 M^2S^2DCT 运行特性。由式（8.44）可得 $dI_{sm}/d\theta < 0$，即阀串支路电流应力 I_{sm} 随 θ 的增大而减小，此外，θ 增大还有利于减小阶梯波电压的 dv/dt。而由式（8.24）可知，阶梯波 v_{AB} 下降阶段内阀串支路最大电流 I_{sdmax} 满足关系 $dI_{sdmax}/d\theta > 0$，即 θ 越大，子模块下管的 ZVS 裕度越小。那么，在保证开关管 ZVS 开通的前提下，θ 应尽可能取大，以降低子模块开关管电流应力与损耗。

根据式（8.24），由于 θ 的取值远小于 $D\pi$，在计算子模块开关管 ZVS 边界时忽略 θ^2 项，可得到 $I_{sdmax} = I_{sdzvs}$ 的近似解 θ_z 如下，其中 I_{sdzvs} 为子模块下管实现 ZVS 需要的最小反向电流。

$$\theta_z = \begin{cases} \dfrac{(V_M - DnV_L + 4f_d L_d I_{sdzvs})\pi}{(N-1)nV_L} & \varphi \in [0, \psi) \\[3mm] \dfrac{k((1-D)\pi - 2\varphi)^2 nV_L - 2ND^2\pi^2 nV_L + 2D\pi^2(NV_{MV} + 4f_d L_d I_{sdzvs})}{2(2k(k-N)\varphi + (DN(N-1) + k(N-k)(1-D))\pi)nV_L} & \varphi \in [\psi, \alpha_1) \\[3mm] \dfrac{((1-D)\pi - 2\varphi)^2 nV_L - 2D^2\pi^2 nV_L + 2D\pi^2(V_M + 4f_d L_d I_{sdzvs})}{2\pi D(N-1)nV_L} & \varphi \in \left[\alpha_1, \dfrac{\pi}{2}\right) \end{cases} \tag{9.4}$$

因此，当端口电压和传输功率变化时，只要满足 $\theta < \theta_z$，即可保证所有子模块开关管均可实现 ZVS。此外，考虑到子模块下管的开通电流即为上管的关断电流，该种调制策略的使用可以进一步减小子模块上管的关断损耗。在动态调节过程中，为了保持 v_{AB} 为含有足够零电平和最高电平区间的 N 电平阶梯波电压，θ 的取值不能超过其上限值 θ_{lim}，表达式如下，其中 t_{stz} 为零电平区间的最小时间长度，t_{sth} 为最高电平的最小时间长度。

$$\theta_{lim} = \min\left\{\frac{(1-D) - t_{stz}f_s}{N-1}\pi, \frac{D - t_{sth}f_s}{N-1}\pi\right\} \tag{9.5}$$

综上，θ 的取值为由式（9.4）实时计算得到的 θ_z，以在保证子模块开关管 ZVS 特性的情况下尽可能减少阀串电流应力和阶梯波电压的 dv/dt，提升运行可靠性和效率。同时，θ 取值的上限为 θ_{lim}，即在 $\theta_z > \theta_{lim}$ 的情况下，$\theta = \theta_{lim}$，以保证 DCT 正常运行。

图 9.2 所示为采用改进类方波调制方法后 M^2S^2DCT 中各开关管软开关裕度情况，其中三个曲面 I_{sumin}、I_{sdmax} 及 $i_d(\varphi)$ 的表达式依次为式（8.23）、式（8.24）和式（8.22），分别反映了子模块上管、子模块下管及低压侧开关管的 ZVS 范围。由图 9.2 可知各类开关管均可在全工作范围内实现 ZVS 开通。与前述分析结论一致，随着 V_M 升高，子模块开关管软开关范围将扩大，而低压侧开关管软开关范围将减小。在轻载情况下，即中低压侧全桥移相角 $\varphi \leqslant \psi$ 时，由于电感电流 i_d 的对称性，子模块上管和下管拥有相同的软开关裕度。而随着 φ 进一步增大，上管的软开关裕度逐渐大于下管，与 8.2 节分析结论一致。并且采用动态内移相控制策略后，上管的关断电流将始终保持在对应下管的最小软开关电流 I_{sdzvs}，进一步降低开关损耗。

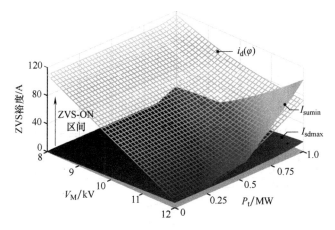

图 9.2　M^2S^2DCT 全运行范围内各开关管软开关情况

9.1.3　仿真及实验验证

图 9.3 所示为满载条件下 V_M 在 400ms 内由 8kV 线性增加至 12kV 时 M^2S^2DCT 主要仿真波形，在上述子模块动态占空比及移相控制方式下，随着 V_M 上升，D 由 0.6 线性增加至 0.9，θ 由 θ_z 变化至 θ_{lim}，始终维持开关管 ZVS 特性，并优化电流应力。在全运行范围内，v_{CD} 峰值始终为 $V_{ABm} = 13.3kV$，各功率器件电压应力保持不变，低压侧母线电压 V_L 保持稳定，无明显波动。而子模块电容电压平均值始终保持在额定值 2222V，其纹波随 V_M 的上升而增大，由 25V 上升到 72V。

图 9.4 所示为 $V_M = 450V$ 条件下样机实验主要波形。图 9.4a 为满载情况下高频变压器主要波形，与第 8 章中 $V_M = 600V$ 情况相似（见图 8.24），v_{CD} 峰值为 750V，零电平区间长度为 8.5μs，上升及下降阶段内每个电压阶梯时间为 300ns，v_{EF} 峰-峰值为 400V，I_{dm} 为 15.8A，φ 约为 15°，D 为 0.6。图 9.4b 所示为该周期内最后一个开通的子模块下管工作波形，可以看出其开通时刻的支路电流 i_s 小于 0，

说明其可以实现 ZVS，那么全部子模块中的开关管均可实现 ZVS 开通。v_{AB} 峰值同样为 750V，I_{sm} 约为 9A。图 9.4c 所示为半载（$P_t = 2kW$）情况下的工作波形，v_{CD} 与满载情况保持一致，I_{dm} 为 15.5A，I_{sm} 为 18A，φ 约为 8°。在 v_{CD} 上升阶段内，i_s 始终大于 0，而在 v_{CD} 下降阶段内，i_s 始终小于 0，且 v_{EF} 的上升沿处 $i_d > 0$，说明 M^2S^2DCT 中全部开关管均可实现 ZVS 开通。

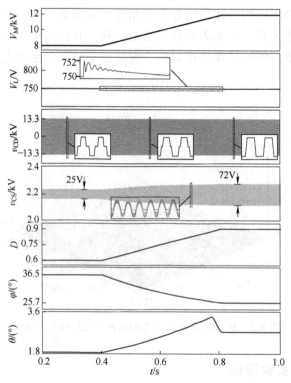

图 9.3 V_M 变化时 M^2S^2DCT 主要仿真波形

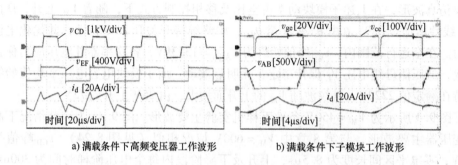

a) 满载条件下高频变压器工作波形   b) 满载条件下子模块工作波形

图 9.4 $V_M = 450V$ 条件下稳态工作波形

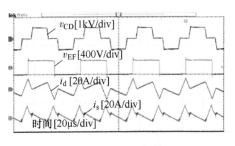

c) 半载条件下工作波形

图 9.4　$V_M = 450V$ 条件下稳态工作波形（续）

图 9.5 所示为 M^2S^2DCT 工作在反向功率传输状态下的主要波形，其中图 9.5a 为满载情况，图 9.5b 为半载情况，$V_L = 200V$，$V_M = 450V$。与 $V_M = 600V$ 类似，低压侧全桥超前于中压侧全桥，φ 为负值。v_{CD} 峰值保持 750V，v_{EF} 峰值为 200V，而 i_d 与 i_s 的峰值和有效值均与同功率正向传输状态下接近。根据 v_{CD} 上升和下降过程中 i_s 的正负情况，以及 v_{EF} 与 i_d 的位置关系可以判断各开关管均能够实现 ZVS 开通。

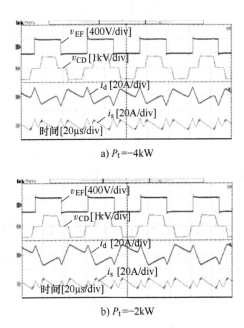

a) $P_t = -4kW$

b) $P_t = -2kW$

图 9.5　$V_M = 450V$ 反向功率传输情况

图 9.6 所示为 40ms 内 V_M 由 450V 线性增加至 650V 过程中，电压、电流及控制变量变化情况。在变化过程中，V_L 及 v_{CD} 峰值分别保持 200V 和 750V 不变，无

明显波动。I_{dm}由 16A 减小至 12A 并保持稳定，以保持功率为 4kW 不变。D 跟随 V_M 由 0.6 线性增加至 0.87，φ 则由 15.2° 减小至 7.5°，θ 先由 2.88° 增加至最大值 3.96°，而后减小至 1.87°，上述结果与理论分析及仿真结果一致。

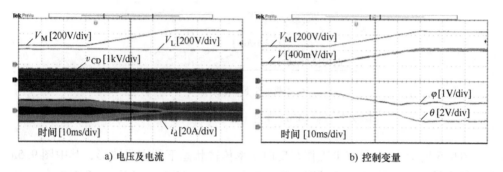

a) 电压及电流   b) 控制变量

图 9.6 V_M 变化时主要工作波形

9.2   基于低压侧全桥内移相的电流优化控制

上述基于子模块类方波改进调制的软开关及支路电流优化控制的应用，拓宽了 M^2S^2SCT 在端口电压变化情况下的 ZVS 范围，优化了电流应力。然而，在 V_M 较低时，子模块中上开关管的开关信号占空比 D 较小，周期内各子模块电容投入时间较短，使得阶梯波电压 v_{AB} 含有较长的零电平区间。在零电平区间内，无法实现功率传输，电感电流 i_d 和中压侧输入电流 i_M 经阀串支路与串联开关器件续流，增加了导通损耗。尤其是在轻载情况下，移相角 φ 较小，使得低压侧全桥交流端口电压 v_{EF} 在零电平区间内翻转，导致 i_d 先增大后减小，从而在电压上升沿处产生电流尖峰 I_{dmc}，增加了开关管电流应力。针对这一问题，本节提出一种基于低压侧全桥内移相的电流优化控制，以改善低电压及轻载情况下 M^2S^2DCT 性能。

9.2.1   低压侧全桥内移相控制下 M^2S^2DCT 工作原理分析

对于 M^2S^2DCT，当低压侧全桥采用内移相时，根据内移相角 φ_s 的不同，其交流端口电压 v_{EF} 的表达式不同。当 $0<\varphi_s<\varphi$ 时，v_{EF} 的表达式如式（9.6）所示。

$$v_{EF} = \begin{cases} -V_L & \omega t \in [0,\varphi-\varphi_s) \\ 0 & \omega t \in [\varphi-\varphi_s,\varphi) \\ V_L & \omega t \in [\varphi_s,\pi) \end{cases} \tag{9.6}$$

当 $\varphi<\varphi_s<\pi$ 时，v_{EF} 的表达式则如式（9.7）所示。

$$v_{\mathrm{EF}} = \begin{cases} 0 & \omega t \in [\,0,\varphi\,) \\ V_{\mathrm{L}} & \omega t \in [\,\varphi, \pi + \varphi - \varphi_{\mathrm{s}}\,) \\ 0 & \omega t \in [\,\pi + \varphi - \varphi_{\mathrm{s}}, \pi\,) \end{cases} \tag{9.7}$$

图 9.7 所示为 $\varphi < \varphi_{\mathrm{s}} < \pi$ 条件下变换器中各开关管驱动信号及主要电压电流波形图，其中 φ_{s} 为低压侧全桥开关管 Q_4 超前 Q_1 的相位。

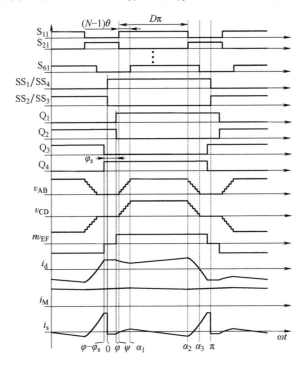

图 9.7　低压侧全桥内移相控制下主要工作波形

与第 8 章中分析一致，选取中压侧全桥串联开关管的换流点，即阶梯波电压 v_{AB} 零电平区间的中点作为分析的起始点 $\omega t = 0$，那么 v_{EF} 的相位 φ_{s0} 可表示为式 (9.8)。若 $\varphi_{s0} > 0$，即 $\varphi_{\mathrm{s}} < 2\varphi$，说明 v_{CD} 相位超前于 v_{EF}，功率由中压侧向低压侧传输；反之，若 $\varphi_{s0} < 0$，即 $\varphi_{\mathrm{s}} > 2\varphi$，表示 v_{CD} 相位滞后于 v_{EF}，功率由低压侧向中压侧传输。

$$\varphi_{s0} = \varphi - \frac{\varphi_{\mathrm{s}}}{2} \tag{9.8}$$

为研究低压侧全桥内移相角 φ_{s} 引入对传输电感电流 i_{d} 的作用及优化效果，下面针对 $0 \leqslant \varphi \leqslant \pi/2$、$0 \leqslant \varphi_{\mathrm{s}} \leqslant 2\varphi$ 工况进行分析，并与基本的 SPS 控制策略进行对比。

根据一、二次侧移相角 φ 的不同可以分为 a（对应 $0 \leqslant \varphi < \psi$）、b（对应 $\psi \leqslant \varphi < \alpha_1$）、c（对应 $\alpha_1 \leqslant \varphi < \alpha_2$）三种模式，如图 9.8 ~ 图 9.10 所示，其中在模式 b 和 c 中，

根据低压侧全桥内移相角 φ_s 大小的不同又分别细分为 3 种与 5 种模式，如图 9.9 和图 9.10 所示。考虑到中压场景下阀串中子模块数量 N 较大，阶梯波 v_{CD} 的上升和下降过程可作线性化处理，以方便后续计算与分析，从而得到 v_{CD} 的表达式，如式（9.9）所示。其中，V_{ABm} 为阶梯波电压 v_{AB} 的最大值。

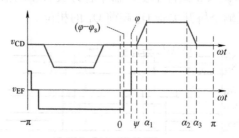

图 9.8　模式 a，$0 \leqslant \varphi < \psi$，$0 \leqslant \varphi_s \leqslant 2\varphi$

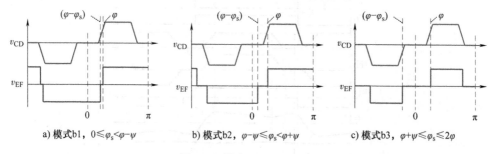

a) 模式 b1，$0 \leqslant \varphi_s < \varphi-\psi$　　b) 模式 b2，$\varphi-\psi \leqslant \varphi_s \leqslant \varphi+\psi$　　c) 模式 b3，$\varphi+\psi \leqslant \varphi_s \leqslant 2\varphi$

图 9.9　模式 b，$\psi \leqslant \varphi < \alpha_1$

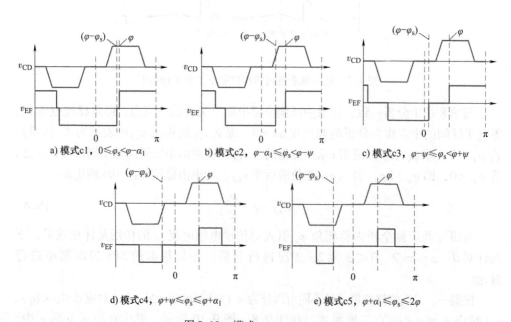

a) 模式 c1，$0 \leqslant \varphi_s < \varphi-\alpha_1$　　b) 模式 c2，$\varphi-\alpha_1 \leqslant \varphi_s < \varphi-\psi$　　c) 模式 c3，$\varphi-\psi \leqslant \varphi_s < \varphi+\psi$

d) 模式 c4，$\varphi+\psi \leqslant \varphi_s \leqslant \varphi+\alpha_1$　　e) 模式 c5，$\varphi+\alpha_1 \leqslant \varphi_s \leqslant 2\varphi$

图 9.10　模式 c，$\alpha_1 \leqslant \varphi < \alpha_2$

$$
v_{CD} = \begin{cases}
0 & \omega t \in [\,0,\psi\,) \\[2mm]
\dfrac{(\omega t - \psi)}{(N-1)\theta} V_{ABm} & \omega t \in [\,\psi,\alpha_1\,) \\[2mm]
V_{ABm} & \omega t \in [\,\alpha_1,\alpha_2\,) \\[2mm]
V_{ABm} - \dfrac{(\omega t - \alpha_2)}{(N-1)\theta} V_{ABm} & \omega t \in [\,\alpha_2,\alpha_3\,) \\[2mm]
0 & \omega t \in [\,\alpha_3,\pi\,)
\end{cases}
\tag{9.9}
$$

联立式（8.6）、式（8.11）、式（9.6）、式（9.7）和式（9.9），可得到不同模式下 M^2S^2DCT 传输功率，如式（9.10）所示，其中，$J = 2\psi$。

$$
\begin{cases}
P_{td\_a} = \dfrac{nV_M V_L}{4\pi f_d L_d}(2\varphi - \varphi_s) \\[4mm]
P_{td\_b1} = \dfrac{nV_M V_L}{48D\pi^2(N-1)\theta f_d L_d}\begin{pmatrix} -8\varphi^3 + 12\varphi^2(\varphi_s + J) - 6\varphi(\varphi_s^2 + (\varphi_s + J)^2 - 4D\pi(N-1)\theta) \\ +4\varphi_s^3 + 6\varphi_s^2 J + 3\varphi_s(J^2 - 4D\pi(N-1)\theta) + J^3 \end{pmatrix} \\[6mm]
P_{td\_b2} = \dfrac{nV_M V_L}{96D\pi^2(N-1)\theta f_d L_d}\begin{pmatrix} -8\varphi^3 + 12\varphi^2 J - 6\varphi(J^2 - 8D\pi(N-1)\theta) \\ -24\varphi_s D\pi(N-1)\theta + J^3 \end{pmatrix} \\[6mm]
P_{td\_b3} = \dfrac{nV_M V_L(\varphi_s - 2\varphi)}{48D\pi^2(N-1)\theta f_d L_d}(4(\varphi - \varphi_s)^2 + 4\varphi\varphi_s - 6\varphi_s J + 3(J^2 - 12D\pi(N-1)\theta)) \\[4mm]
P_{td\_c1} = \dfrac{nV_M V_L}{24D\pi^2 f_d L_d}(-3(2\varphi - \varphi_s)^2 - 3\varphi_s^2 + 6(2\varphi - \varphi_s)\pi - 3(1-D)^2\pi^2 - (N-1)\theta^2) \\[4mm]
P_{td\_c2} = \dfrac{nV_M V_L}{48D\pi^2(N-1)\theta f_d L_d}\begin{pmatrix} J^3 - 4\varphi^3 + 6\varphi^2(2\varphi_s - (N-1)\theta + J) \\ -3\varphi((2\varphi + J)^2 - 4(1+D)\pi(N-1)\theta) \\ +\varphi_s(\varphi_s^2 + 3(\varphi_s + J)^2 - 12D\pi(N-1)\theta) \\ -2(N-1)\theta(3(1-D)^2\pi^2 - (N-1)^2\theta^2) \end{pmatrix} \\[8mm]
P_{td\_c3} = \dfrac{nV_M V_L}{48D\pi^2 f_d L_d}(-3(2\varphi - \pi)^2 + 12(\varphi - \varphi_s)D\pi + 3D(2-D)\pi^2 - (N-1)^2\theta^2) \\[4mm]
P_{td\_c4} = \dfrac{nV_M V_L}{96D\pi^2(N-1)\theta f_d L_d}\begin{pmatrix} -8\varphi^3 + 12\varphi^2(2\varphi - J - 2(N-1)\theta) \\ -6\varphi((2\varphi_s - J)^2 - 4(1+D)\pi(N-1)\theta) \\ +8\varphi_s^3 - 12\varphi_s^2 J + 6\varphi_s(J^2 - 4D\pi(N-1)\theta) - (J + 2(N-1)\theta)^3 \end{pmatrix} \\[8mm]
P_{td\_c5} = \dfrac{nV_M V_L}{4D\pi^2 f_d L_d}(2\varphi - \varphi_s)(\pi - \varphi_s)
\end{cases}
$$

$$\tag{9.10}$$

根据上式，可以得到低压侧全桥采用内移相控制方式下 M^2S^2DCT 的正向传输功率曲线，如图 9.11 所示，P_{td}^* 为根据式（8.13）计算的单移相（SPS）控制时功率最大值 P_m 标幺化后的传输功率。由图 9.11 可知，M^2S^2DCT 同一功率状态对应无穷多种外移相角 φ 和内移相角 φ_s 的组合。当 φ 为定值时，随着 φ_s 的增大，

M^2S^2DCT 传输功率将减小；而当 φ_s 为定值时，随着 φ 的增大，M^2S^2DCT 的传输功率将增大。此外，与多移相控制下的 DAB 变换器工作特性相似，当且仅当 $\varphi_s = 0$、$\varphi = \pi/2$ 时，M^2S^2DCT 的传输功率达到 SPS 模式下的功率最大值 P_m。

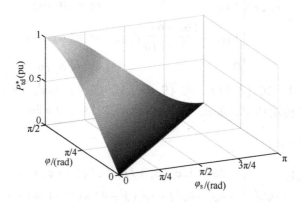

图 9.11　低压侧全桥内移相控制下正向传输功率曲线

9.2.2　低压侧全桥内移相控制下的传输电感电流应力分析

下面对引入 φ_s 后传输电感电流 i_d 峰值变化情况进行分析，将变换器正半运行周期（$0 \leqslant \omega t \leqslant \pi$）划分为 $0 \leqslant \omega t \leqslant \alpha_1$ 和 $\alpha_1 < \omega t \leqslant \pi$ 两个区间分别进行讨论。首先，对于 $0 \leqslant \omega t \leqslant \alpha_1$ 的工作区间，模式 a 和模式 b 情况下，$0 < \omega t < \varphi$ 区间内 $v_{CD} > nv_{EF}$，i_d 增大；$\varphi < \omega t < \alpha_1$ 区间内 $v_{CD} < nv_{EF}$，i_d 减小，导致在 $\omega t = \varphi$ 处出现区间电流峰值 I_{dmc}。根据式（8.6）、式（9.6）、式（9.7）和式（9.9），可以求得模式 a 和模式 b 情况下 I_{dmc} 分别如式（9.11）和式（9.12）所示。

$$I_{dmc\_a} = \frac{(\pi - \varphi_s)nV_L - \pi V_M}{4\pi f_d L_d} \tag{9.11}$$

$$I_{dmc\_b} = \frac{(2\varphi - (1-D)\pi + (N-1)\theta)^2 V_M - 4D(N-1)\theta(\pi V_{MV} + (\varphi_s - \pi)nV_L)}{16D\pi(N-1)\theta f_d L_d}$$

$$\tag{9.12}$$

由式（9.11）和式（9.12）可得，$\mathrm{d}_{Idmc\_a}/\mathrm{d}\varphi_s < 0$ 与 $\mathrm{d}_{IdmcC\_b}/\mathrm{d}\varphi_s < 0$ 恒成立，那么在 φ 相同情况下，φ_s 越大，I_{dmc} 越小。对于模式 a，I_{dmc_a} 仅与 φ_s 有关，将其与 SPS 控制下 $i_d(\varphi)$ 表达式 [如式（8.22）所示] 比对，可知 $I_{dmc\_a} < i_d(\varphi)$，即引入 φ_s 能够减小电流尖峰。而对于模式 b，根据图 9.11 可知，任意给定功率对应着无穷多组内移相、外移相角组合，因此无法根据式（9.12）直接判断 φ_s 引入后电流尖峰的变化情况。

对于 $0 \leqslant \varphi \leqslant \pi/2$、$0 \leqslant \varphi_s \leqslant 2\varphi$ 的全移相区间，其与图 9.8 ~ 图 9.10 所示工作模式的对应关系如图 9.12 所示。

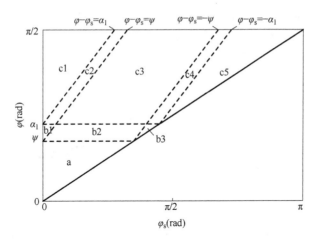

图9.12　$0 \leqslant \varphi \leqslant \pi/2$、$0 \leqslant \varphi_s \leqslant 2\varphi$ 区间内工作模式划分情况

由图9.11可知，任一 φ 和 φ_s 构成的移相组合 Φ 均与唯一的功率状态 $P_{td}(\varphi, \varphi_s)$ 相对应，且满足 $0 \leqslant P_{td}(\varphi, \varphi_s) \leqslant P_m$。此处定义 SPS 控制方式下一、二次侧全桥移相角为 φ_o，传输功率为 P_t，依据 P_t 关于 φ_o 的单调性，式（9.13）存在唯一解 $\varphi_o = f(\varphi, \varphi_s)$，计算结果如图9.13所示。

$$P_{td}(\varphi, \varphi_s) = P_t(\varphi_o) \tag{9.13}$$

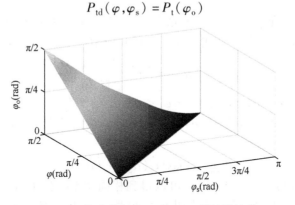

图9.13　等功率条件 φ_o 关于 Φ 的计算结果

由图9.14可知，在相同功率条件下，除 $\psi \leqslant \varphi \leqslant \alpha_1$、$0 \leqslant \varphi_s \leqslant (N-1)\theta$ 区间，即模式 b1 的部分状态下 I_{dmc} 略大于 I_{dmco} 外，其他状态下 I_{dmc} 均小于 I_{dmco}，这说明引入 φ_s 能够减小 $\omega t = \varphi$ 处的区间电流峰值。且与前述分析结论一致，φ_s 越大，对电流尖峰的抑制效果越明显。

其次，对于 $\alpha_1 < \omega t \leqslant \pi$ 的工作区间，根据8.2.2节中的软开关特性分析，为了实现子模块中各开关管的 ZVS，由式（8.24）可求得应满足的条件之一为 $v_{ABm} > nV_{LV}$。在该条件下，i_d 在 $\alpha_1 < \omega t < \alpha_2$ 的区间内保持递增，因此在 $\alpha_2 \leqslant \omega t \leqslant \alpha_3$ 的区间内存在极大值 I_{dmp}。对于模式 a 和模式 b，I_{dmc} 与 I_{dmp} 两者中较大的即为传输电感

电流最大值 I_{dm}。而对于模式 c，$I_{dm} = I_{dmp}$。以下将对低压侧内移相控制方式下该区间电流峰值 I_{dmp} 和 SPS 控制方式下的电流 I_{dmpo} 进行分析。

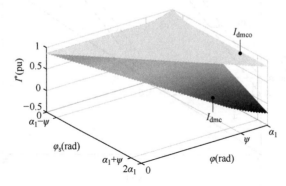

图 9.14　相同功率条件下 I_{dmc} 和 I_{dmco} 关于 φ 和 φ_s 的变化曲线

对于模式 a、b1、b2、c1、c2、c3，即 $0 < \varphi_s < \varphi + \psi$ 的情况，i_d 在 $\alpha_2 \leqslant \omega t \leqslant \alpha_3$ 的区间内递减，因此 I_{dmp} 出现在 $\omega t = \alpha_2$ 处，其表达式如式（9.14）所示：

$$I_{dmp1} = i_d(\alpha_2) = \frac{(D\pi - (N-1)\theta)V_M - D(D\pi - (N-1)\theta - 2\varphi + \varphi_s)nV_L}{4D\pi f_d L_d}$$

（9.14）

对于模式 c5，即 $\varphi_s > \varphi + \alpha_1$ 的情况，i_d 在 $\alpha_2 \leqslant \omega t \leqslant \alpha_3$ 的区间内递增，因此 I_{dmp} 出现在 $\omega t = \alpha_3$ 处，其表达式如式（9.15）所示：

$$I_{dmp2} = i_d(\alpha_3) = \frac{\pi V_M - (\pi - \varphi_s)nV_L}{4\pi f_d L_d}$$

（9.15）

而对于模式 b3 和 c4，即 $\varphi + \psi < \varphi_s < \varphi + \alpha_1$ 的情况，i_d 在 $\alpha_2 \leqslant \omega t \leqslant \alpha_3$ 的区间内先增后减再增，其极值为 $i_d(\alpha_2)$ 和 $i_d(\alpha_3)$ 两者中较大的值，如式（9.16）所示：

$$I_{dmp3} = \max\{i_d(\alpha_2), i_d(\alpha_3)\}$$

（9.16）

根据式（9.14）~式（9.16），可以得到相同功率条件下区间电流峰值 I_{dmp} 和 I_{dmpo}，结果如图 9.15 所示，其中纵坐标根据 I_{dmpo} 最大值进行标幺化处理。由图 9.15 可知，在 $\varphi_s < \varphi + \psi$ 的条件下，随着 φ_s 的增大，I_{dmp} 减小；而当 $\varphi_s > \varphi + \psi$ 时，I_{dmp} 随 φ_s 的增大而增大，即对于模式 b3、c4 和 c5，存在传输功率减小但电流极值增大的情况。而对于 SPS 控制时的电流极值 I_{dmpo}，其整体变化趋势与图 9.11 所示的功率特性相一致，即传输功率增加，该区间电流峰值增大。

实际上，对于模式 a，根据式（9.13），可得相同功率条件下 SPS 控制对应的移相角表达式，如式（9.17）所示，将其代入式（9.14），可以得到与 I_{dmp1} 相同的电流极值 I_{dmpo} 表达式，说明在 $0 < \varphi < \psi$ 对应的功率区间内 $I_{dmp1} = I_{dmpo}$。

$$\varphi_o = \varphi - \frac{\varphi_s}{2}$$

（9.17）

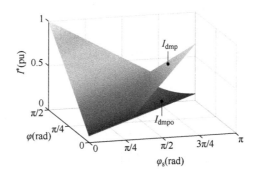

图 9.15　相同功率条件下 I_{dmp} 和 I_{dmpo} 关于 φ 和 φ_s 的变化曲面

对于模式 b 和 c，首先以 I_{dmp1} 为基础，定义两种控制方式下的区间电流峰值之差为 $\Delta I = (I_{dmp} - I_{dmpo})$，如式（9.18）所示。由式（9.13）可得，当 $\varphi > \psi$ 且 $\varphi_s \neq 0$ 时，满足 $\varphi_o < \varphi - \varphi_s/2$，将该条件代入式（9.18）可得，$\Delta I > 0$ 恒成立。此外，根据式（9.16），对于模式 b3、c4 和 c5 中可能出现的极值为 I_{dmp2} 情况，由于此时满足 $I_{dmp2} > I_{dmp1}$，故 $\Delta I > 0$ 同样成立。该结论与图 9.15 所示结果一致，说明在相同功率条件下，当 $0 < \varphi < \psi$ 时，引入 φ_s 不会对该区间电流峰值产生影响；而当 $\varphi > \psi$ 时，φ_s 引入将引起该电流极值的增大，尤其是在 $\varphi_s > \varphi + \psi$ 区间内。考虑到 φ 和 φ_s 较大情况下该电流极值即为 i_d 峰值，此时低压侧内移相的引入将增大开关器件电流应力，对运行状态产生负面影响。

$$\Delta I = \frac{nV_L}{4\pi f_d L_d I_{pom}}\left[2(\varphi - \varphi_o) - \varphi_s\right] \tag{9.18}$$

综上所述，相较于第 8 章中采用的 SPS 控制方法，在功率相同条件下，应用低压侧全桥内移相控制后 φ_s 的引入使得模式 a 中 $\omega t = \varphi$ 处的电流尖峰得到抑制，而 $\omega t = \alpha_2$ 处的电流极值不受影响，从而降低了 i_d 的有效值，改善开关器件的电流应力和导通损耗。对于模式 b，虽然该控制方法可以在大部分情况下减小 $\omega t = \varphi$ 处的电流尖峰，但也增大了 $\omega t = \alpha_2$ 处的电流极值，尤其是模式 b3。对于模式 c，由于不存在 $\omega t = \varphi$ 处的电流尖峰，该控制方法使得 $\omega t = \alpha_2$ 处的电流极值显著增大，即增大了 i_d 的峰值，进而增大了开关器件的电流应力和导通损耗。

9.2.3　基于低压侧全桥内移相的改进型功率控制策略

基于上述分析，此处主要考虑模式 a 对于变换器运行状态的优化作用，而对于模式 b 和模式 c，即 $\varphi > \psi$ 对应的工作区间，从电流应力的角度考虑，基本的 SPS 控制仍然具备优势。通过两者有效结合，优化 M^2S^2DCT 在中压侧端口电压较低和轻载情况下的运行状态。

在低压侧全桥内移相控制下，各开关管软开关条件将发生变化。对于低压侧开关管，以 Q_1 和 Q_4 为例，Q_4 在 $\omega t = \varphi - \varphi_s$ 时刻开通，其 ZVS 条件为 $i_d(\varphi - \varphi_s) > 0$；

Q_1 在 $\omega t = \varphi$ 时刻开通，其 ZVS 条件为 $i_d(\varphi) > 0$。由于模式 a 对应的 $\varphi - \varphi_s < \omega t < \varphi$ 区间内 $v_{CD} = v_{EF} = 0$，因此 $Q_1 \sim Q_4$ 的 ZVS 条件均相同。根据式（8.6）、式（9.6）、式（9.7）和式（9.9），可以求得 φ_s 应满足式式（9.19）中条件：

$$\varphi_s < \left(1 - \frac{V_M}{nV_L}\right)\pi \tag{9.19}$$

其次，对于各子模块开关管，在模式 a 情况下，阶梯波电压 v_{AB} 上升阶段内 $v_{CD} < nv_{EF}$，i_d 减小，i_s 增加，那么最先投入的子模块上管开通电流最小为 I_{sumin}。如果满足 $I_{sumin} > 0$，则所有子模块上管均可实现 ZVS，由此可得式（9.20）：

$$I_{sumin} = \frac{\pi V_M - [D\pi + (N-1)\theta]nV_L}{4\pi f_d L_d} > 0 \tag{9.20}$$

v_{AB} 下降阶段，即子模块下管逐个开通的区间内，$v_{CD} < nv_{EF}$ 同样成立，i_s 递增，因此最后投入的子模块下管开通电流最小，对应为阀串支路电流最大值 I_{sdmax}，若满足 $I_{sdmax} < 0$，则所有子模块下管均可实现 ZVS，可以得到其 ZVS 条件如下：

$$I_{sdmax} = \frac{[D\pi + (N-1)\theta]nV_L - \pi V_M}{4\pi f_d L_d} < 0 \tag{9.21}$$

对比式（9.20）和式（9.21）可知，$I_{sumin} = -I_{sdmax}$，这是由于在 $\psi < \omega t < \alpha_3$ 区间内，v_{CD} 和 nv_{EF} 关于 $\pi/2$ 对称导致的，因此模式 a 对应运行区间内子模块上管与下管的软开关条件一致。此外，式（9.20）和式（9.21）中不含 φ 和 φ_s，说明各开关管 ZVS 范围与传输功率无关。考虑到 SPS 控制是 $\varphi_s = 0$ 的特例，该结果说明模式 a 中子模块 ZVS 特性与 SPS 控制下 $\varphi < \psi$ 区间内的情况相同，可以采用与 8.4 节相同的参数设计方法进行确定，不受 φ_s 引入的影响。

由式（9.11）和图 9.14 可知，在相同传输功率下，φ_s 越大，$0 \leqslant \omega t \leqslant \alpha_1$ 区间内电流极值 I_{dmc} 的优化效果越显著。因此，在满足式（9.19）所表示的软开关条件下，φ_s 的值应尽可能取到其上限值为 φ_{smax}，如下式所示。当 $\varphi_s = \varphi_{smax}$ 时，应满足 $\varphi \geqslant \varphi_{smax}/2$ 才能使变换器实现功率正向传输。定义 $\varphi_{min} = \varphi_{smax}/2$ 为 φ 的取值下限，即当 $\varphi = \varphi_{min}$、$\varphi_s = \varphi_{smax}$ 时，$P_t = 0$。

$$\varphi_{smax} = \left(1 - \frac{V_M}{nV_L}\right)\pi \tag{9.22}$$

由式（9.20）可得式（9.23），将其代入式（9.20），可得 $\varphi_{min} < \psi$。

$$V_M > \frac{D\pi + (N-1)\theta}{\pi}nV_L \tag{9.23}$$

由式（9.10）可知，模式 a 下 M^2S^2DCT 的传输功率 P_{td_a} 仅由等效移相角 $\varphi_e = \varphi - \varphi_s/2$ 决定，且随 φ 增大而增大，随 φ_s 的增大而减小。在同样的 P_{td_a} 和 φ_e 下，为使得 φ_s 取得最大值，对应的 $\varphi = \varphi_e + \varphi_s/2$ 同样应取得最大值。根据上述分析，可以对模式 a 中各移相角进行优化配置，以保证在任一功率点处的 φ_s 都取得其可能的最大值，对区间电流峰值进行抑制。

由表 9.1 可知，在 φ_e 由 0 递增至 ψ 的过程中，φ 由 φ_{min} 递增至 ψ，φ_s 由 φ_{smax} 递减至 0，而传输功率由 0 增大至模式 a 区间内的最大值 P_{am}，如式（9.24）所示：

$$P_{am} = \frac{nV_M V_L}{2\pi f_d L_d}\psi \tag{9.24}$$

表 9.1　模式 a 功率范围内各移相角优化配置

φ_e	$\left[0, \psi - \varphi_{smax}/2\right)$	$\left[\psi - \varphi_{smax}/2, \psi\right]$
φ	$\varphi_e + \varphi_{smax}/2$	ψ
φ_s	φ_{smax}	$2(\psi - \varphi_e)$

基于上述分析，提出一种基于移相角分段的功率控制策略，在轻载情况下采用低压侧全桥内移相控制，使 M^2S^2DCT 工作于模态 a，以减小电流尖峰和有效值。而较大功率区间内仍然采用基本的 SPS 控制。在图 9.12 所示运行模式划分的基础上，可以得到 P_t 由 0 增大至 P_m 过程中的移相角变化曲线，如图 9.16 所示。

由图 9.16 可知，全功率范围内功率控制共包含 φ 变化、φ_s 变化、φ 变化三个阶段，每个阶段内的另一移相角变量保持不变。φ_e 在模式 a 对应的区间内由 0 单调递增至 ψ，与采用 SPS 控制时 φ_o 的变化特性一致。因此，可以将其作为全功率区间内的等效 SPS 控制变量。在此基础上，本节确定了以 φ_e 为中间变量的单 PI 功率控制策略，避免了一般功率分段控制涉及的不同 PI 控制器状态切换问题。进一步考虑变换器双向功率传输的要求，得到各区间段内 φ 和 φ_s 的表达式如下：

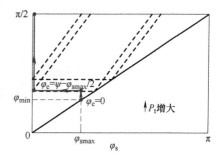

图 9.16　P_t 由 0 正向增大至 P_m 过程中 φ 及 φ_s 变化曲线

$$\begin{cases} \varphi = \varphi_e, \varphi_s = 0 & \varphi_e \in \left[-\pi/2, -\psi\right] \\ \varphi = -\psi, \varphi_s = -2(\psi + \varphi_e) & \varphi_e \in \left(-\psi, -\psi + \varphi_{smax}/2\right] \\ \varphi = \varphi_e - \varphi_{smax}/2, \varphi_s = -\varphi_{smax} & \varphi_e \in \left(-\psi + \varphi_{smax}/2, 0\right] \\ \varphi = \varphi_e + \varphi_{smax}/2, \varphi_s = \varphi_{smax} & \varphi_e \in \left(0, \psi - \varphi_{smax}/2\right] \\ \varphi = \psi, \varphi_s = 2(\psi - \varphi_e) & \varphi_e \in \left(\psi - \varphi_{smax}/2, \psi\right] \\ \varphi = \varphi_e, \varphi_s = 0 & \varphi_e \in \left[\psi, \pi/2\right] \end{cases} \tag{9.25}$$

依据式（9.25），在第 8 章中图 8.11 所示基本功率控制基础上增加线性变换环节，即可得到采用低压侧内移相控制改进的功率及电压控制策略，如图 9.17 所示。其中，V_{ref} 和 P_{ref} 分别为电压及功率控制模式下的给定值，V_t 和 P_t 分别为电压和功率采样值。

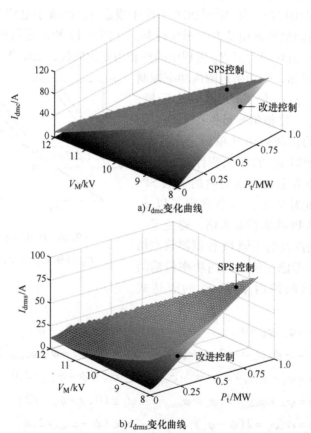

图 9.17　优化控制策略示意图

在上述以 φ_e 为 PI 控制器输出的控制方式下，结合式（8.12）和式（9.10）可知，此时 M^2S^2DCT 的功率特性与图 8.5 所示的 SPS 控制下完全一致。基于表 8.1 所示设计参数，可得采用基于低压侧全桥内移相的改进控制策略前后，模式 a 对应优化范围内电流 i_d 尖峰 I_{dmc} 及有效值 I_{drms} 随 V_M 和 P_{td} 变化的对比情况，如图 9.18 所示。

a) I_{dmc} 变化曲线

b) I_{drms} 变化曲线

图 9.18　模式 a 对应优化范围内不同控制方式下 I_{dmc} 及 I_{drms} 的变化曲线

由图 9.18 可知，低压侧全桥内移相控制策略能够抑制 v_{EF} 变化时刻的电流尖峰，并且减小电感电流 i_d 的有效值，从而降低开关器件电流应力及损耗。V_M 越小，阶梯波电压零电平时间占比越大，该方法作用区间越大，且 P_t 越小，优化效果更加显著。

9.2.4　仿真及实验验证

图 9.19 所示为引入低压侧全桥内移相控制前后的主要仿真波形，仿真中 V_M 为 8kV。图 9.19a 所示为空载工况，可以看到改进前 v_{EF} 上升沿位于 v_{CD} 零电平区间中点，导致较高的电流尖峰 I_{dmc}，i_d 峰值为 110A。改进后 v_{EF} 变为三电平方波，且按照 ZVS 条件，φ_s 取得最大值 φ_{smax}，使得 I_{dmc} 被抑制为 0，i_d 峰值也减小至 15A，i_d 有效值也由 30.2A 减小至 7.1A。图 9.19b 所示为半载工况，改进前 i_d 峰值仍为 $I_{dmc}=110A$，改进后变换器运行在 φ_s 调节区间内，峰值为 $I_{dmp}=76A$，同时有效值由 64A 减小至 58A。这说明低压侧全桥内移相角的引入有效降低了 i_d 峰值与有效值，且在轻载情况下更加显著。

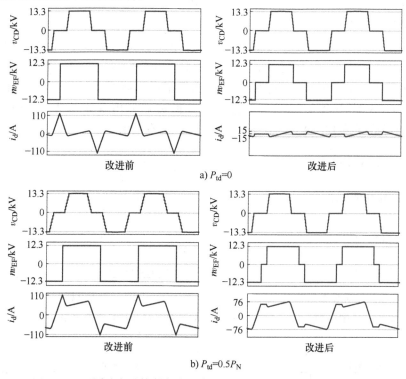

a) $P_{td}=0$

b) $P_{td}=0.5P_N$

图 9.19　不同功率及控制方式下高频变压器交流回路主要工作波形

图 9.20 为低压侧内移相控制下 M^2S^2DCT 给定功率变化过程仿真波形，包括主要的电压电流及控制变量。随着 P_{td} 给定由 P_N 突变至 $0.5P_N$、$-0.5P_N$ 和 $-P_N$，PI 控制器输出的等效移相角 φ_e 随之递减，与 SPS 控制模式下外移相角的变化特性完全一致，各不同移相区间及功率正反向切换过程连续变化。按照移相区间划分结果，变换器交替经历 φ 调节、φ_s 调节、φ 调节三个阶段，实现了传输功率跟踪给定变化的目标。在重载情况下，变换器的工作状态与 SPS 一致，而在轻载情况下低压侧内移相的引入实现了对 i_d 峰值及有效值优化，改善运行状态。

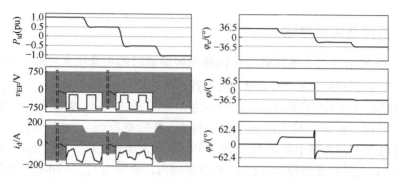

图 9.20　改进移相控制下功率变化过程主要波形

图 9.21 和图 9.22 所示为 $V_M = 500V$，功率为半载和满载情况下主要实验波形。在应用低压侧开关管内移相控制后，v_{EF} 由两电平方波电压变为三电平方波电压，在 v_{CD} 和 v_{EF} 同时为 0 的区间内，i_d 保持不变，使得原 SPS 控制下 v_{EF} 上升和下降沿处的电流尖峰得到抑制，减小电流应力和串联开关管的导通损耗。在半载情况下，低压侧换流点处的电流尖峰被抑制为 0，维持了低压侧开关管的 ZVS 特性，且 i_d 峰值由 11.5A 减小至 8.2A。满载情况下，换流点处电流尖峰由 11.5A 减小至 5.7A，而峰值保持 12.3A 不变，同时减小了 i_d 的有效值。

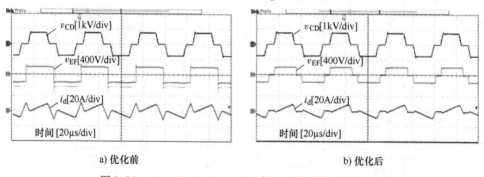

a) 优化前　　　　　　　　　　　　　　b) 优化后

图 9.21　$V_M = 500V$、$P_{td} = 2kW$ 情况下优化前后主要波形

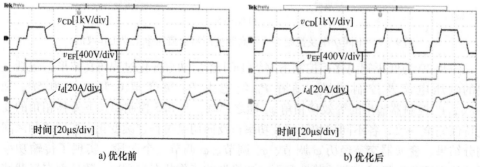

a) 优化前　　　　　　　　　　　　　　b) 优化后

图 9.22　$V_M = 500V$、$P_{td} = 4kW$ 情况下优化前后主要波形

9.3　基于中压侧全桥换流移相的阀串支路电流优化控制

上述基于低压侧全桥内移相的功率控制策略能够实现低电压及轻载运行状态下的电流优化。然而，由图8.3和图9.7可知，不论是采用基本的SPS控制还是低压侧全桥内移相控制，在中压侧全桥串联开关管换流点处，阀串支路电流均存在尖峰，增大了器件的电流应力及损耗。针对这一现象，本节提出了一种基于中压侧全桥换流移相的阀串支路电流优化控制策略，进一步优化了M^2S^2DCT运行状态。

9.3.1　中压侧全桥换流对阀串子模块电流的影响

首先，根据式（8.17），由于i_M、i_F、i_d均为感性电流，且i_M由V_M和P_t唯一确定，因此可基于i_d及i_F对阀串支路电流i_s进行分析。由于中压侧全桥串联开关管均在阶梯波电压v_{CD}的零电平区间内进行换流，以下分析中将SPS控制下SS_1、SS_4驱动信号上升沿所在时刻记为t_c，t_c处的电感电流为$i_d(t_c)$。同时为方便分析，忽略i_M纹波，并假设$\varphi > \psi$，即i_d在v_{CD}为0的区间内保持增长，其他情况将在后续进一步讨论。

如图9.23a所示，根据式（8.17）与式（8.18），若$i_d(t_c)>0$，则说明当$t<t_c$时，即SS_2和SS_3导通区间内，i_d已由负变正。定义i_d过零点的时间为t_z，则有$i_s(t_z)=i_M$，$i_s(t_c)>i_M$。而当$t \geq t_c$时，SS_1和SS_4导通，i_s将随i_d的增大而减小。因此，i_s最大值出现在t_c处，其值为$I_{sm}=I_M+i_d(t_c)$。如图9.23b所示，若$i_d(t_c)<0$，则在SS_2和SS_3导通区间内i_d始终为负，$i_s<i_M$。而在SS_1和SS_4导通区间内，i_s同样将随i_d的增大而减小。因此i_s最大值同样出现在t_c处，其值为$I_{sm}=I_M+|i_d(t_c)|$。

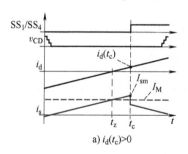
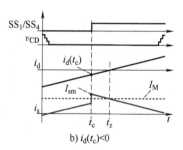

图9.23　换流点t_c选取与I_{sm}的关系示意图

由上述分析可知，在阶梯波电压v_{CD}为0的阶段内，阀串电流i_s的最大值I_{sm}出现在中压侧全桥串联开关管的换流时刻t_c处，若此时$i_d(t_c)=0$，则I_{sm}可以取得最小值I_M，即中压侧端口输入电流。因此，本节提出一种中压侧全桥换流点动态控制策略，通过调节各串联开关管驱动信号相对于阶梯波零电平中点的移相角，使得t_c尽可能靠近t_z，则可以使$i_d(t_c)$尽可能接近0，从而减小i_s峰值和有效值。

9.3.2 中压侧全桥换流点动态控制

以下将对中压侧全桥换流点动态控制的实现方法进行具体说明。首先，定义实际换流点 t_c 与梯形波电压 v_{CD} 零电平区间中点 t_0 的角度之差为换流移相角 δ，如式（9.26）所示。

$$\delta = \omega t_c - \omega t_0 \tag{9.26}$$

根据9.3.1节中分析，可以得到 δ 与 t_0 时刻传输电感电流 I_{d0} 的关系，如式（9.27）所示。

$$\begin{cases} I_{d0} > 0 \Rightarrow \delta > 0 \\ I_{d0} < 0 \Rightarrow \delta < 0 \end{cases} \tag{9.27}$$

将式（8.10）代入式（9.27），可得式（9.28）。

$$\begin{cases} \varphi < \left(1 - \dfrac{V_M}{nV_L}\right)\dfrac{\pi}{2} \Rightarrow \quad \delta > 0 \\ \varphi > \left(1 - \dfrac{V_M}{nV_L}\right)\dfrac{\pi}{2} \Rightarrow \quad \delta < 0 \end{cases} \tag{9.28}$$

由上式可知，在中压侧端口电压 V_M 较高和传输功率较大情况下，为使得 $i_d(t_c)$ 尽可能接近0，应调节 δ 大于0。反之，在 V_M 和 φ 较小的情况下，应调节 $\delta < 0$。下面将对 M^2S^2DCT 在不同运行状态下的 δ 取值进行分析。

由于全桥中串联开关管的开通和关断过程均在 v_{CD} 为0的阶段内完成，所以对于 $\psi \leqslant \varphi < \pi/2$ 的情况，传输电感电压 $v_L = nV_{LV}$，则根据式（8.4）~式（8.6）可得 $\omega t_c = \delta$ 处的传输电感电流 $I_{d\delta}$ 如下所示：

$$I_{d\delta} = I_{d0} + \frac{nV_L}{2\pi f_d L_d}\delta \tag{9.29}$$

令 $I_{d\delta} = 0$，求解可得 δ 取值，如式（9.30）所示：

$$\delta = \varphi - \left(1 - \frac{V_M}{nV_L}\right)\frac{\pi}{2} \tag{9.30}$$

而对于 $0 < \varphi < \psi$ 的情况，已知 L_d 的电压 v_L 表达式为式（9.31）：

$$v_L = \begin{cases} nV_L & \omega t \in [-\psi, \varphi) \\ -nV_L & \omega t \in [\varphi, \psi] \end{cases} \tag{9.31}$$

根据式（8.6）和式（9.31），i_d 先增大后减小，在 v_{AB} 为0的区间内可能存在两个过零点 $\omega t_{c1} = \delta_1$ 和 $\omega t_{c2} = \delta_2$，与求解 $\psi \leqslant \varphi < \pi/2$ 情况方法相同，可得式（9.32）：

$$\begin{cases} \delta_1 = \varphi - \left(1 - \dfrac{V_M}{nV_L}\right)\dfrac{\pi}{2} \\ \delta_2 = \varphi + \left(1 - \dfrac{V_M}{nV_L}\right)\dfrac{\pi}{2} \end{cases} \tag{9.32}$$

下面，以 $0 < \varphi < \psi$ 情况为例进行分析，其他情况可按相同的步骤进行分析。$0 < \varphi < \psi$ 情况下应用该优化控制前后，M^2S^2DCT 中各开关管驱动信号及电压电流波形如图9.24所示。

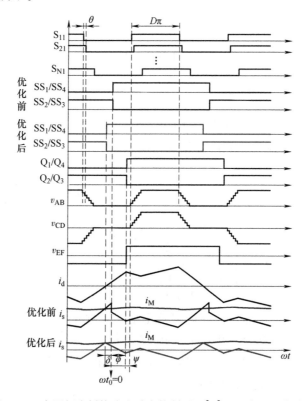

图9.24　中压侧全桥换流点动态控制下 M^2S^2DCT 主要工作波形

为了保证串联开关管的可靠换流，定义换流时刻 t_c 与最近的非零阶梯波电压状态之间的时间长度为 t_{cd}，则 t_{cd} 应不小于其允许的最小值 t_{cdmin}，该值可依据式（8.20）进行确定。在换流移相角为 δ 的情况下，t_{cd} 可以表示为式（9.33）。

$$t_{cd} = \frac{\psi - |\delta|}{2\pi f_d} > t_{cdmin} \tag{9.33}$$

由上式可得 $|\delta|$ 应满足的条件式（9.34）。

$$|\delta| < \psi - 2\pi f_d t_{cdmin} \tag{9.34}$$

根据式（9.32）与图9.24，若上述两个过零点均满足式（9.34），则 i_d 在 $\delta_1 < \omega t < \delta_2$ 区间内始终大于0。此时若选取 $\omega t_c = \delta_1$，则该区间内 $I_{sm} = I_M$。若选取 $\omega t_c = \delta_2$，由于 $i_s = I_M + i_d$，该区间内 I_{sm} 始终大于 I_M。因此，该种情况下串联开关管应在 $\omega t = \delta_1$ 处进行换流。若上述过零点均不存在，则说明 i_d 在 $-\psi < \omega t < \psi$ 区间内恒小于0或恒大于0，此时 i_d 在 $\omega t = \varphi$ 处达到最大值。另一方面，根据8.2.2节中的软开关特性分析，当 $V_M > nV_L$ 时，低压侧全桥开关管不能实现 ZVS 开通，说

明 $i_d(\varphi) < 0$。因此，当满足 $V_M > nV_L$ 且过零点不存在时，i_d 在 $-\psi < \omega t < \psi$ 区间内恒小于 0 时，为了实现换流点 t_c 处 I_{sm} 最小的目标，应在 φ 处换流。综合上述分析，可以得到 SPS 控制模式下中压侧全桥换流点移相角 δ 的表达式，如式（9.35）所示：

$$\begin{cases} \delta = \varphi - \left(1 - \dfrac{V_M}{nV_L}\right)\dfrac{\pi}{2} & \left(1 - \dfrac{V_M}{nV_L}\right) \geq 0 \\[3mm] \delta = \varphi & \left(1 - \dfrac{V_M}{nV_L}\right) < 0 \\[3mm] |\delta| < \psi - 2\pi f_d t_{cdmin} \end{cases} \tag{9.35}$$

进一步地，在考虑低压侧内移相优化控制的情况下，当 $\varphi \geq \psi$ 时，$\varphi_s = 0$，变换器运行状态与 SPS 控制条件下完全一致，换流点 δ 的表达式也与式（9.35）相同。在 $\varphi < \psi$ 时，$\varphi_s \neq 0$，且由式（8.4）~式（8.6）可得 v_{CD} 零电平区间中点处 I_{d0} 的表达式如下：

$$I_{d0} = \begin{cases} \dfrac{(\pi - 2\varphi + \varphi_s)nV_L - \pi V_M}{4\pi f_d L_d} & \varphi \geq \varphi_s \\[3mm] \dfrac{(\pi - \varphi_s)nV_L - \pi V_M}{4\pi f_d L_d} & \varphi < \varphi_s \end{cases} \tag{9.36}$$

由于 i_d 在 $(\varphi - \varphi_s, \varphi)$ 区间内保持不变，其过零点 t_z 若存在，则一定位于 $(-\psi, \varphi - \varphi_s)$ 内。该区间内电感 L_d 的电压为 nV_{LV}，则 $\omega t_c = \delta$ 处的传输电感电流 $I_{d\delta}$ 同样可以表示为式（9.29），求解 $I_{d\delta} = 0$，可以得到换流点 δ，如式（9.37）所示，且在 $\varphi \geq \varphi_s$ 和 $\varphi < \varphi_s$ 两种情况下相同：

$$\delta = \left(\varphi - \frac{\varphi_s}{2}\right) - \left(1 - \frac{V_M}{nV_L}\right)\frac{\pi}{2} \tag{9.37}$$

根据上述分析，δ 的实际值应小于 $\varphi - \varphi_s$，若由式（9.37）求解得到 $\delta > (\varphi - \varphi_s)$，说明在零电压区间内 i_d 恒小于 0，无过零点。该条件即对应低压侧开关管无法实现 ZVS 的情况，即式（9.19）不成立。此时选取 $\delta = \varphi - \varphi_s$，可以实现 I_{sm} 最小化。此外，为了保证足够的零电平区间长度，同样应对 $|\delta|$ 进行限制，使其满足式（9.34）约束。综上，在考虑低压侧内移相优化控制的情况下，中压侧全桥串联开关换流移相角的表达式如下：

$$\begin{cases} \delta = \left(\varphi - \dfrac{\varphi_s}{2}\right) - \left(1 - \dfrac{V_M}{nV_L}\right)\dfrac{\pi}{2} & \varphi_s \leq \left(1 - \dfrac{V_M}{nV_L}\right)\pi \\[3mm] \delta = \varphi - \varphi_s & \varphi_s > \left(1 - \dfrac{V_M}{nV_L}\right)\pi \\[3mm] |\delta| < \psi - 2\pi f_d t_{cdmin} \end{cases} \tag{9.38}$$

可以看出，式（9.35）为采用低压侧内移相优化控制时 δ 表达式在 $\varphi_s = 0$ 情况下的特例。依此为依据，可以得到图 9.25 所示的优化控制策略，首先根据式 (9.38) 计算得到 δ 的值，而后根据式 (9.34) 对其限幅，最终通过移相调制得到各串联开关的驱动信号。需要说明的是，由于中压侧全桥始终在 v_{AB} 零电压区间内进行换流，该调节过程不改变各支路端口的电压及电感电流，从而不会对变换器运行状态产生影响，因此可以兼容上述两类优化控制。此外，该控制策略应用前后，i_s 在 $\psi < \omega t < \alpha_3$ 区间内保持不变，因此流经子模块上管的电流将不受影响，差异主要体现在子模块下管导通区间内 i_s 峰值和有效值的减小，从而实现电流应力和导通损耗优化。

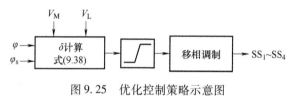

图 9.25　优化控制策略示意图

9.3.3　仿真及实验验证

图 9.26 所示为中压侧全桥移相控制应用前后主要仿真波形，其中 V_M 均为 8kV。图 9.26a 为半载情况，可以看到优化方法应用前后 v_{CD}、v_{EF}、i_d 和 i_M 均保持不变，仅影响子模块下管导通区间内支路电流 i_s 的变化情况。改进前中压侧串联开关管在 v_{CD} 零电平中点进行换流，导致 i_s 发生突变，产生尖峰 I_{sm}。i_s 峰值为 109A，有效值为 29A，子模块下管电流有效值最大为 45A。在采用优化控制后，换流移相角 δ 为 $-13.75°$。i_s 峰值减小为 59A，与中压侧电流 i_M 相同，有效值减少为 20A。子模块下管电流最大有效值减少为 28A。图 9.26b 为满载情况，中压侧全桥换流移相 δ 为 $4.5°$。改进后 i_s 峰值由 141A 减小至 125A，有效值由 50A 减小至 47A，下管电流有效值由 76A 减小至 71A。上述结果体现了中压侧全桥换流移相角控制对 i_s 的优化效果，能够降低其峰值和有效值，尤其是子模块下管的损耗。同时该方法不改变 i_d 状态及功率特性，可以兼容前述多种优化控制。

图 9.27 和图 9.28 所示为 $V_M = 500V$ 功率为满载和半载情况的主要实验波形。可以看出，优化后中压侧串联开关管驱动信号 v_{ge11} 的上升沿和下降沿不再位于 v_{CD} 零电平区间中点，而是随着运行状态进行调节，实现了对 i_s 峰值的抑制。在半载情况下，优化移相角 δ 约为 $-15°$，优化后 i_s 最大值和有效值分别为 6.8A 和 3.1A，比优化前分别下降 48% 和 36%。满载情况下，δ 约为 $-7°$，优化前后 i_s 峰值分别为 13.6A 和 8.8A，有效值分别为 5.1A 和 3.9A，优化幅度均超过 20%。上述结果体现了该控制策略的有效性，能够优化子模块开关管运行状态，尤其是子模块下管，提升变换器效率和可靠性。

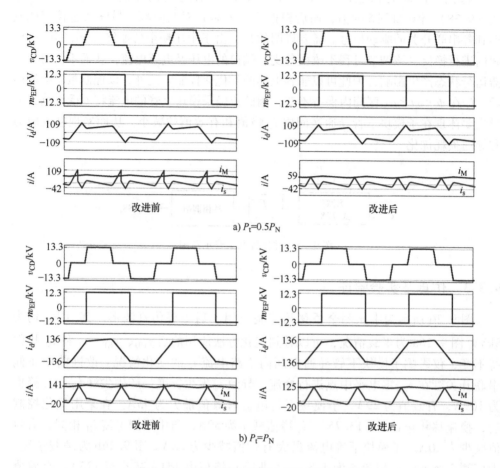

a) $P_t = 0.5P_N$

b) $P_t = P_N$

图 9.26　不同功率及控制方式下主要工作波形

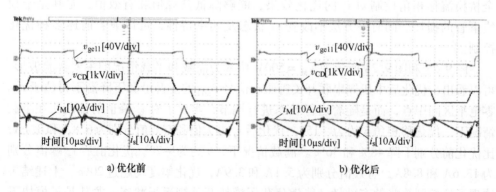

a) 优化前　　　　　　　　　　　　　　　　　b) 优化后

图 9.27　$V_M = 500V$、$P_t = 2kW$ 情况下优化前后主要波形

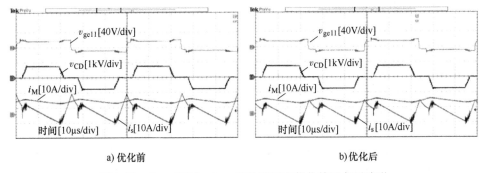

a) 优化前　　　　　　　　　　　　　　　b) 优化后

图 9.28　$V_M = 500V$、$P_t = 4kW$ 情况下优化前后主要波形

图 9.29 所示为 $V_M = 500V$ 不同控制方式下实验样机的效率曲线。在采用第 8 章中的未优化控制时，子模块上管占空比 D 固定为 0.8，中压侧串联开关管在阶梯波电压 v_{AB} 中点处进行换流，低压侧全桥交流端口电压 v_{EF} 为两电平方波电压。由于 v_{AB} 峰值电压低于额定值 750V，各子模块开关管 ZVS 开通丢失。在满载情况下效率达到最大值 92.86%，在 $P_t = 0.5kW$ 情况下效率最低为 78.32%。

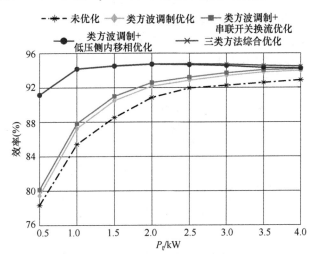

图 9.29　$V_M = 500V$ 不同控制方式下实验样机效率关于 P_t 变化曲线

采用类方波调制优化后 D 依据 V_M 调整至 0.66，使 v_{AB} 峰值达到额定 750V，维持 DAB 变换器电压增益稳定，使子模块各开关管实现 ZVS 开通。轻载下最低运行效率提升至 79.45%，满载最高运行效率为 93.95%。在 $P_t = 1.5kW$ 时优化控制作用最显著，使效率由 88.53% 提升至 90.51%。

应用类方波调制优化与中压侧串联开关换流移相优化后，通过降低子模块下管电流峰值及有效值实现效率提升，相较于单独应用类方波调制优化的情况，串联开关换流移相控制在轻载情况下效果更加明显，$P_t = 0.5kW$ 时效率提升约 0.7%，达到 80. 13%，满载情况下提升约 0. 2%，达到 94. 15%。

应用类方波调制优化和低压侧全桥内移相控制时，由于减小了 v_{AB} 零电平区间内电感电流 i_d 的峰值和有效值，有效降低了中压侧串联开关管、低压侧开关管以及子模块下管的导通损耗，且传输功率较低情况下优化效果更加显著。$P_t =$ 0. 5kW 时最低效率提升至 91. 17%，满载情况下效率提升至 94. 23%，相较于单独应用类方波调制优化时分别提升约 11. 7% 和 0. 3%，且在半载情况下达到最高效率 94. 72%。

同时应用上述三类优化控制时，在 $P_t = 0. 5kW$ 时最低效率为 91. 18%，在半载时达到最高效率 94. 76%，满载效率为 94. 46%。在同时应用类方波调制优化和低压侧全桥内移相控制的情况下，由于轻载情况下 v_{AB} 零电平区间内 i_d 已接近于 0，此时应用串联开关管换流移相控制对子模块支路电流 i_s 的优化作用不显著，因此对效率影响较小。随着 P_t 的增大，v_{AB} 零电平区间内 i_d 增大，且低压侧内移相角减小，串联开关换流移相对于抑制 i_s 峰值和有效值的效果更加明显，通过两者的配合进一步提升了运行效率。

图 9. 30 所示为功率满载状态不同控制方式下实验样机满载效率关于 V_M 的变化曲线。与图 9. 29 相一致，采用第 8 章中未优化控制策略时，由于 M^2S^2DCT 中各子模块开关管在 V_M 较低时丢失 ZVS，而低压侧开关管在 V_M 较高时丢失 ZVS。因此，最高运行效率在额定电压 $V_M = 600V$ 处取得，为 95. 51%。$V_M = 500V$ 时效率最低为 92. 86%，$V_M = 700V$ 时效率为 94. 39%。

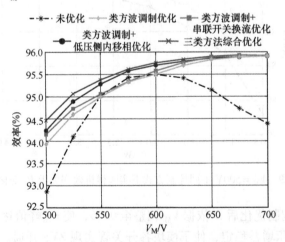

图 9. 30　不同控制方式下实验样机满载效率关于 V_M 变化曲线

采用类方波调制优化后，通过改变子模块开关管驱动信号占空比 D 随 V_M 变化，使得各开关管均能够在全电压范围内实现软开关，且由于阶梯波 v_{AB} 非零区间对应功率传输阶段延长和电流减小，传输效率随着 V_M 增加而提高。$V_M = 500V$ 时最低效率提升至 93. 93%，$V_M = 700V$ 时达到最高效率 95. 90%。相较于未优化控制，在 $550\text{V}<V_\text{M}<600\text{V}$ 区间内，v_AB 零电平区间的扩大和续流电流的增加使得传输效率略有下降，而在 $V_\text{M}=600\text{V}$ 时，两种控制等效。

同时应用类方波调制优化和串联开关换流移相控制时，相较于单独采用类方波调制优化，变换器传输效率得到进一步提升，$V_\text{M}=500\text{V}$ 时的效率最低为 94.15%，$V_\text{M}=700\text{V}$ 时效率最高为 95.92%。在 $V_\text{M}=575\text{V}$ 附近，由于传输电感电流 i_d 过零点接近 v_AB 零电平区间中点，中压侧全桥换流移相优化结果与基本控制相似；而当 V_M 较高时，由于 v_AB 零电平区间较短，换流移相角可调范围减小，因此两者效率接近。

同时应用类方波调制优化和低压侧全桥内移相控制的情况，通过引入低压侧内移相降低 v_AB 零电平区间内电流的峰值和有效值，减小各开关管损耗。在 V_M 较低时优化效果更加显著，$V_\text{M}=500\text{V}$ 时的最低效率提升至 94.23%。在 V_M 大于 650V 的区间内，功率满载情况下一、二次侧全桥移相角 $\varphi>\psi$，因此变换器工作在基本的单移相控制下，与单独采用类方波调制优化时的效率接近。

同时应用上述三种优化控制的情况，可以看到全电压范围内变换器的运行效率均得到了提升，V_M 为 500V、600V、700V 时的效率分别为 94.46%、95.76% 和 95.92%，体现了优化控制方法的有效性。

9.4 本章小结

本章针对模块化多电平 – 串联开关组合式直流变压器拓扑，介绍了三类优化控制策略，包括子模块类方波调制中的动态占空比及内移相控制、基于低压侧全桥内移相的功率控制以及基于零电平区间的中压侧全桥换流移相控制，实现了中压端口电压及传输功率宽范围变化下 $\text{M}^2\text{S}^2\text{DCT}$ 软开关特性、传输电感电流优化与子模块阀串电流优化等目标。本章对三种优化控制下 $\text{M}^2\text{S}^2\text{DCT}$ 工作原理与控制效果进行了分析，并结合仿真与实验进行了原理性验证。上述控制方法充分发掘了变换器中各类开关器件的控制自由度，彼此独立且能够自由组合，实现变换器性能综合提升。

第 10 章

基于T²-DAB的10kV/500kW直流变压器应用设计实例

在中低压直流配电场合，T²-DAB 与 T²-LLC 变换器兼具高变换效率与高功率密度的优势，是 ISOP 型直流变压器子模块拓扑的优选方案。而大功率三相高频变压器作为 T²-DAB 与 T²-LLC 变换器中共同的核心元件，其效率、功率密度、可靠性的高低直接影响着直流变压器的工作性能。本章基于纳米晶矩形磁心构建了三相高频变压器，建立了变压器损耗与温升模型。结合实际应用需求，以变换效率与功率密度为目标，对 120kVA/10kHz 三相高频变压器的结构参数进行优化。通过与许继电气股份有限公司合作，完成了 120kVA/10kHz 三相高频变压器的研制，并最终完成了基于 T²-DAB 变换器的 ISOP 型 10kV/560V/500kW 直流变压器样机。

10.1   T²-DAB 变换模块参数设计

如图 10.1 所示为基于 T²-DAB 变换器的直流变压器拓扑结构，其中压端口电压为 10kV，低压端口电压为 560V。直流变压器由 5 个 T²-DAB 变换器在中压侧串联低压侧并联组成，每个 T²-DAB 变换器子模块的中压端口电压 V_M 为 2kV，低压端口电压 V_L 为 560V，每个子模块的额定传输容量设置为 120kW，并考虑 140kW 的长期过载运行。

首先，基于 2.2.1 节中的参数设计方法，对变换器子模块中的电感、电容参数进行设计。由于实际控制系统性能限制，开关频率设置为 10kHz。考虑到变换器需要满足 140kW 过载情况下长期工作的要求，后续设计中以传输功率为 140kW 为条件进行参数设计。

1）三相高频变压器：为使 DAB 变换器工作于端口电压匹配状态，达到较高的工作效率，变压器匝比 $K = 2000/3/560 = 25/21 \approx 6/5$。根据图 2.7，可得变压器的每相中压侧绕组半周期平均电压为 $4V_M/27$，每相低压侧绕组半周期平均电压为 $4V_L/9$，中压侧绕组电流有效值 I_{p_rms} 为 169.6A，低压侧绕组电流有效值 I_{s_rms} 为 203.5A。为了保证三相电感的一致性，不采用漏感磁集成方案，而是连接额外的电感，与变压器漏感一起作为传输电感，有关三相高频变压器的优化设计将在下一节中详细讨论。

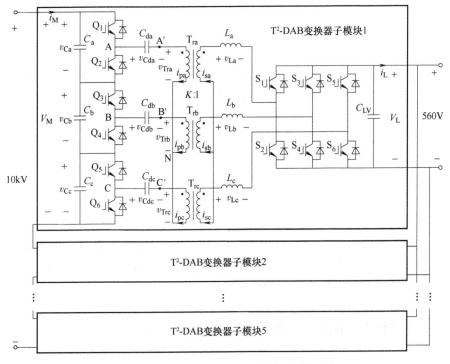

图 10.1　10kV/560V/500kW 直流变压器拓扑

2）传输电感与隔直电容：子模块的 140kW 过载工况下的移相角 φ_N 设置在 45°，根据式（2.14），当假设隔直电容无穷大时，可得中压侧三相传输电感值为 21.67μH。考虑到中压侧绝缘要求较高，传输电感置于低压侧，根据变压器匝比 $K = 6/5$ 可得图 10.1 中电感 $L_a \sim L_c$ 值为 $L_{s0} = 15.05\mu H$。

为了保证三相工作的一致性以及工程应用的可靠性，B 相也加入了隔直电容，其中 A、C 相隔直电容平均电压为 $V_M/3$，即 666.7V。考虑隔直电容的体积以及耐压要求，此处设置隔直电容纹波电压峰值为平均电压的 ±25%，可得隔直电容值 $C_d = 22\mu F$。根据第 2 章中式（2.15）与式（2.16）可知 140kW 工况下变压器中压侧电流 $i_{pa} \sim i_{pc}$ 的峰值为 256.4A，有效值为 169.6A，即每相隔直电容电流有效值为 169.6A。最终采用 3 个谐振电容 DTR1200K6.0 并联（单个电容器额定电流为 75A，耐压为 1200V），以满足耐流与容值要求，样机中三相隔直电容值 C_d 确定为 18μF。

但是由于隔直电容值较小，将在变换器运行中引入明显的 LC 谐振特性，需要对传输电感值作相应修正。根据基波分析法，若保证 DAB 变换器中双有源桥间的交流阻抗值不变，那么双有源桥间的移相角及工作状态基本不变。这说明实际传输电感与隔直电容的等效阻抗之和，应与在隔直电容无穷大条件下计算所得的传输电感 L_{s0}（$15.05\mu H$）的等效交流阻抗相等，由此可得实际三相电感传输值，如式（10.1）所示，其中 ω_s 为开关角频率。按开关频率为 10kHz，隔直电容为 $18\mu F$ 计算得三相传输电感值 $L_s = 24.82\mu H$。

$$L_s = L_{s0} + 1/(\omega_s^2 C_d) \tag{10.1}$$

3）中、低压侧端口电容：中压端口电容 $C_a \sim C_c$ 的平均电压为 2000/3V，按直流变压器工作场景需求，其中压端口电压波动小于 $\pm 1\%$。此处，设电容电压波动为 $\pm 2.5V$（即 $\pm 0.375\%$），根据式（2.18）可得中压端口所需电容值为 $544\mu F$，可选取 $1200V/600\mu F$ 直流滤波电容器。对于低压端口，同样需要满足纹波电压小于 1% 的需求，因此取低压端口电压纹波为 $\pm 0.5V$（即 $\pm 0.1\%$）。根据式（2.19）可得所需电容值为 $376\mu F$，选取 $1200V/400\mu F$ 直流滤波电容器。

4）开关器件应力：根据 2.2.1 节参数设计，中压侧开关管电压峰值为 666.7V，电流有效值为 119.9A，电流峰值为 256.4A。低压侧开关管电压峰值为 560V，电流有效值为 143.9A，电流峰值为 307.7A。中低压侧开关管均选择 ROHM 公司的 SiC-MOSFET 器件 CAS300M12BM2，其耐压为 1200V，额定电流 300A，驱动选用 AgileSwitch 公司驱动器 62EM1。

10.2　大功率三相高频变压器设计

三相高频变压器是 T^2-DAB 变换器中的关键元件，其变换效率、功率密度、绝缘可靠性、散热性能将直接影响变换器的性能。本节将以损耗和体积最小为目标，考虑实际应用中的绝缘要求与散热约束，对大功率三相高频变压器进行优化设计，具体参数要求如表 10.1 所示。

表 10.1　三相高频变压器电气参数要求

中低压绕组匝比	6:5	中压绕组对地工频耐受值（有效值）	35kV
中压侧每相绕组平均电压/V	296.3		
低压侧每相绕组平均电压/V	249.9	低压绕组对地工频耐受值（有效值）	5kV
中压侧每相绕组电流有效值/A	169.6		
低压侧每相绕组电流有效值/A	203.5	中压绕组端间耐受电压（高频方波）	2kV
额定工作频率	10kHz		
散热方式	自然散热	低压绕组端间耐受电压（高频方波）	2kV
绝缘耐热等级	H 级		
漏感（10kHz 下测量低压侧）	<20μH	额定运行效率	>99.5%

三相高频变压器结构如图 10.2 所示，磁心由三个纳米晶矩形磁心组成，在一

个较大的纳米晶磁心内部嵌套两个相同尺寸的小纳米晶磁心。根据 T²-DAB 变换器基本运行原理，可知三相绕组励磁电压之和为 0。为使得三相磁通相互抵消并充分利用磁心窗口面积，三相绕组匝数相同，三个纳米晶矩形磁心的厚度与宽度也相等。三相绕组分别绕制在三个磁心柱上，且均采用利兹线绕制，以减轻高频下趋肤效应与邻近效应的影响。采用中、低压侧绕组包绕的结构，提升磁心窗口利用率，减小变压器体积。而考虑到中压绕组绝缘要求较高，而低压绕组绝缘要求较低，绕制时低压绕组在内层，中压绕组在外层。

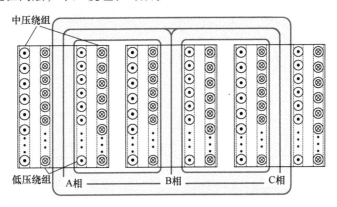

图 10.2　三相高频变压器结构示意图

三相高频变压器结构参数如图 10.3 所示，以 A 相绕组为例，其他两相与之相同。三组纳米晶磁心的厚度均为 l_d，宽度为 l_c，磁心的窗口宽度与高度则由具体绕组匝数、线径等参数决定，待后续进行优化设计。内层低压绕组线径记为 d_{wi}，匝间距为 d_{wwi}，内层绕组层间距为 d_{lli}，外层中压绕组线径记为 d_{wo}，匝间距为 d_{wwo}，外层绕组层间距为 d_{llo}。其中需要注意，d_{wi} 与 d_{wo} 为考虑利兹线填充系数后的线径修正值，而不是导线实际通流截面的线径。为满足中、低压绕组绝缘需求，低压绕组绕制时与磁心留取 d_{cwi} 的间距，中压绕组与磁心铁轭部分留取 d_{cwo} 的间距，中、低压绕组间距为 d_{io}。相邻两相间留取 d_{pp} 的距离，以改善散热与满足绝缘需求。为了改善变压器绝缘性能与机械强度，在绕组绕制完成后对变压器整体进行环氧树脂浇筑，设绕组侧面浇筑的厚度为 d_{jz}，且填充满整个磁心窗口。内部两个磁心的窗口高度均为 h_w，窗口宽度为 d_w，分别如式（10.2）所示，其中，其中 N_{li} 与 N_{lo} 分别为内层低压与外层中压绕组每一层的利兹线匝数，m_i 与 m_o 是内层低压与外层中压绕组的利兹线层数。后续建模与优化将基于图 10.3 所示的结构参数进行。

$$\begin{cases} h_w = \max\left\{ N_{li}d_{wi} + (N_{li}-1)d_{wwi} + 2d_{cwi}, N_{lo}d_{wo} + (N_{lo}-1)d_{wwo} + 2d_{cwo} \right\} \\ d_w = 2\left(d_{cwi} + m_i d_{wi} + (m_i-1)d_{lli} + d_{io} + m_o d_{wo} + (m_o-1)d_{llo} \right) + d_{pp} \end{cases}$$

$$(10.2)$$

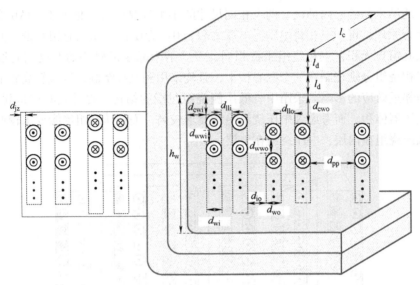

图 10.3　三相高频变压器结构参数示意图

10.2.1　三相高频变压器损耗建模

对于大功率高频变压器，其损耗包括绕组损耗、磁心损耗与介质损耗，其中绝缘介质损耗很小，低于变压器总损耗的 1%，而由于高频下涡流效应的影响，绕组与磁心损耗相较于低频情况下明显上升，导致效率下降，发热严重、绝缘老化。本节基于图 10.2 与图 10.3 中所示的三相高频变压器结构，分别建立了绕组与磁心损耗模型，以进行后续参数优化设计。

1. 绕组损耗

当变压器工作于较高的开关频率时，绕组内电流的分布由于趋肤效应影响而向导体表面集中，而由于相邻导体的邻近效应影响，电流分布向导体相邻侧（相邻导体电流方向相反）或远离侧（相邻导体电流方向相同）集中，从而使得高频下电流分布不均，增大导体的等效电阻与通流损耗。其中，趋肤深度 δ 如式（10.3）所示，定义为导体内电流密度下降至导体表面 37% 的径向距离，ω 为导体电流的角频率，μ 为导体磁导率，σ 为导体电导率。当工作频率为 10kHz 时，趋肤深度 $\delta = 0.66\text{mm}$，通常认为导体直径需小于两倍趋肤深度，以减小绕组损耗。

$$\delta = \sqrt{\frac{2}{\omega\mu\sigma}} \tag{10.3}$$

因此，变压器中低压绕组均采用利兹线绕组绕制，设中、低压绕组利兹线单股导体直径分别为 d_{Litzi} 和 d_{Litzo}（半径分别记为 R_{Litzi} 和 R_{Litzo}），内层低压绕组利兹线股数为 n_{Litzi}，外层中压绕组股数为 n_{Litzo}。受到趋肤效应与邻近效应的影响，利兹线多股导体内电流分布较为复杂，绕组损耗建模困难。F. Tourkhani 于 2001 年提出了利兹线绕组损耗建模方法，该方法将包含多股导体的利兹线作为均匀圆导体处理，将利兹线内磁场分为由外部其他利兹线与内部多股圆导体励磁产生的两个部分，从而在极坐标系下，计算不同位置涡流损耗，通过积分得到最终绕组损耗，详细建模方法如下。

绕组内利兹线几何结构及内部磁场分布如图 10.4 所示，以内侧第 k 层绕组为例。H_{int} 与 H_{ext} 分别为利兹线内部与外部其他绕组产生的磁场强度，R_{wi} 为利兹线半径。假设磁心磁导率无穷大，磁场被局限在窗口内部，且仅按竖直方向分布，如图 10.4 所示。

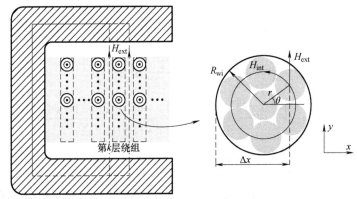

图 10.4　绕组内利兹线几何结构及磁场分布示意图

根据图 10.4，利兹线绕体内任意一点（r，θ）处的磁场强度可表示为式（10.4）。对于图 10.4 中的内侧第 k 层利兹线绕组，其导体内部外部磁场强度 H_{ext} 由前（$k-1$）层绕组与该层绕组共同组成，其表达式如式（10.5）所示，I_{sm} 为内层低压绕组每匝利兹线流过的电流峰值，变量 Δx 在极坐标系下可表示为 $R_{\text{wi}}+r\cos(\theta)$。

$$\vec{H}(r,\theta) = \overrightarrow{H_{\text{ext}}}(r,\theta) + \overrightarrow{H_{\text{int}}}(r,\theta) = (H_{\text{ext}} + H_{\text{int}}\cos(\theta))\vec{y} - H_{\text{int}}\sin(\theta)\vec{x} \qquad (10.4)$$

$$H_{\text{ext}}(\Delta x,k) = (k-1)\frac{N_{\text{li}}I_{\text{sm}}}{h_{\text{w}}} + \frac{N_{\text{li}}I_{\text{sm}}}{h_{\text{w}}}\frac{\Delta x}{2R_{\text{wi}}} = \frac{N_{\text{li}}I_{\text{sm}}}{h_{\text{w}}}\left(\left(k-\frac{1}{2}\right) + \frac{r}{2R_{\text{wi}}}\cos(\theta)\right)$$

$$(10.5)$$

假设在利兹线内部导体均匀分布，且每股导体流过电流均相同，则利兹线内（r，θ）处的内部磁场强度 H_{int} 可表示为式（10.6）。

$$H_{\text{int}}(r) = \frac{I_{\text{sm}}}{\pi R_{\text{wi}}^2}\pi r^2 \times \frac{1}{2\pi r} = \frac{I_{\text{sm}}}{2\pi R_{\text{wi}}^2}r \qquad (10.6)$$

结合式（10.4）~式（10.6），可得内侧第 k 层利兹线（r，θ）处的磁场强度如下所示：

$$\vec{H}(k,r,\theta) = \left(\left(k-\frac{1}{2}+\frac{r}{R_{\text{wi}}}\frac{\cos(\theta)}{2}\right)\frac{N_{\text{li}}I_{\text{sm}}}{h_{\text{w}}} + \frac{I_{\text{sm}}}{2\pi R_{\text{wi}}^2}r\cos(\theta)\right)\vec{y} - \frac{I_{\text{sm}}}{2\pi R_{\text{wi}}^2}r\sin(\theta)\vec{x}$$

$$(10.7)$$

在给定时变磁场 H 下圆导体产生的导通损耗 P_{Litzi} 如式（10.8）所示，Δ_i 为穿透深度，定义为利兹线单股导体直径与趋肤深度之比，式中，ρ 为导体电阻率，$\psi_1(\Delta_i)$、$\psi_2(\Delta_i)$ 表达式如式（10.9）所示，ber 与 bei 为第一类开尔文函数，计算较为复杂，后续优化中采用其泰勒展开式近似计算（当 $\Delta_i < 2$）。

$$
\begin{cases}
P_{\text{Litzi}} = \dfrac{(I_{\text{sm}}/n_{\text{Litzi}})^2\rho}{\sqrt{2}\,\pi\delta d_{\text{Litzi}}}\ \psi_1(\Delta_i) - \dfrac{2\sqrt{2}\,\pi\rho}{\delta}H^2\psi_2(\Delta_i) \\[3mm]
\Delta_i = \dfrac{d_{\text{Litzi}}}{\delta} = \dfrac{2R_{\text{Litzi}}}{\delta}
\end{cases}
\tag{10.8}
$$

$$
\begin{cases}
\psi_1(\Delta_i) = \dfrac{\text{ber}(\Delta_i/\sqrt{2})\,\text{bei}'(\Delta_i/\sqrt{2}) - \text{bei}(\Delta_i/\sqrt{2})\,\text{bei}'(\Delta_i/\sqrt{2})}{\text{ber}'(\Delta_i/\sqrt{2}) + \text{bei}'(\Delta_i/\sqrt{2})} \\[3mm]
\qquad = 2\sqrt{2}\left(\dfrac{1}{\Delta_i} + \dfrac{1}{3\times2^8}\Delta_i^3 - \dfrac{1}{3\times2^{14}}\Delta_i^5 + \cdots\right) \\[3mm]
\psi_2(\Delta_i) = \dfrac{\text{ber}_2(\Delta_i/\sqrt{2})\,\text{bei}'(\Delta_i/\sqrt{2}) + \text{bei}_2(\Delta_i/\sqrt{2})\,\text{bei}'(\Delta_i/\sqrt{2})}{\text{ber}^2(\Delta_i/\sqrt{2}) + \text{bei}^2(\Delta_i/\sqrt{2})} \\[3mm]
\qquad = \dfrac{1}{\sqrt{2}}\left(-\dfrac{1}{2^5}\Delta_i^3 + \dfrac{1}{2^{12}}\Delta_i^7 + \cdots\right)
\end{cases}
\tag{10.9}
$$

那么，对于内层低压绕组中第 k 层，由上至下第 j 匝的利兹线，其单位长度损耗 P_{kj_i} 可根据式（10.8）在极坐标系下进行积分，如式（10.10）所示，式中，β_{ti} 为内层低压绕组利兹线填充系数，如式（10.11）所示（β_{to} 为外层中压绕组利兹线填充系数）。由此可得内层低压绕组总损耗 P_{wi} 如式（10.12）所示，$L_{wi(k)}$ 为内层低压绕组中第 k 层利兹线的平均匝长，可按式（10.13）进行计算，各结构参数已在图 10.3 中给出。

$$
P_{kj\_j} = \int_0^{R_{\text{wi}}}\int_0^{2\pi}\left(\frac{dP_{\text{Litz}}}{dS}r\right)drd\theta = \int_0^{R_{\text{wi}}}\int_0^{2\pi}\left(\frac{P_{\text{Litzi}}\beta_{ti}}{\pi R_{\text{Litzi}}^2}r\right)drd\theta
$$

$$
= I_{\text{sm}}^2\left(\frac{\rho}{\sqrt{2}\,\pi\delta n_{\text{Litzi}}d_{\text{Litzi}}}\psi_1(\Delta_i) - \frac{\rho n_{\text{Litzi}}R_{\text{Litzi}}}{\sqrt{2}\,\delta R_{\text{wi}}^2}\left(\pi\left(\left(k - \frac{1}{2}^2\right) + \frac{1}{16}\right) + \frac{1}{4} + \frac{1}{2\pi}\right)\psi_2(\Delta_i)\right)
\tag{10.10}
$$

$$
\beta_{ti} = \frac{n_{\text{Litzi}}\times\pi R_{\text{Litzi}}^2}{\pi R_{\text{wi}}^2}, \quad \beta_{to} = \frac{n_{\text{Litzo}}\times\pi R_{\text{Litzo}}^2}{\pi R_{\text{wo}}^2}
\tag{10.11}
$$

$$
P_{\text{wi}} = \sum_{k=1}^{m_i}\sum_{j=1}^{N_{li}}(P_{kj\_i}L_{wi(k)}) = \sum_{k=1}^{m_i}(P_{kj\_i}L_{wi(k)}N_{ii}) \approx \frac{1}{m_i}\sum_{k=1}^{m_i}P_{kj\_i}\times\sum_{k=1}^{m_i}(L_{wi(k)}N_{li})
\tag{10.12}
$$

$$
L_{wi(k)} = 4l_d + 2l_c + 8\left(d_{\text{cwi}} + \left(k - \frac{1}{2}\right)d_{\text{wi}} + (k-1)d_{\text{lli}}\right)
\tag{10.13}
$$

对于外层中压绕组，假设磁心的磁导率无穷大，内外层绕组产生的磁场场强刚好抵消，因此对于外层绕组的涡流损耗，可从最外层绕组推导，方法与内层绕组一致，但要注意内外层绕组电流方向不一致，所产生的导体内部磁场场强 H_{int} 的方向要做相应改变。外层中压绕组中由外向内第 k 层，由上至下第 j 匝利兹线单位长度损耗 $P_{\text{kj\_o}}$ 如式（10.14）所示，式中，Δ_{o} 是外层中压绕组的穿透深度，如式（10.15）所示，I_{pm} 是外层中压绕组每匝利兹线流过的电流峰值。外层中压绕组的总损耗如式（10.16）所示，$L_{\text{wo}(k)}$ 是外层中压绕组中由外至内第 k 层利兹线的平均匝长，可按式（10.17）进行计算。总绕组损耗可表示为式（10.18）。

$$P_{\text{kj\_o}} = I_{\text{pm}}^2\left(\frac{\rho}{\sqrt{2}\pi\delta n_{\text{Litzo}}d_{\text{Litzo}}}\psi_1(\Delta_{\text{o}}) - \frac{\rho n_{\text{Litzo}}R_{\text{Litzo}}}{\sqrt{2}\delta R_{\text{wo}}^2}\left(\pi\left(\left(k-\frac{1}{2}\right)^2 + \frac{1}{16}\right) + \frac{1}{4} + \frac{1}{2\pi}\right)\psi_2(\Delta_{\text{o}})\right)$$

$$(10.14)$$

$$\Delta_{\text{o}} = \frac{d_{\text{Litzo}}}{\delta} = \frac{2R_{\text{Litzo}}}{\delta} \tag{10.15}$$

$$P_{\text{wo}} = \sum_{k=1}^{m_{\text{o}}}\sum_{j=1}^{N_{\text{lo}}}\left(P_{\text{kj\_o}}L_{\text{wo}(k)}\right) = \sum_{k=1}^{m_{\text{o}}}\left(P_{\text{kj\_o}}L_{\text{wo}(k)}N_{\text{lo}}\right) \approx \frac{1}{m_{\text{o}}}\sum_{k=1}^{m_{\text{o}}}P_{\text{kj\_o}} \times \sum_{k=1}^{m_{\text{o}}}\left(L_{\text{wo}(k)}N_{\text{lo}}\right)$$

$$(10.16)$$

$$L_{\text{wo}(k)} = 4l_{\text{d}} + 2l_{\text{c}} + 8\left(d_{\text{cwi}} + m_{\text{i}}d_{\text{wi}} + (m_{\text{i}}-1)d_{\text{lli}} + d_{\text{io}} + \left(m_{\text{o}}-k+\frac{1}{2}\right)d_{\text{wo}} + (m_{\text{o}}-k)d_{\text{llo}}\right)$$

$$(10.17)$$

$$P_{\text{winding}} = 3(P_{\text{wi}} + P_{\text{wo}}) \tag{10.18}$$

根据式（10.12）与式（10.16），可得内层低压与外层中压绕组的交流电阻系数 F_{ri} 与 F_{ro} 分别如式（10.19）和式（10.20）所示，R_{dci} 与 R_{dco} 分别为内层低压与外层中压绕组的直流电阻，可知绕组的交流电阻系数 $F_{\text{ri}}/F_{\text{ro}}$ 与穿透深度 $\Delta_{\text{i}}/\Delta_{\text{o}}$、利兹线股数 $n_{\text{Litzi}}/n_{\text{Litzo}}$、层数 $m_{\text{i}}/m_{\text{o}}$、填充系数 $\beta_{\text{ti}}/\beta_{\text{to}}$ 均有关。

$$F_{\text{ri}} = \frac{P_{\text{wi}}/(I_{\text{sm}}^2/2)}{R_{\text{dci}}} = \frac{P_{\text{wi}}/(I_{\text{sm}}^2/2)}{\dfrac{\rho}{\pi R_{\text{Litzi}}^2 n_{\text{Litzi}}}\displaystyle\sum_{k=1}^{m_j}\left(L_{\text{wi}(k)}N_{\text{ls}}\right)}$$

$$\approx \frac{\Delta_{\text{i}}}{2\sqrt{2}}\frac{1}{m_{\text{i}}}\sum_{k=1}^{m_{\text{i}}}\left(\psi_1(\Delta_{\text{i}}) - 2\pi n_{\text{Litzi}}\beta_{\text{ti}}\left(\pi\left(\left(k-\frac{1}{2}\right)^2 + \frac{1}{16}\right) + \frac{1}{4} + \frac{1}{2\pi}\right)\psi_2(\Delta_{\text{i}})\right)$$

$$\approx \frac{\Delta_{\text{i}}}{2\sqrt{2}}\left(\psi_1(\Delta_{\text{i}}) - \frac{\pi^2 n_{\text{Litzi}}\beta_{\text{ti}}}{24}\left(16m_{\text{i}}^2 - 1 + \frac{12}{\pi} + \frac{24}{\pi^2}\right)\psi_2(\Delta_{\text{i}})\right) \tag{10.19}$$

$$F_{\text{ro}} = \frac{P_{\text{wo}}/(I_{\text{pm}}^2/2)}{R_{\text{dco}}} \approx \frac{\Delta_{\text{o}}}{2\sqrt{2}}\left(\psi_1(\Delta_{\text{o}}) - \frac{\pi^2 n_{\text{Litzo}}\beta_{\text{to}}}{24}\left(16m_{\text{o}}^2 - 1 + \frac{12}{\pi} + \frac{24}{\pi^2}\right)\psi_2(\Delta_{\text{o}})\right)$$

$$(10.20)$$

对于本章中待优化的三相变压器，中、低压绕组的电流有效值分别为169.6A和203.5A，根据工程经验，绕组电流密度取 2.5A/mm²，利兹线有效通流面积分别为 67.84mm² 与 81.4mm²。在此确定的通流面积下，如何选取合适的利兹线单股直径与股数是优化中首要面对的问题。当利兹线单股导体直径越小，趋肤效应影响越小，可有效降低绕组损耗。另一方面，在一般情况下 $\Delta < 1$，则式（10.9）中的 $\Psi_2(\Delta) < 0$，根据式（10.19）与式（10.20），随着填充系数增大，交流电阻系数将下降。而由实际利兹线测量参数（如表 10.2 所示）可知，利兹线填充系数随单股导体直径的增大而增大。那么，随着单股导体直径的增大，交流电阻系数也可能由于填充系数的增大而减小。

表 10.2　利兹线填充系数随通流面积与单股直径分布

单股导通直径/m	通流面积/mm²				
	9.8	15.7	19.5	23.6	平均值
0.05	0.4921	0.4913	0.4918	0.4918	0.4918
0.1	0.5432	0.5254	0.5251	0.5263	0.5300
0.2	0.5770	/	0.5772	0.5778	0.5733

根据表 10.2，利兹线填充系数与通流面积弱相关，因此假设利兹线填充系数仅随单股直径呈线性相关，以表 10.2 中不同单股直径下的平均值进行拟合，可得填充系数为 $\beta_t = 0.5276 d_{\text{Litz}} + 0.4702$，式中，$d_{\text{Litz}}$ 单位为 mm。将该表达式代入式（10.19），可得中压绕组在 10kHz 的工作频率与不同利兹线层数情况下交流电阻系数随利兹线单股导体直径变化曲线，如图 10.5 所示，可知交流电阻系数随着利兹线单股导体直径与层数的增大而增大。因此，在变压器设计中，绕组层数通常限制在 1~2 层。考虑到过细的单股导体带来的机械强度降低、焊接困难的问题，根据实际工程经验，中、低压绕组均选用单股导体直径为 0.1mm 的利兹线，此时单层交流电阻系数分别为 1.156 与 1.187，股数为 8700 与 10400。

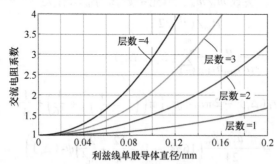

图 10.5　不同层数下，中压绕组交流电阻系数随单股导体直径变化曲线（10kHz 情况下）

2. 磁心损耗

变压器磁心损耗主要包含涡流损耗、磁滞损耗与附加损耗，考虑磁材的物理特性进行损耗建模十分复杂与困难，目前普遍采用经验公式计算，正弦电压励磁下的磁心损耗经验公式，如式（10.21）所示，称为 Steinmetz 公式，其中 f_s 为工作频率，B_m 为最大工作磁密，K_v、α、β 可通过对不同工作频率与磁密下的损耗实测数据进行参数拟合得到。待优化的三相变压器将采用北京安泰纳米晶磁心，$\alpha = 1.392$、$\beta = 2.095$、$K_v = 7.413 \times 10^{-5}$。

$$P_v = K_v f_s^{\alpha} B_m^{\beta} \tag{10.21}$$

而根据图2.7，变压器绕组励磁电压为特殊的四电平波形，直接使用Steinmetz公式将产生较大误差。IGSE（Improved Generalized Steinmetz Equation）算法进一步考虑了不同波形励磁下磁心磁化过程的差异，其损耗表达式如式（10.22）所示，由于绕组励磁电压正负半周对称，P_v可化简如下，代入上述K_v、α、β拟合值，可得式中k_1。

$$\begin{cases} P_v = \dfrac{1}{T_s} \displaystyle\int_0^{T_s} \left(k_1 \left| \dfrac{\mathrm{d}B(t)}{\mathrm{d}t} \right|^{\alpha} |\Delta B|^{\beta-\alpha} \right) \mathrm{d}t = \dfrac{2}{T_s} \displaystyle\int_0^{T_s/2} \left(k_1 \left| \dfrac{\mathrm{d}B(t)}{\mathrm{d}t} \right|^{\alpha} |\Delta B|^{\beta-\alpha} \right) \mathrm{d}t \\ \\ k_1 = \dfrac{K_v}{(2\pi)^{\alpha-1} \displaystyle\int_0^{2\pi} (|\cos\theta|^{\alpha} 2^{\beta-\alpha}) \mathrm{d}\theta} = 6.173 \times 10^{-6} \end{cases}$$
$$\tag{10.22}$$

为得到式（10.22）中的$\mathrm{d}B(t)/\mathrm{d}t$与$\Delta B$参数，下面对图10.2中所示的三相变压器进行磁路分析。在该三相变压器中，每组磁心中的工作磁密分别由其匝链的两相绕组电压决定。考虑内、外两组纳米晶磁心的磁路长度不等，其磁通大小也不相同。忽略漏磁通的影响，图10.2中的三相高频变压器的等效磁路模型如图10.6所示，F_A、F_B、F_C为三相磁动势，R_{ABu}与R_{ABl}分别为被AB两相绕组共同包绕的矩形磁心上、下部分的等效磁阻，R_{BCu}、R_{BCl}与R_{CAu}、R_{CAl}定义同理。

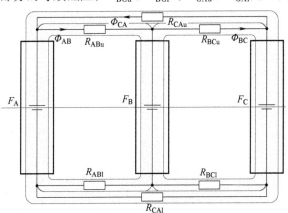

图10.6　三相高频变压器等效磁路模型

根据T²-DAB变换器工作原理可知，三相磁动势之和$F_A + F_B + F_C = 0$，而根据图10.3中的结构参数，可得R_{ABu}等磁阻的表达式。内层两个矩形磁心的结构参数一致，故有$R_{ABu} + R_{ABl} = R_{BCu} + R_{BCl} = R_{mc}$，而对于外层矩形磁心，设$R_{CAu} + R_{CAl} = k_{mo} R_{mc}$。根据磁阻定义与图10.3，以平均磁路长度计算可得k_{mo}，如式（10.23）所示，其中l_{AB}为由AB相绕组共同励磁的磁心（称作AB相磁心）的平均磁路长度，

l_{CA} 是 CA 相磁心的平均磁路长度。进一步地，根据图 10.6 可得式（10.24），由于三组矩形磁心的导磁面积均为 $A_e = l_c l_d$，对应的磁密 B_{AB}、B_{BC} 与 B_{CA} 满足式（10.25）。

$$k_{mo} = \frac{l_{CA}}{l_{AB}} = \frac{h_w + 2d_w + 8l_d}{h_w + d_w + 2l_d} \tag{10.23}$$

$$\Phi_{AB} + \Phi_{BC} + k_{mo}\Phi_{CA} = 0 \tag{10.24}$$

$$B_{AB} + B_{BC} + k_{mo}B_{CA} = 0 \tag{10.25}$$

由电磁感应定律可得式（10.26），其中，v_{Tra}、v_{Trb}、v_{Trc} 分别为三相变压器中压绕组电压，N_p 为中压绕组总匝数。根据图 10.1，电感置于低压绕组侧，那么 v_{Tra}、v_{Trb}、v_{Trc} 分别等于 $v_{A'N}$、$v_{B'N}$、$v_{C'N}$，从而结合图 2.7 与式（10.25），可得 dB_{CA}/dt 的表达式，如式（10.27）所示。

$$\begin{cases} N_p A_e \dfrac{dB_{AB}}{dt} - N_p A_e \dfrac{dB_{CA}}{dt} = v_{Tra} = v_{A'N} \\[2mm] N_p A_e \dfrac{dB_{BC}}{dt} - N_p A_e \dfrac{dB_{AB}}{dt} = v_{Trb} = v_{B'N} \\[2mm] N_p A_e \dfrac{dB_{CA}}{dt} - N_p A_e \dfrac{dB_{BC}}{dt} = v_{Trc} = v_{C'N} \end{cases} \tag{10.26}$$

$$\frac{dB_{CA}(t)}{dt} = \frac{1}{2+k_{mo}} \times \frac{v_{C'N}(t) - v_{A'N}(t)}{N_p A_e} = \begin{cases} 0 & t_0 \leqslant t < \dfrac{T_s}{6} \text{或} \dfrac{T_s}{2} \leqslant t < \dfrac{2T_s}{3} \\[2mm] -\dfrac{1}{2+k_{mo}} \times \dfrac{V_M}{3N_p A_e} & \dfrac{T_s}{6} \leqslant t < \dfrac{T_s}{2} \\[2mm] \dfrac{1}{2+k_{mo}} \times \dfrac{V_M}{3N_p A_e} & \dfrac{2T_s}{3} \leqslant t < T_s \end{cases} \tag{10.27}$$

根据图 2.7、式（10.26）与式（10.27），可得 $dB_{AB}(t)/dt$ 与 $dB_{BC}(t)/dt$ 表达式，分别如式（10.28）与式（10.29）所示。

$$\frac{dB_{AB}(t)}{dt} = \frac{v_{A'N}}{N_p A_e} + \frac{dB_{CA}(t)}{dt} = \begin{cases} \dfrac{V_M}{9N_p A_e} & t_0 \leqslant t < \dfrac{T_s}{6} \\[2mm] \left(\dfrac{2}{3} - \dfrac{1}{2+k_{mo}} \right) \times \dfrac{V_M}{3N_p A_e} & \dfrac{T_s}{6} \leqslant t < \dfrac{T_s}{3} \\[2mm] \left(\dfrac{1}{3} - \dfrac{1}{2+k_{mo}} \right) \times \dfrac{V_M}{3N_p A_e} & \dfrac{T_s}{3} \leqslant t < \dfrac{T_s}{2} \\[2mm] -\dfrac{V_M}{9N_p A_e} & \dfrac{T_s}{2} \leqslant t < \dfrac{2T_s}{3} \\[2mm] \left(\dfrac{1}{2+k_{mo}} - \dfrac{2}{3} \right) \times \dfrac{V_M}{3N_p A_e} & \dfrac{2T_s}{3} \leqslant t < \dfrac{5T_s}{6} \\[2mm] \left(\dfrac{1}{2+k_{mo}} - \dfrac{1}{3} \right) \times \dfrac{V_M}{3N_p A_e} & \dfrac{5T_s}{6} \leqslant t < T_s \end{cases} \tag{10.28}$$

$$\frac{\mathrm{d}B_{\mathrm{BC}}(t)}{\mathrm{d}t}=\frac{\mathrm{d}B_{\mathrm{CA}}(t)}{\mathrm{d}t}-\frac{v_{\mathrm{C'N}}}{N_{\mathrm{p}}A_{\mathrm{e}}}=\begin{cases}-\dfrac{V_{\mathrm{M}}}{9N_{\mathrm{p}}A_{\mathrm{e}}} & t_0\leqslant t<\dfrac{T_{\mathrm{s}}}{6}\\[10pt]\left(\dfrac{1}{3}-\dfrac{1}{2+k_{\mathrm{mo}}}\right)\times\dfrac{V_{\mathrm{M}}}{3N_{\mathrm{p}}A_{\mathrm{e}}} & \dfrac{T_{\mathrm{s}}}{6}\leqslant t<\dfrac{T_{\mathrm{s}}}{3}\\[10pt]\left(\dfrac{2}{3}-\dfrac{1}{2+k_{\mathrm{mo}}}\right)\times\dfrac{V_{\mathrm{M}}}{3N_{\mathrm{p}}A_{\mathrm{e}}} & \dfrac{T_{\mathrm{s}}}{3}\leqslant t<\dfrac{T_{\mathrm{s}}}{2}\\[10pt]\dfrac{V_{\mathrm{M}}}{9N_{\mathrm{p}}A_{\mathrm{e}}} & \dfrac{T_{\mathrm{s}}}{2}\leqslant t<\dfrac{2T_{\mathrm{s}}}{3}\\[10pt]\left(\dfrac{1}{2+k_{\mathrm{mo}}}-\dfrac{1}{3}\right)\times\dfrac{V_{\mathrm{M}}}{3N_{\mathrm{p}}A_{\mathrm{e}}} & \dfrac{2T_{\mathrm{s}}}{3}\leqslant t<\dfrac{5T_{\mathrm{s}}}{6}\\[10pt]\left(\dfrac{1}{2+k_{\mathrm{mo}}}-\dfrac{2}{3}\right)\times\dfrac{V_{\mathrm{M}}}{3N_{\mathrm{p}}A_{\mathrm{e}}} & \dfrac{5T_{\mathrm{s}}}{6}\leqslant t<T_{\mathrm{s}}\end{cases}\tag{10.29}$$

为验证上述分析的正确性，通过实验测量了该结构的三相变压器内、外层磁心中的磁通，测试系统示意图及磁心结构参数如图 10.7 所示，内层磁心窗口宽度 $d_{\mathrm{w}}=85\mathrm{mm}$，窗口高度 $h_{\mathrm{w}}=150\mathrm{mm}$，磁心厚度为 $l_{\mathrm{d}}=2.7\mathrm{mm}$，计算可得磁阻比 $k_{\mathrm{mo}}=1.421$。在内、外层磁心上分别绕组测试绕组，测试绕组匝数与中压绕组匝数一致，均为 8 匝。通过测量测试绕组感应电压 $v_{\mathrm{c1}}\sim v_{\mathrm{c3}}$ 可知内外层磁心中的磁密分布关系。

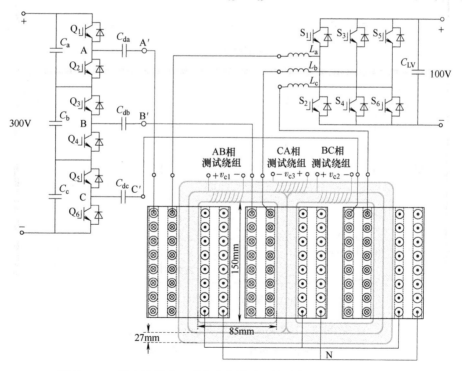

图 10.7　三相变压器磁心磁密分布测试系统示意图及磁心结构参数

由上述分析可知，测试绕组电压与中压绕组电压的关系满足式（10.30）。在中、低压端口电压分别为 300V 与 100V 条件下，对三相变压器的中压绕组电压 $v_{A'N} \sim v_{C'N}$ 进行了测量，并根据式（10.30）在示波器中实时计算了测量绕组的感应电压，结果如图 10.8 所示，计算结果与实时测量的绕组电压 $v_{c1} \sim v_{c3}$ 基本吻合，外层 CA 相磁心的感应电压 v_{c3} 偏小，其工作磁密也较小，而内层 AB 与 BC 相磁心的工作磁密则将偏高。因此，在后续优化与计算中，将分别对内外层磁心的单位损耗进行计算。

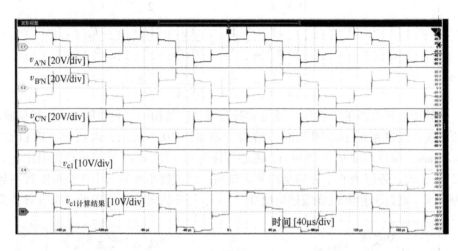

a) v_{c1} 测量与计算结果对比

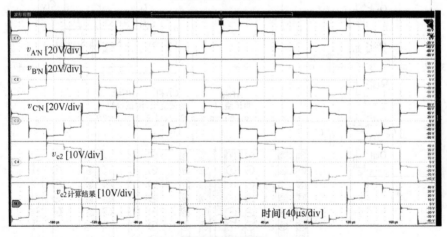

b) v_{c2} 测量与计算结果对比

图 10.8　三相高频变压器绕组电压 $v_{A'N} \sim v_{C'N}$、

测量绕组电压 $v_{c1} \sim v_{c3}$ 及计算结果

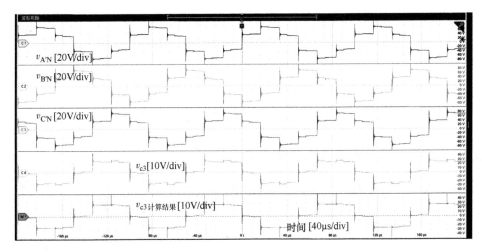

c) v_{c3} 测量与计算结果对比

图 10.8　三相高频变压器绕组电压 $v_{A'N} \sim v_{C'N}$、测量绕组电压 $v_{c1} \sim v_{c3}$ 及计算结果（续）

$$
\begin{cases}
v_{c1} = v_{A'N} + \dfrac{v_{C'N} - v_{A'N}}{2 + k_{mo}} = \dfrac{1 + k_{mo}}{2 + k_{mo}} \times v_{A'N} + \dfrac{1}{2 + k_{mo}} \times v_{C'N} \\[3mm]
v_{c2} = -v_{C'N} - \dfrac{v_{C'N} - v_{A'N}}{2 + k_{mo}} = \dfrac{1}{2 + k_{mo}} \times v_{A'N} - \dfrac{3 + k_{mo}}{2 + k_{mo}} \times v_{C'N} \\[3mm]
v_{c3} = \dfrac{v_{C'N} - v_{A'N}}{2 + k_{mo}} = -\dfrac{1}{2 + k_{mo}} \times v_{A'N} + \dfrac{1}{2 + k_{mo}} \times v_{C'N}
\end{cases}
\tag{10.30}
$$

进一步地，由式（10.27）~ 式（10.29）可得，外层 CA 相磁心和内层 AB、BC 相磁心的最大工作磁密 B_{mCA} 与 B_{mAB}、B_{mBC} 分别如式（10.31）与式（10.32）所示。

$$
B_{mCA} = \frac{1}{2 + k_{mo}} \times \frac{V_M}{3N_p A_e} \times \frac{T_s}{3} \times \frac{1}{2} = \frac{V_M T_s}{18(2 + k_{mo})N_p A_e}
\tag{10.31}
$$

$$
B_{mAB} = B_{mBC} = \frac{V_M T_s}{27 N_p A_e} - \frac{V_M T_s}{18(2 + k_{mo})N_p A_e}
\tag{10.32}
$$

将式（10.27）~ 式（10.32）代入式（10.22），可分别得到外层 CA 相磁心和内层 AB、BC 相磁心的单位体积损耗 P_{vCA} 与 P_{vAB}、P_{vBC}，分别如式（10.33）与式（10.34）所示。

$$
\begin{aligned}
P_{vCA} &= \frac{2}{T_s} \int_{T_s/2}^{T_s/6} \left(k_1 \left| \frac{V_M}{3(2 + k_{mo})N_p A_e} \right|^{\alpha} |2B_{mCA}|^{\beta - \alpha} \right) dt = \frac{2}{3} k_1 \times \left(\frac{6B_{mCA}}{T_s} \right)^{\alpha} (2B_{mCA})^{\beta - \alpha} \\
&= k_1 2^{\beta + 1} 3^{\alpha - 1} f_s^{\alpha} B_{mCA}^{\beta}
\end{aligned}
\tag{10.33}
$$

$$
P_{vAB} = P_{vBC} = \frac{k_1}{3} \times |2B_{mAB}|^{\beta - \alpha} \left| \frac{V_M}{3N_p A_e} \right|^{\alpha} \left(\frac{1}{3^{\alpha}} + \left| \frac{2}{3} - \frac{1}{2 + k_{mo}} \right|^{\alpha} + \left| \frac{1}{3} - \frac{1}{2 + k_{mo}} \right|^{\alpha} \right)
$$

$$
\tag{10.34}
$$

那么，磁心的总损耗可按式（10.35）进行计算，其中 V_{core_AB} 与 V_{core_CA} 分别是内层与外层矩形磁心的体积，ρ_{core} 为磁心密度，取 7.18kg/L。综上可得变压器总损耗 $P_{loss} = P_{core} + P_{winding}$。

$$
\begin{aligned}
P_{core} &= 2P_{vAB}\rho_{core}V_{core\_AB} + P_{vCA}\rho_{core}V_{core\_CA} \\
&= 2P_{vAB}\rho_{core}\left[\,(h_w + 2l_d)(d_w + 2l_d) - h_w d_w\,\right]l_c \\
&\quad + P_{vCA}\rho_{core}\left[\,(h_w + 4l_d)(2d_w + 6l_d) - (h_w + 2l_d)(d_w + 4l_d)\,\right]l_c \quad (10.35)
\end{aligned}
$$

10.2.2　三相高频变压器温升约束

根据表 10.1 中的应用要求，该三相高频变压器将对绕组整体进行环氧树脂浇筑，并采用自然散热，这对大功率高频变压器的散热能力提出挑战。因此，在优化变压器的结构参数时，必须充分考虑对散热能力的影响，将工作温度限制在合理范围之内。本节将建立三相变压器的热阻网络（如图 10.9 所示），并基于 10.2.1 节中的损耗数据，计算不同位置的温度，包括：磁心柱中心温度 T_c、内层低压绕组中心温度 T_i、外层中压绕组中心温度 T_o、磁心铁轭中心温度 T_{s1}、绕组外浇筑面侧表面中心温度 T_{s2}、绕组外浇筑面上表面中心温度 T_{s3} 作为计算的温度点，T_a 是环境温度，在后续计算中取 25℃（即 298K）。

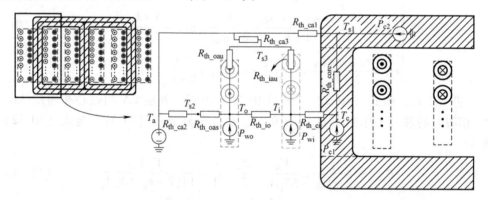

图 10.9　变压器 A 相部分的热阻网络模型

由于在后续优化中发现，变压器中、低压绕组采用单层绕组结构时，损耗与体积最小，因此，本节中以单层中、低压绕组结构为例，对 A 相部分进行热阻建模，热阻网络模型如图 10.9 所示，其中绕组损耗 P_{wi} 与 P_{wo} 可根据式（10.12）与式（10.16）计算，P_{c1} 为磁心柱部分的损耗，P_{c2} 为 A 相磁心（见图 10.9 中实线框中磁心）铁轭部分的损耗，P_{c1} 与 P_{c2} 表达式如式（10.36）和式（10.37）所示。

$$
P_{c1} = \rho_{core} \times l_c l_d h_w \times (P_{vCA} + P_{vAB}) \quad (10.36)
$$

$$
P_{c2} = \rho_{core} \times \left(P_{vCA} \times l_c l_d \left(\frac{d_w}{2} + 3l_d \right) + P_{vAB} \times l_c l_d \left(\frac{d_w}{2} + l_d \right) \right) \quad (10.37)
$$

热传递的方式分为热传导、热对流与热辐射三种，下面根据不同的热传递方式，分别计算图 10.9 中的各部分热阻：

1）变压器磁心柱向铁轭部分的传导热阻 $R_{\text{th\_core}}$：其表达式如式（10.38）所示，可理解为磁心柱分别向上、下铁轭传导热阻并联。假设磁心柱部分的发热均匀且温度相同，热量由磁心柱均匀地向两端铁轭传递，热传导的长度为 $h_{\text{w}}/4$。式中 λ_{core} 是纳米晶磁心的导热系数，取 $10\text{W}/(\text{m}\cdot\text{K})$（沿带材方向）。

$$R_{\text{th\_core}} = \frac{1}{2} \times \frac{h_{\text{w}}/4}{\lambda_{\text{core}} \times 2l_c l_d} = \frac{h_{\text{w}}}{16\lambda_{\text{core}} l_c l_d} \tag{10.38}$$

2）磁心与内层低压绕组的传导热阻 $R_{\text{th\_ci}}$：磁心柱与内层低压绕组间填充环氧树脂，两者之间的热传导面积为内层绕组包绕磁心柱的表面积，传导长度为填充的环氧树脂厚度。将利兹线层等效为厚度为 d_{wi}、高度为 h_{w} 的铜箔以便于计算 $R_{\text{th\_ci}}$，取利兹线层和磁心柱分别与环氧树脂接触面的平均值作为热传导面积，热传导长度为内层绕组与磁心间的绝缘距离 d_{cwi}。$R_{\text{th\_ci}}$ 表达式如式（10.39）所示，其中 λ_{epoxy} 是环氧树脂的导热系数，对于所采用的环氧树脂阻燃灌封胶 HT6312，$\lambda_{\text{epoxy}} = 0.5\text{W}/(\text{m}\cdot\text{K})$。

$$R_{\text{th\_ci}} = \frac{d_{\text{cwi}}}{\lambda_{\text{epoxy}} \times (2l_c + 4l_d + 4d_{\text{cwi}})h_{\text{w}}} \tag{10.39}$$

3）内层低压与外层中压绕组之间的传导热阻 $R_{\text{th\_io}}$：其计算方法与 2）类似，将外层中压绕组也抽象为一层厚度为 d_{wo}、高度为 h_{w} 的铜箔。$R_{\text{th\_io}}$ 表达式如式（10.40）所示。

$$R_{\text{th\_io}} = \frac{d_{\text{io}}}{\lambda_{\text{epoxy}} \times (2l_c + 4l_d + 8d_{\text{cwi}} + 8d_{\text{wi}} + 4d_{\text{io}})h_{\text{w}}} \tag{10.40}$$

4）外层中压绕组与绕组外侧面的传导热阻 $R_{\text{th\_oas}}$：其表达式如式（10.41）所示，传导长度为外层浇筑的环氧树脂厚度 d_{jz}。

$$R_{\text{th\_oas}} = \frac{d_{\text{jz}}}{\lambda_{\text{epoxy}} \times (2l_c + 4l_d + 8d_{\text{cwi}} + 8d_{\text{wi}} + 8d_{\text{io}} + 8d_{\text{wo}} + 4d_{\text{jz}})h_{\text{w}}} \tag{10.41}$$

5）低、中压绕组向绕组上下面的传导热阻 $R_{\text{th\_iau}}$、$R_{\text{th\_oau}}$ 如式（10.42）与式（10.43）所示，需注意绕组同时向上下两个表面传导热量，其热阻需乘以 $1/2$。

$$R_{\text{th\_iau}} = \frac{1}{2} \times \frac{d_{\text{cwi}}}{\lambda_{\text{eqpoxy}} \times ((l_c + 2d_{\text{cwi}} + 2d_{\text{wi}})(2l_d + 2d_{\text{cwi}} + 2d_{\text{wi}}) - (l_c + 2d_{\text{cwi}})(2l_d + 2d_{\text{cwi}}))} \tag{10.42}$$

$$R_{\text{th\_oau}} = \frac{1}{2} \times \frac{d_{\text{cwo}}}{\lambda_{\text{eqpoxy}} \times \left(\begin{array}{c} (l_c + 2(d_{\text{cwi}} + d_{\text{wi}} + d_{\text{io}} + d_{\text{wo}}))(2l_d + 2(d_{\text{cwi}} + d_{\text{wi}} + d_{\text{io}} + d_{\text{wo}})) \\ - (l_c + 2(d_{\text{cwi}} + d_{\text{wi}} + d_{\text{io}}))(2l_d + 2(d_{\text{cwi}} + d_{\text{wi}} + d_{\text{io}})) \end{array} \right)} \tag{10.43}$$

6）$R_{\text{th\_ca1}}$、$R_{\text{th\_ca2}}$ 与 $R_{\text{th\_ca3}}$ 分别为变压器磁心铁轭、绕组浇筑后的侧表面、上下表面与空气间的对流换热热阻。在计算自然散热方式下的热对流热阻时，竖直面

（如绕组侧表面）与水平面（绕组上下表面）的计算过程有所不同，下面以 $R_{\text{th\_ca2}}$ 为例给出详细计算过程。首先，要计算对流换热表面定性温度 $T_{m2}=(T_a+T_{s2})/2$，确定干空气的导热系数 λ_{a2}、普朗特数 P_{r2}、运动粘度 ν_2 与体积膨胀系数 $\beta_2=1/T_{m2}$（计算过程中温度的单位均为开尔文 K），其中，不同温度下的干空气的物理参数如表 10.3 所示。

表 10.3 干空气的物理参数

T_a/K	$\lambda_a\times10^2/[\text{W}/(\text{m}\cdot\text{K})]$	$\nu\times10^6/(\text{m}^2/\text{s})$	P_r
273 + 10	2.51	14.16	0.705
273 + 20	2.59	15.06	0.703
273 + 30	2.67	16.00	0.701
273 + 40	2.76	16.96	0.699
273 + 50	2.83	17.95	0.698
273 + 60	2.90	18.97	0.696
273 + 70	2.96	20.02	0.694
273 + 80	3.05	21.09	0.692

然后，计算侧表面的自然换热过程的格拉晓夫数与普朗特数乘积，如式（10.44）所示，其中 g 为重力加速度，取 $9.81\,\text{m/s}^2$，D_2 为定型尺寸，对于竖直面，定型尺寸 D_2 为竖直面高度，而对于水平面，定型尺寸 D_2 等于面积与周长的比值。因此，对于绕组外侧面，取 $D_2=h_w$。根据式（10.44），计算可得竖直面的努赛尔数 N_{u2}，如式（10.45）所示，而对于绕组上、下水平表面，其努赛尔系数分别如式（10.46）所示。从而，可得绕组外侧面的自然对流换热系数，如式（10.47）所示。

$$G_{r2}P_{r2}=\frac{g\beta_2(T_{s2}-T_a)D_2^3}{\nu_2^2}P_{r2}=(T_{s2}-T_a)h_w^3P_{r2} \tag{10.44}$$

$$N_{u2}=\begin{cases}0.54G_{r2}^{1/4}P_{r2}^{1/4} & 10^4<G_{r2}P_{r2}<10^9 \\ 0.10G_{r2}^{1/3}P_{r2}^{1/3} & 10^9<G_{r2}P_{r2}<10^{13}\end{cases} \tag{10.45}$$

$$N_{u2}=\begin{cases}0.54G_r^{1/4}P_r^{1/4} & 2\times10^4<G_rP_r<8\times10^6 \\ 0.15G_r^{1/3}P_r^{1/3} & 8\times10^6<G_rP_r<10^{11}\end{cases} \quad\text{（向上水平面）}$$

$$=0.58G_r^{1/5}P_r^{1/5} \quad 10^5<G_rP_r<10^{11} \quad\text{（向下水平面）} \tag{10.46}$$

$$h_2=N_{u2}\lambda_a/h_w \tag{10.47}$$

另一方面，在自然对流散热的同时，绕组外侧面还通过热辐射向外传导热量，相应的表面热辐射换热系数如式（10.48）所示，δ 为斯蒂芬-波尔茨曼常数，即 $5.67\times10^{-8}\,\text{W}/(\text{m}^2\cdot\text{K}^4)$，$\varepsilon_i$ 为辐射面的黑度或辐射率，假设变压器采用树脂真空浇筑，ε_i 约为 0.92。

$$h_{2\_rad} = \delta\varepsilon_i (T_a^2 + T_{s2}^2)(T_a + T_{s2}) \tag{10.48}$$

综上可得变压器绕组外侧表面的总热阻 R_{th_ca2} 表达式，如式（10.49）所示，S_{ca2} 为绕组外侧面的散热面积。以相同的方法可计算得到热阻 R_{th_ca1} 与 R_{th_ca3}，此处不做赘述。根据图 10.6，可得变压器 A 相热阻网络方程，如式（10.50）所示，其中参数 $A_{11} \sim A_{55}$ 如式（10.51）所示。求解式（10.50）可得各节点的稳态工作温度，A、C 相结构对称，工作温度相同，而 B 相可按相同方法进行计算。

$$R_{th\_ca2} = \frac{1}{(h_2 + h_{2\_rad})S_{ca2}} = \frac{1}{(h_2 + h_{2\_rad}) \times h_w \left(\begin{array}{c} 2(2l_d + 2d_w - d_{pp}/2 + d_{jz}) \\ + (l_c + 2(d_w - d_{pp}/2 + d_{jz})) \end{array} \right)} \tag{10.49}$$

$$
\begin{bmatrix}
A_{11} & -1/R_{th\_io} & 0 & 0 & -1/R_{th\_oau} \\
-1/R_{th\_io} & A_{22} & -1/R_{th\_ci} & 0 & -1/R_{th\_iau} \\
0 & -1/R_{th\_ci} & A_{33} & -1/R_{th\_core} & 0 \\
0 & 0 & -1/R_{th\_core} & A_{44} & 0 \\
-1/R_{th\_oau} & -1/R_{th\_iau} & 0 & 0 & A_{55}
\end{bmatrix}
\begin{bmatrix}
T_o \\ T_i \\ T_c \\ T_{s1} \\ T_{s3}
\end{bmatrix}
$$
$$
=
\begin{bmatrix}
1 & 0 & 0 & 0 & 1/(R_{th\_ca2} + R_{th\_oas}) \\
0 & 1 & 0 & 0 & 0 \\
0 & 0 & 1 & 0 & 0 \\
0 & 0 & 0 & 1 & 1/R_{th\_ca1} \\
0 & 0 & 0 & 0 & 1/R_{th\_ca3}
\end{bmatrix}
\begin{bmatrix}
P_{wo} \\ P_{wi} \\ P_{c1} \\ P_{c2} \\ T_a
\end{bmatrix} \tag{10.50}
$$

$$
\begin{cases}
A_{11} = \dfrac{1}{R_{th\_ca2} + R_{th\_oas}} + \dfrac{1}{R_{th\_oau}} + \dfrac{1}{R_{th\_io}} \\[3mm]
A_{22} = \dfrac{1}{R_{th\_io}} + \dfrac{1}{R_{th\_iau}} + \dfrac{1}{R_{th\_ci}} \\[3mm]
A_{33} = \dfrac{1}{R_{th\_ci}} + \dfrac{1}{R_{th\_core}} \\[3mm]
A_{44} = \dfrac{1}{R_{th\_core}} + \dfrac{1}{R_{th\_ca1}} \\[3mm]
A_{55} = \dfrac{1}{R_{th\_ca3}} + \dfrac{1}{R_{th\_oau}} + \dfrac{1}{R_{th\_iau}}
\end{cases} \tag{10.51}
$$

10.2.3　三相高频变压器漏感约束

在变压器设计中，除温升限制之外，还需要将高频变压器的漏感限制在 10.1 节中的设计值以下。变压器的漏感可通过计算漏磁能量并进行等效得到，如

图 10.10 所示，漏磁能量主要储存在中低压绕组间主绝缘层、中低压绕组内层间以及绕组每层内的导体与匝间。根据图 10.10 所示的磁势分布图，由最内层低压绕组到最外层中压绕组，磁势先上升后下降，在中低压绕组间的主绝缘层中达到最高。而在 35kV 绝缘需求下，主绝缘宽度较大，使得主绝缘层中漏磁储能在总漏磁能量中占主导地位，显著影响着变压器等效漏感值。为简化漏感建模过程，下假设磁心磁导率无穷大，磁场被局限在窗口内部。

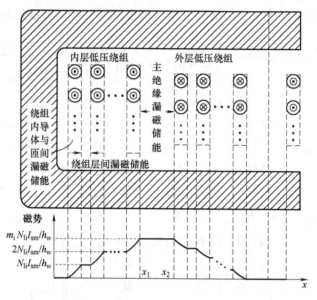

图 10.10　变压器窗口内磁势分布

1）中低压绕组间主绝缘漏磁储能：根据磁场能量公式，可得主绝缘漏磁储能 W_{io} 表达式如式（10.52）所示，其中 L_{ins_io} 为主绝缘层的平均长度，I_{sm} 为低压绕组电流峰值，N_s 是低压绕组的总匝数，有 $N_s = m_i N_{li}$。

$$W_{io} = \frac{1}{2}\int_V \vec{H} \cdot \vec{B}\, dv = \frac{\mu}{2}\int_{x_1}^{x_2} \frac{1}{2}\left(\frac{m_i N_{li} I_{sm}}{h_w}\right)^2 dx \cdot L_{ins\_io} h_w$$

$$= I_{sm}^2 \frac{\mu N_s^2 d_{io}}{4 h_w}\left\{4 l_d + 2 l_c + 8\left(d_{cwi} + m_i d_{wi} + (m_i - 1) d_{lli} + \frac{1}{2} d_{io}\right)\right\} \quad (10.52)$$

2）中低压绕组内层间漏磁储能：对于低压绕组，由内向外第 k 层层间磁场强度峰值为 $k N_{li} I_{sm}/h_w$，那么低压绕组的层间漏磁储能 W_{lli} 可表示为式（10.53），其中 $L_{lli(k)}$ 为低压绕组由内向外第 k 层的层间绝缘平均长度，可按式（10.54）计算：

$$W_{lli} = I_{sm}^2 \frac{\mu N_{li}^2 d_{lli}}{4 h_w}\sum_{k=1}^{m_i - 1}\left(k^2 L_{lli(k)}\right) \quad (10.53)$$

$$L_{lli(k)} = 4 l_d + 2 l_c + 8\left[d_{cwi} + k d_{wi} + \left(k - \frac{1}{2}\right) d_{lli}\right] \quad (10.54)$$

对于外层中压绕组，可由外向内进行计算。其有外向内第 k 层层间磁场强度峰值为 $kN_{lo}I_{pm}/h_w$，则中压绕组的层间总漏磁储能 W_{llo} 表达式如式（10.55）所示，$L_{llo(k)}$ 为中压绕组由外向内第 k 层层间绝缘的平均长度，如式（10.56）所示：

$$W_{llo} = I_{pm}^2 \frac{\mu N_{lo}^2 d_{llo}}{4h_w} \sum_{k=1}^{m_o-1} (k^2 L_{llo(k)}) \tag{10.55}$$

$$L_{llo(k)} = 4l_d + 2l_c + 8\left[d_{cwi} + m_i d_{wi} + (m_i - 1) d_{lli} + d_{io} + (m_o - k) d_{wo} + \left(m_o - k - \frac{1}{2} \right) d_{llo} \right] \tag{10.56}$$

3）中低压绕组内导体与匝间漏磁储能：导体内磁场分布如图 10.4 所示，在极坐标下对磁场能量进行积分，可得绕组内的磁场能量表达式。低压绕组中第 k 层利兹线导体漏磁储能 $W_{wi1(k)}$ 如式（10.57）所示，$L_{wi(k)}$ 是内层低压绕组由内向外第 k 层绕组的平均匝长，如式（10.13）所示：

$$W_{wi1(k)} = N_{li} \times \frac{1}{4}\mu L_{wi(k)} \int_0^{2\pi} \int_0^{R_{wi}} \vec{H}(k,r,\theta)^2 r\mathrm{d}r\mathrm{d}\theta$$

$$= I_{sm}^2 \times \frac{1}{4}\mu N_{li}L_{wi(k)} \left[\frac{16k^2 - 16k + 5}{16}\pi R_{wi}^2 \left(\frac{N_{li}}{h_w} \right)^2 + \frac{1}{8\pi} + \frac{R_{wi}N_{li}}{8h_w} \right] \tag{10.57}$$

低压绕组第 k 层绕组内利兹线匝间磁场强度如式（10.5）所示，由此可得匝间漏磁储能 $W_{wi2(k)}$ 表达式，如式（10.58）所示。其中，对于第 m_i 层绕组，考虑到其匝数可能不等于 N_{li} 的情况（即低压绕组总匝数 N_s 不能被 m_i 整除），式（10.57）与式（10.58）中 $W_{wi1(mi)}$ 与 $W_{wi2(mi)}$ 的 N_{li} 应替换为 $N_s - N_{li}(m_i - 1)$。因此，内侧低压绕组的绕组内总漏磁储能 W_{wi} 如式（10.59）所示。

$$W_{wi2(k)} = \frac{1}{4}\mu L_{wi(k)} h_w \int_0^{d_{wi}} H_{ext}^2 \mathrm{d}x - \frac{1}{4}\mu L_{wi(k)} N_{li} \int_0^{2\pi} \int_0^{R_{wi}} H_{ext}^2 r\mathrm{d}r\mathrm{d}\theta$$

$$= I_{sm}^2 \times \frac{\mu L_{wi(k)}}{4} \left(\frac{N_{li}^2}{h_w} \left(2k^2 - 2k + \frac{2}{3} \right) R_{wi} - \frac{N_{li}^3}{h_w^2} \left(k^2 - k + \frac{5}{16} \right) \pi R_{wi}^2 \right) \tag{10.58}$$

$$W_{wi} = \sum_{k=1}^{m_i} (W_{wi1(k)} + W_{wi2(k)}) = I_{sm}^2 \times \frac{\mu N_{li}}{4} \sum_{k=1}^{m_i} \left\{ L_{wi(k)} \left(\frac{N_{li}R_{wi}}{h_w} \left(2k^2 - 2k + \frac{19}{24} \right) + \frac{1}{8\pi} \right) \right\} \tag{10.59}$$

在理想情况下，内外层绕组所产生磁场强度刚好抵消，因此同理可得外层中压绕组内由外向内第 k 层利兹线导体与匝间漏磁储能 $W_{wo1(k)}$ 与 $W_{wo2(k)}$，从而求得外层中压绕组内总漏磁储能如式（10.60）所示：

$$W_{wo} = \sum_{k=1}^{m_o} (W_{wo1(k)} + W_{wo2(k)}) = I_{pm}^2 \times \frac{\mu N_{lo}}{4} \sum_{k=1}^{m_o} \left\{ L_{wo(k)} \left(\frac{N_{lo}R_{wo}}{h_w} \left(2k^2 - 2k + \frac{19}{24} \right) + \frac{1}{8\pi} \right) \right\} \tag{10.60}$$

根据式（10.52）~ 式（10.60），可得变压器中单相总漏磁储能为 $W_{io} + W_{lli} +$ $W_{llo} + W_{wi} + W_{wo}$，即为漏感能量 $L_{lk\_s}I_{sm}^2/4$，可得折算至变压器低压侧的漏感 L_{lk_s} 表达式如下所示：

$$L_{lk\_s} = \frac{W_{io} + W_{lli} + W_{llo} + W_{wi} + W_{wo}}{I_{sm}^2/4} \qquad (10.61)$$

10.2.4 三相高频变压器结构参数优化与样机

本节基于 10.1 中三相高频变压器的电气参数，以功率损耗与整体体积为优化目标，以温升与漏感为约束条件，采用参数扫描法对三相高频变压器进行了优化设计。首先，根据工程实践经验，确定绝缘距离等部分结构参数。在环氧树脂整体浇筑的条件下，考虑变压器 13kV 局部放电与 35kV 工频交流耐压，中压与低压绕组的绝缘距离 d_{io} 应大于 12mm，此处取 $d_{io} = 15mm$。同样地，考虑绝缘要求，中压绕组与磁心铁轭的距离 d_{cwo} 也留取至少 15mm，优化中将以此为约束，并根据式（10.2）对磁心窗口高度进行计算。而低压绕组与磁心间的绝缘要求较低，仅需承受 5kV 工频电压，因此，低压绕组与磁心间的距离 d_{cwi} 设置为 5mm。中、低压绕组内的不同层的间距 d_{lli} 与 d_{llo}、匝间距 d_{wwi} 与 d_{wwo} 均取 5mm，以避免由于爬电效应而造成绝缘击穿。考虑到不同相之间的绝缘与散热需求，不同相的中压侧绕组间距离 d_{pp} 设置为 20mm。

在 10.2.1 节中通过分析交流电阻系数，确定了中、低压绕组的利兹线单股直径为 0.1mm，股数分别为 8700 股与 10400 股。因此，基于前述的结构参数，仅需确定变压器磁心厚度 l_d 与宽度 l_c，以及中、低压绕组层数 m_i 与 m_o，即可计算得到磁心窗口高度 h_w 与宽度 d_w，从而可计算得到变压器损耗、体积、温升与漏感。通过对比不同结构参数下的变压器损耗与体积，可确定最优结构参数。详细的计算优化流程如图 10.11 所示，其中变压器的最大运行磁密设置为 0.6T，最终优化结果中的运行磁密将受到温升的限制，磁心与绕组的最高工作温度设置为 85℃（环境温度取 20℃，自然散热）。

在优化设计中需要同时考虑变压器体积 V_{Tr} 与损耗 P_{loss} 最优，因此构造如式（10.62）所示的优化目标函数，以选取最优的结构参数，式中 k_1 与 k_2 分别为两个优化目标权重系数，并以 P_{loss} 与 V_{Tr} 的最小值进行标幺，以消除不同量纲的影响。其中，损耗 P_{loss} 可根据 10.2.1 节中的式（10.18）与式（10.35）计算得到，变压器体积 V_{Tr} 按整体浇筑后外形尺寸进行计算，如式（10.63）所示。

$$f(P_{loss}, V_{Tr}) = k_1 \frac{P_{loss}}{\min(P_{loss})} + k_2 \frac{V_{Tr}}{\min(V_{Tr})} \qquad (10.62)$$

$$\begin{cases} V_{Tr} = (h_w + 4l_d)(l_c + 2D_{winding})(6l_d + 2d_w + 2D_{winding}) \\ D_{winding} = d_{cwi} + m_i d_{wi} + (m_i - 1)d_{lli} + d_{io} + m_o d_{wo} + (m_o - 1)d_{llo} + d_{jz} \end{cases}$$

$$(10.63)$$

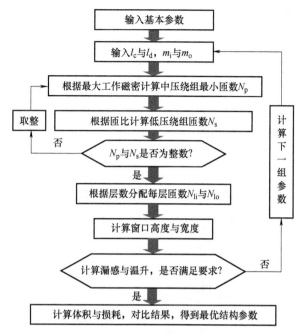

图 10.11 高频变压器参数计算优化流程

基于上述给定参数，首先在 Matlab 中对三相高频变压器的损耗与体积进行了参数遍历，其中磁心厚度 l_d 与宽度 l_c 的取值范围均为 $10 \sim 100$mm，层数 m_i 与 m_o 则设为 1 层。以 1mm 为步长对 l_c 与 l_d 进行遍历，损耗与体积遍历结果分别如图 10.12a、b 所示，图中空白区域表示该结构参数下变压器温升或工作磁密越限。如图 10.12a 所示，变压器总损耗在 $211.43 \sim 441.03$W 间变化，S_1 区域中变压器导磁面积较小，使得中、低压绕组匝数较高，分别为 12 匝与 10 匝，进而导致了较高的绕组损耗。在 S_2 区域中，中、低压绕组匝数分别为 6 匝和 5 匝，因此其总损耗较 S_1 区域内更低，且损耗随磁心宽度与厚度的变化较小。如图 10.12b 所示，变压器体积在 $0.017 \sim 0.1001$m³ 间变化，最小值出现在 S_2 区域中 $l_d = 16$mm、$l_c = 95$mm 处，而在 S_1 区域中，尽管磁心宽度与厚度较小，但较高的绕组匝数导致磁心窗口高度较大，增大了变压器的总体积。

由图 10.12a、b 可知，变压器损耗随磁心宽度与厚度的变化较小，在优化中更多地考虑变压器体积的影响，因此参与因子 k_1 与 k_2 分别取 0.4 与 0.6。优化函数随磁心厚度与宽度的遍历结果（$m_i = m_o = 1$）如图 10.12c 所示，最优点 A 处 $l_d = 18$mm、$l_c = 84$mm。而当层数 m_i 或 m_o 取两层时，绕组损耗急剧增加，效率下降严重。此外，考虑到实际生产中，纳米晶磁心卷绕的最高准确度为 5mm，因此将最优结构参数由图 10.12c 中的 A 点调整为 B 点，最终确定磁心结构参数如表 10.4 所示，该结果下变压器的理论性能参数如表 10.5 所示。

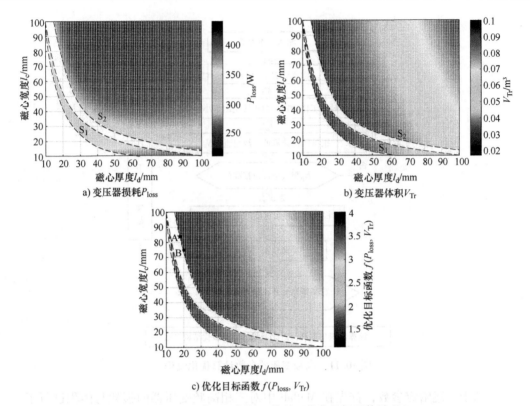

a) 变压器损耗 P_{loss}

b) 变压器体积 V_{Tr}

c) 优化目标函数 $f(P_{loss}, V_{Tr})$

图 10.12 三相变压器损耗、体积、优化目标函数随磁心
厚度 l_d 与宽度 l_c 的遍历结果（$m_i = m_o = 1$）

表 10.4 三相高频变压器优化结果

参数	值	参数	值
中压绕组匝数 N_p	6	低压绕组匝数 N_s	5
中压绕组层数 m_o	1	低压绕组层数 m_i	1
中压绕组利兹线单股直径 d_{Litzo}	0.1mm	低压绕组利兹线单股直径 d_{Litzi}	0.1mm
中压绕组利兹线股数 n_{Litzo}	8700	低压绕组利兹线股数 n_{Litzi}	10400
磁心厚度 l_d	20mm	磁心宽度 l_c	75mm
内层磁心窗口高度 h_w	140mm	内层磁心窗口宽度 d_w	120mm
外层磁心窗口高度	180mm	外层磁心窗口宽度	320mm

表 10.5 三相高频变压器性能参数计算结果（120kW 运行工况下）

参数	值	参数	值
三相绕组总损耗	91.8W	三相磁心总损耗	149.7W
变压器传输效率	99.80%	单相漏感（低压侧）	2.28μH
变压器总体积	18.2L （46.8cm × 17.7cm × 22cm）	功率密度	7.68kW/L
计算磁心柱温升	61.1K	计算磁心铁轭温升	52.1K
计算低压绕组温升	47.8K	计算中压绕组温升	44.4K

基于表 10.4 中的优化结果，完成了对 120kVA/10kHz 三相高频变压器的装配制造，实物如图 10.13 所示。三相磁心实物图如图 10.13a 所示，受限于加工技术，实际磁心由两套三相磁心并联组成，每套三相磁心由三个纳米晶磁心嵌套绕制而成。由于纳米晶材料质地较脆，加工过程中易出现纳米晶碎屑，在绕制绕组前先采用玻璃纤维布包裹三相磁心，浸泡环氧漆并在 140℃ 下烘干。在绕制低压绕组前，对相应磁心柱位置包裹多层绝缘纸，满足低压绕组对磁心的绝缘要求。在低压绕组外包裹绝缘纸，粘贴高度为 15mm 的环氧树脂条，并包裹绝缘纸，以满足中、低压绕组间 35kV 绝缘要求。完成绕组绕制后，采用环氧树脂阻燃灌封胶 HT6312 对变压器的三相绕组部分进行整体浇筑，浇筑完成后的三相变压器如图 10.13c 所示，交流端子均采用铜排连接，将变压器作为长方体计算，其外形尺寸为 50cm × 27cm × 22cm，实际功率密度为 4.7kW/L，若按外形计算，功率密度为 6.47kW/L，低于设计值。这主要是在制造过程中为了加固中压绕组处转接铜排的结构强度，在浇筑时额外留取了约 8cm 的厚度，如图 10.13c 中的虚线框中部分所示。减去该部分后，计算可得功率密度约为 6.7kW/L，接近设计值，若按变压器外形计算，功率密度达 8.8kW/L。

a) 三相磁心实物图

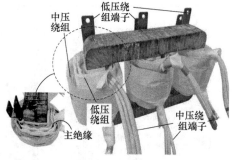

b) 环氧树脂浇筑前三相变压器实物图

c) 环氧树脂浇筑后的三相变压器实物图

图 10.13　120kVA/10kHz 三相高频变压器实物图

10.3 120kVA/10kHz 大功率三相高频变压器测试

基于前述的研究成果，完成了 120kVA/10kHz 三相高频变压器的制造与测试，基本参数的测试结果如表 10.6 所示。其中漏感相较于计算值偏大 10.4%，这是由于实际制造工程中，中低压绕组与环氧树脂条间垫有多层绝缘纸，使得实际主绝缘距离大于设定的 15mm，增大了实际漏感值。按实际工程规范，对三相变压器中、低压侧分别完成了 $35kV_{AC}$ 与 $3kV_{AC}$ 耐压测试，并进行了局放测试，测试场景如图 10.14 所示，实测局部放电量为 28pC，满足应用要求。

表 10.6 120kVA/10kHz 三相高频变压器实测参数

参数	A 相测量值	B 相测量值	C 相测量值
励磁电感/mH（中压侧测量）	5.80	7.41	5.56
漏感/μH（低压侧测量）	2.55	2.59	2.56
中压绕组直流电阻/mΩ	0.71	0.71	0.72
低压绕组直流电阻/mΩ	0.53	0.54	0.53

图 10.14 三相高频变压器局放测试场景

进一步地，通过与许继电气合作，搭建了 2000V/560V/120kW 的 T^2-DAB 变换器模块及 600kW 直流变压器样机，对变压器损耗、温升以及整机运行性能进行了测试，测试场景如图 10.15 所示，由两组 T^2-DAB 变换器模块对拖实现 120kW 满载工况运行。不同负载情况下 T^2-DAB 变换器 A 相电压 $v_{A'N}$ 与 v_{an}，以及 A 相变压器中压侧交流电流 i_{pa} 波形如图 10.16 所示，波形与理论分析一致，模块均正常运行。

采用横河 WT3000 功率分析仪测量了 120kVA/10kHz 三相高频变压器的空载损耗（即磁心损耗）为 145.3W，与理论值接近，而 120kW 满载情况下变压器总损耗为 243.4W，由此可得满载情况下绕组损耗为 98.1W，略高于理论计算的 91.8W，这主要是计算中未考虑转接铜排及接口处的高频损耗。而由于变压器绕组部分进行了整体浇筑,只能对变压器浇筑表面及铁轭部分的温度进行测量。在自然冷却方式下,测得额定运行时变压器铁轭部分表面温升为68K,裸露的中压与低压绕组端子表面最高温升分别为49K与53K,均高于理论计算值,这是由于变压器绕组部分进行了整体环氧树脂浇筑,且浇筑厚度远高于设计值,造成变压器散热能力较差。实际工作中该三相高频变压器采用强制风冷降低温升,可满足直流变压器正常工作要求。

图 10.15 2000V/560V/120kW 的 T²-DAB 变换器双模块对拖测试场景

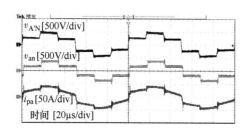

a) 20%负载工况下A相交流电压、电流波形

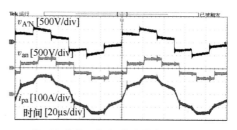

b) 50%负载工况下A相交流电压、电流波形

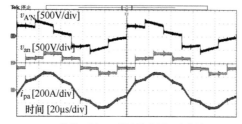

c) 满载工况下A相交流电压、电流波形

图 10.16 基于120kVA/10kHz 三相高频变压器的 T²-DAB 变换器测试波形

10.4　本章小结

　　本章在第 2 章研究成果的基础上，进一步验证了 T^2-DAB 变换器在实际大功率中压直流变压器工程中应用的可行性。采用 T^2-DAB 变换器构建了 10kV/560V/600kW 的 ISOP 型直流变压器，并进行了参数设计与元器件选型。针对 T^2-DAB 变换器中的大功率三相高频变压器，本章采用两组矩形纳米晶磁心组成了集中式三相磁心，并分析了磁路长度对磁心的磁通分布以及损耗的影响。进一步地，建立了磁心与绕组损耗模型以及温升模型，并以变换效率与功率密度为目标对结构参数进行了优化设计。最后，通过与许继电气合作，设计并研制了 120kVA/10kHz 的大功率三相高频变压器，并基于 2000V/560V/120kW 的 T^2-DAB 变换器模块完成了对三相高频变压器的相应测试工作，最终研制的 10kV 直流变压器已在其他现场应用。

第 11 章

±10kV/2MW开关电容型ISOP直流变压器

第 7 章和第 9 章中介绍了 2 种基于模块化多电平结构的直流变压器拓扑及相应的控制策略，可以大幅减少高频变压器以及子模块的数量，从而提高直流变压器的功率密度。需要注意的是，受目前大功率高压高频变压器样机容量的限制（据作者了解的信息，目前样机容量基本都低于 200kVA），使用基于模块化多电平结构的高频隔离型直流变压器方案难以达到数兆伏安的容量需求，但在科技部发布"储能与智能电网技术"重点专项 2022 年度项目"低损耗高频软磁材料及兆伏安级高频变压器研制"中，要求研制出"工频耐压 35kV 高频变压器，频率 10kHz，容量 1MVA，效率不低于 99%"。随着未来兆伏安级高频变压器的研制成功，基于模块化多电平结构的直流变压器方案将有更大的应用前景，但目前直流变压器工程样机还是基于 ISOP 型结构为主。正如第 1 章中所述，ISOP 型直流变压器存在故障处理能力较弱的缺陷，当发生中压侧直流短路故障时，不能快速无过电流地隔离故障，故障消失后也不能迅速重新投入运行；当发生内部的子模块故障时也不能方便地实现冗余运行，这些缺点很大程度上限制了其在实际工程中的应用。在第 6 章中介绍了电容间接串联式 ISOP 型直流变压器可以较好地解决上述问题，但也存在需要的子模块数量为传统直接串联式 ISOP 型直流变压器 2 倍的不足。

为使传统 ISOP 型直流变压器具备故障隔离能力，可以在每个子模块串联电容的前端增加半桥以连接各子模块，称之为开关电容型 ISOP 直流变压器。这样做的优势在于：①在发生子模块内部故障时，传统 ISOP 型 DCT 只能闭锁子模块的驱动脉冲，无法旁路串联侧的电容；而闭锁子模块可能会导致串联侧电容电压会持续增加直至击穿电容，这降低了系统的可靠性。开关电容型拓扑则可以通过控制半桥模块实现故障子模块的完全旁路，在冗余范围内切除故障模块，该拓扑可继续向负载传输功率，提高了容错能力；②当发生中压侧短路故障时，开关电容型拓扑可快速闭锁半桥模块，抑制串联侧电容电压的跌落，具有一定的故障隔离能力。本章以南瑞集团研制的 ±10kV/750V/2MW 的开关电容型 ISOP 直流变压器为例，介绍其子模块以及直流变压器整体系统控制策略设计方案，并给出了测试结果。

11.1 开关电容型 ISOP 直流变压器电路拓扑

在传统 ISOP 型直流变压器电路拓扑基础上，在每个子模块高压端口引入一个半桥模块，可构建如图 11.1 所示的开关电容型 ISOP 直流变压器电路拓扑结构。尽管各子模块高压端口电容未直接串联，但从整体上看，其仍然属于 ISOP 型结构。

开关电容模块可等效为 Boost 变换器，其电容电压的稳态值满足式（11.1），式中 V_M 为直流系统中压侧母线电压，N 为子模块数量，D 为开关电容半桥模块中上管的占空比，V_C 为开关电容半桥模块中的电容电压：

$$V_M = NDV_C \tag{11.1}$$

开关电容模块的作用在于，当 V_M 的电压出现波动时，通过控制开关电容半桥模块的占空比，使每个子模块上的中压侧电容电压稳定在额定值附近，从而减小后级模块运行的损耗，提高直流变压器整体运行效率；同时，当中压直流母线发生短路故障时，通过闭锁子模块的驱动信号能有效隔离故障，避免中压侧电容能量快速流失，提高其故障穿越和快速重启能力。

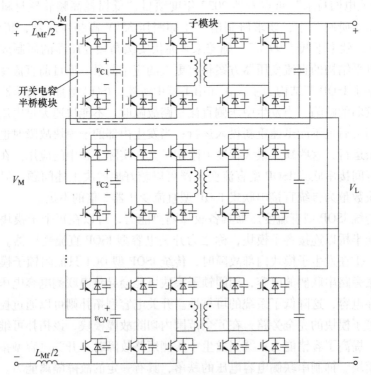

图 11.1 开关电容型 ISOP 直流变压器电路拓扑

11.2 子模块变换器工作原理与特性

11.2.1 SRDAB 工作原理

由于子模块前级有开关电容半桥模块进行电压调节，因此对子模块后级变换器要求的电压调节能力需求减弱，后级采用串联谐振 DAB（Series Resonant DAB，SRDAB）变换器，其拓扑结构如图 11.2a 所示。该拓扑由 2 组完全对称的全桥（Q_1、Q_4/S_1、S_4）和一个高频隔离变压器 T_r 组成，两侧全桥通过串联谐振腔分别与高频隔离变压器的一、二次侧连接，其中谐振电感 L_r 为高频隔离变压器等效漏感，谐振电容 C_r 为外加的辅助电容，通过电感和电容的谐振作用，使得流过开关管的电流波形接近于正弦波，从而可以减小开关管的关断电流，进而降低变换器的开关损耗。V_C 和 V_L 分别为中压侧和低压侧端口直流电压，n 为高频隔离变压器的电压比，在本章中假设 $n = 1$。由于高频隔离变压器的励磁电感远大于其漏感，在下面的分析中可将励磁电感忽略。SRDAB 变换器采用经典单移相控制，其主要工作波形如图 11.2b 所示，在分析 SRDAB 变换器工作原理之前，作如下假设与说明：

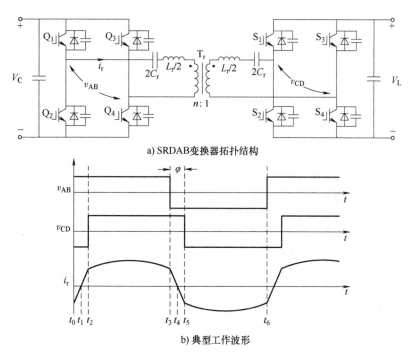

a) SRDAB变换器拓扑结构

b) 典型工作波形

图 11.2 SRDAB 拓扑结构及典型工作波形

1）变换器中所有开关管、电感、电容与高频变压器均为理想元器件；

2）中压侧和低压侧端口电容足够大，可使得电压 V_C 和 V_L 稳定；

3）开关管 Q_i 与 S_i 的反并联二极管分别记作 D_{Qi} 和 $D_{Si}(i=1，2，3，4)$。

如图 11.2b 所示为变换器从中压侧向低压侧传输功率时的典型工作波形，其一个开关周期内有 6 个工作模态，各模态的等效电路如图 11.3 所示。

1）模态 1 $[t_0，t_1]$：如图 11.3a 所示，t_0 时刻之前开关管 Q_2 和 Q_3 导通，电流负向流动（以图 11.2 中为参考正方向）；t_0 时刻关断 Q_2 和 Q_3，由于电感 L_r 上的电流 i_r 不能突变，此刻电流仍为负，电流经过 Q_1 和 Q_4 的体二极管 D_{Q1} 和 D_{Q4}，经过短暂死区时间后开通 Q_1 和 Q_4，可知开关管 Q_1 和 Q_4 实现零电压开通。在电压 V_C 和 V_L 共同作用下，电流 i_r 减小，谐振网络中能量一部分回馈回中压端口 V_C，同时也向低压端口 V_L 传输。

2）模态 2 $[t_1，t_2]$：如图 11.3b 所示，t_1 时刻 i_r 减小到零并在 V_C 和 V_L 共同作用下继续正向增加，中压侧全桥电流从二极管 D_{Q1}/D_{Q4} 切换到开关管 Q_1/Q_4，低压侧全桥电流从二极管 D_{S2}/D_{S3} 切换到开关管 S_2/S_3。

3）模态 3 $[t_2，t_3]$：如图 11.3c 所示，t_2 时刻关断 S_2 和 S_3，由于电流 i_r 不能突变，i_r 将流过 S_1 和 S_4 的体二极管 D_{S1} 和 D_{S4}，经过短暂死区时间后开通 S_1 和 S_4，可知开关管 S_1 和 S_4 实现零电压开通，而中压侧全桥开关状态保持不变，在此模式中中压侧向低压侧传递能量。

4）模态 4 $[t_3，t_4]$：如图 11.3d 所示，t_3 时刻关断 Q_1 和 Q_4，由于电流 i_r 仍保持正向流动，电流经过 Q_2 和 Q_3 的体二极管 D_{Q2} 和 D_{Q3} 续流，此时开通 Q_2 和 Q_3 为零电压开通，在 V_C 和 V_L 共同作用下电流 i_r 谐振减小，低压侧开关状态保持不变。

5）模态 5 $[t_4，t_5]$：如图 11.3e 所示，t_4 时刻 i_r 减小到零并负向增加，中压侧全桥电流由二极管 D_{Q2}/D_{Q3} 切换到开关管 Q_2/Q_3，同样地，低压侧全桥电流由二极管 D_{S1}/D_{S4} 切换到开关管 S_1/S_4。

6）模态 6 $[t_5，t_6]$：如图 11.3f 所示，t_5 时刻关断 S_1 和 S_4，由于电流 i_r 为负且不能实现突变，低压侧全桥电流由 S_1/S_4 切换到二极管 D_{S2}/D_{S3}，中压侧全桥电流状态保持不变，在此模式中，中压侧向低压侧传递能量。

11.2.2　SRDAB 基本特性

从以上分析可知，SRDAB 变换器的等效工作原理如图 11.4 所示。图中，v_{AB} 和 v_{CD} 分别为中压侧和低压侧全桥输出的高频方波电压，i_r 和 v_{C_r} 分别为谐振电流和谐振电容电压。假设开关频率为 f_s，开关周期为 T_s，v_{AB} 和 v_{CD} 之间移相角为 φ。$\varphi > 0$ 时，v_{AB} 超前 v_{CD}，功率由中压侧流向低压侧；$\varphi < 0$ 时，v_{AB} 滞后 v_{CD}，功率由低压侧流向中压侧。通过控制高频方波 v_{AB} 和 v_{CD} 的频率、相位、幅值来控制功率的大小和方向，并实现功率方向的平滑切换。

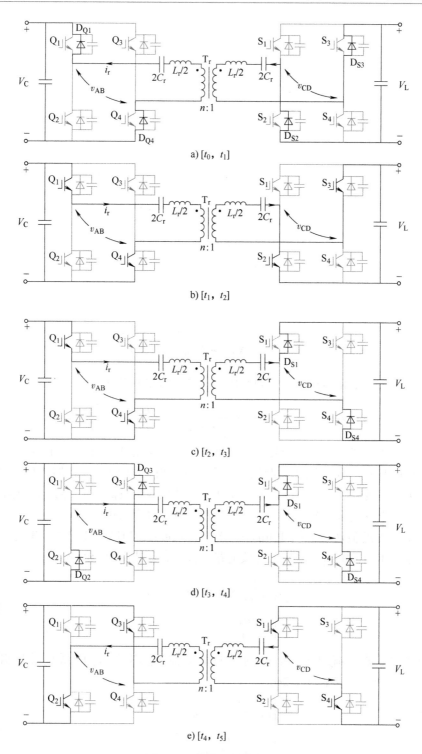

图11.3　各模态等效电路

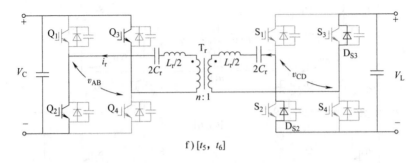

f) $[t_5, t_6]$

图 11.3 各模态等效电路（续）

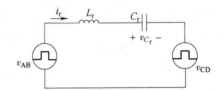

图 11.4 SRDAB 变换器等效工作原理图

定义特征阻抗 Z_r、谐振频率 f_r、频率比 k 和电压增益 G 分别为

$$Z_r = \sqrt{\frac{L_r}{C_r}}, \quad f_r = \frac{1}{2\pi\sqrt{L_rC_r}}, \quad k = \frac{f_s}{f_r}, \quad G = \frac{V_L}{V_C} \tag{11.2}$$

以上分析可知，为实现开关管的零电压开通，应使谐振网络的输入电流滞后于输入电压的基波，即谐振网络呈感性，即 $k > 1$。当 $k = 1$ 时，变换器工作在谐振状态，开关管实现零电流开关，且无回流功率，变换效率较高，但变换器工作在开环状态，功率以及电压调节能力较弱，因此在本章中没有采用。

利用基波近似法（First Harmonic Approximation, FHA）对 SRDAB 变换器建模，根据基尔霍夫定律可以列出等效电路方程组，如式（11.3）所示：

$$\begin{cases} L_r \dfrac{di_r}{dt} + v_{Cr} = v_{AB} - v_{CD} \\ C_r \dfrac{dv_{Cr}}{dt} = i_r \end{cases} \tag{11.3}$$

只考虑基波的情况下，谐振网络两端方波 v_{AB} 滞后 v_{CD} 的傅里叶展开式如式（11.4）所示，其中 $\omega_s = 2\pi f_s$。

$$\begin{cases} v_{AB} = \dfrac{4V_C}{\pi}\sin\omega_s t \\ v_{CD} = \dfrac{4V_L}{\pi}\sin(\omega_s t - \varphi) \end{cases} \tag{11.4}$$

假设输入电压输出电压匹配，即 $G=1$，得到 i_r 和 v_{Cr}，如式（11.5）所示：

$$\begin{cases} i_r = \dfrac{4kV_C}{\pi Z_r(k^2-1)}\big[\cos(\omega_s t-\varphi)-\cos(\omega_s t)\big] \\[3mm] v_{Cr} = \dfrac{4V_C}{\pi(k^2-1)}\big[\sin(\omega_s t-\varphi)-\sin(\omega_s t)\big] \end{cases} \tag{11.5}$$

根据有功功率定义，得到 SRDAB 变换器基波功率表达式，如式（11.6）所示：

$$P = \frac{1}{2\pi}\int_0^{2\pi} v_{AB} i_r \mathrm{d}\omega_s t = \frac{8V_C^2 k}{\pi^2 Z_r(k^2-1)}\sin\varphi \tag{11.6}$$

根据上节的分析可知，当功率由中压侧向低压侧传输时，SRDAB 变换器中各个开关管 ZVS 实现条件如表 11.1 所示。

表 11.1 各开关管 ZVS 实现条件

开关管	ZVS 实现条件
Q_1/Q_4	$i_r(t_0)<0$
Q_2/Q_3	$i_r(t_3)>0$
S_1/S_4	$i_r(t_2)>0$
S_2/S_3	$i_r(t_5)<0$

根据谐振电流的对称性可知，各开关管的 ZVS 实现条件可以简化成 $i_r(t_0)<0$ 和 $i_r(t_2)>0$。假设 t_0 时刻为零时刻，可得式（11.7）。当 φ 在 $[-\pi,\pi]$ 区间内，式（11.7）恒成立，说明在输入电压输出电压匹配的条件下，SRDAB 变换器所有开关管均可以实现全移相范围的 ZVS。

$$\begin{cases} i_r(t_0) = \dfrac{4kV_C}{\pi Z_r(k^2-1)}(\cos\varphi-1)<0 \\[3mm] i_r(t_2) = \dfrac{4kV_C}{\pi Z_r(k^2-1)}(1-\cos\varphi)>0 \end{cases} \tag{11.7}$$

由式（11.6）可知，当输入电压、输出电压和谐振元件参数一定的情况下，传输功率与移相角以及频率比有关，图 11.5 给出了传输功率关于移相角 φ、频率比 k 的曲线图。由图 11.5 可见，当 φ 在 $[0,\pi]$ 范围内，$P>0$，功率正向传输（即由中压侧向低压侧传输）；当 φ 在 $[-\pi,0]$ 范围内，$P<0$，功率反向传输（即由低压侧向中压侧传输）。那么通过改变移相角即可实现功率的双向传输，且 φ 在 $[-\pi/2,\pi/2]$ 范围内，传输功率和移相角成正相关，并在 $\varphi=\pi/2$、$\varphi=-\pi/2$ 可以达到正向最大传输功率和反向最大传输功率。除移相角之外，开关频率对传输功率也有一定的影响，移相角固定的情况下，传输功率的大小与 k 成反比，即开关

频率越接近谐振频率，传输功率越大。

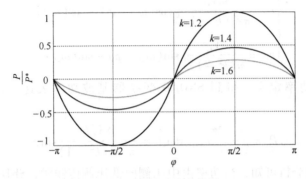

图 11.5　传输功率曲线图

11.3　控制策略

11.3.1　低压侧端口电压稳压控制

在直流配电网中，中压母线电压通常由 AC/DC 换流站控制，直流变压器多用于将中压直流转换为低压直流电压，因此，直流变压器一般采用低压侧电压控制模式。在开关电容型 ISOP 直流变压器中，电压控制分为两级稳压控制，第一级为开关电容级稳压控制，保证各子模块中压端口电容电压稳定；第二级为 SRDAB 级控制，实现电气隔离与低压侧端口电压稳定控制。

控制框图如图 11.6 所示，其中图 11.6a 为前级开关电容半桥模块稳压控制框图，其中 V_{C_ref} 为子模块中压侧端口设定电压，v_{Cave} 为所有子模块中压侧端口的平均电压，即 $v_{Cave} = (v_{C1} + v_{C2} + \cdots + v_{CN})/N$，其中 $v_{Cj}(j = 1, 2, \cdots, N)$ 为子模块中压侧端口电压，G_{Cv} 为电压环调节器，i_{M_ref} 为电压外环的输出，同时也是电流内环的给定，i_M 为中压直流侧电流，G_{Ci} 为电流环调节器，d_{com} 为开关电容半桥模块的占空比，即所有子模块中的开关电容半桥模块的占空比相同。图 11.6b 为后级 SRDAB 变换器控制框图，其中 V_{L_ref} 为直流变压器低压侧端口设定电压，v_L 为直流变压器低压侧端口采样电压，G_{Lv} 为电压环调节器，其输出 φ_{com} 为所有 SRDAB 变换器的共用移相角，G_{LC} 为均压环调节器，其输出 φ_{Cj} 与 φ_{com} 相加后作为第 j 个子模块中 SRDAB 变换器的最终移相角。在此控制策略中，子模块的均压与低压侧端口电压稳定控制都是由 SRDAB 变换器完成。由于所有子模块中的开关电容半桥模块的占空比相同，理论上流过每个子模块的中压侧端口电流是相同的，再通过 SRDAB 变换器级控制实现子模块中压侧端口电压相等，可间接实现每个 SRDAB 变换器模块的均流。

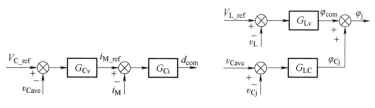

a) 开关电容半桥模块控制   b) SRDAB变换器控制

图 11.6 低压侧端口电压稳压控制策略框图 1

然而，由于硬件实现上的微小误差，即使给定同样的占空比信息，也不能保证每个模块上的电流绝对一致，因此采用图 11.6 的控制策略，只能实现模块中压侧端口电压均压，不能实现严格意义上的模块均流。为实现模块均流，必须要同时引入均压控制和均流控制，可采用开关电容级进行均压，SRDAB 级进行均流，如图 11.7 所示。在图 11.7a 中，均压环的输出 d_{Cj} 与共用占空比 d_{com} 相加后作为每个子模块中开关电容半桥模块的占空比，从而实现子模块中压侧端口电压平衡。在图 11.7b 中，i_{Lave} 为所有 SRDAB 变换器输出电流的平均值，i_{Lj} 为每个 SRDAB 变换器输出电流，均流环的输出 φ_{Lj} 与 φ_{com} 相加后作为第 j 个子模块中 SRDAB 变换器的最终移相角，从而实现子模块的均流。

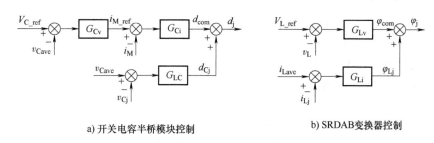

a) 开关电容半桥模块控制   b) SRDAB变换器控制

图 11.7 低压侧端口电压稳压控制策略框图 2

11.3.2 功率潮流控制

功率潮流控制为直流变压器的另外一种常用工作模式，在中压侧和低压侧均为电源时，可实现功率潮流的双向自由调节。功率潮流控制有两种控制策略：一种是控制 SRDAB 级的低压端口电流，如图 11.8 所示，与图 11.6 相比，主要区别是将低压侧电压给定与采样替换为传输功率给定与采样；另一种是控制开关电容级的电流，即控制中压侧电流，如图 11.9 所示，此时通过每个 SRDAB 模块控制其中压侧端口电压相等，如图 11.9b 所示，而中压侧电流由开关电容半桥模块控制，如图 11.9a 所示。

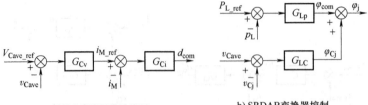

a) 开关电容半桥模块控制　　　　　　b) SRDAB变换器控制

图 11.8　低压侧潮流控制策略框图（功率由中压侧向低压侧传输）

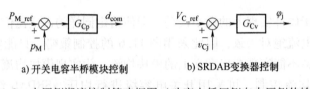

a) 开关电容半桥模块控制　　　　　　b) SRDAB变换器控制

图 11.9　中压侧潮流控制策略框图（功率由低压侧向中压侧传输）

11.4　设计实例

11.4.1　性能指标

1）直流变压器整机设计指标：

① 中压侧电压 V_M：±10kV；

② 低压侧电压 V_L：750V；

③ 额定功率 P_N：2MW，长期过载 1.2 倍；

④ 额定效率：≥97%。

2）单模块 SRDAB 变换器设计指标：

① 中压侧端口电压 V_C：750V；

② 低压侧端口电压 V_L：750V；

③ 样机效率：≥97.5%；

④ 过载能力：≥120%。

直流变压器主体由开关电容半桥模块部分和 SRDAB 变换器部分组成，下面详述参数设计。

11.4.2　子模块数量 N

首先对直流变换器中串联的子模块数量进行设计，由于低压侧端口电压 V_L 为 750V（为低压直流的标准电压等级），为方便绕制以及优化高频变压器，其匝比设计为 1:1。而为了使 SRDAB 变换器工作于电压匹配工况，SRDAB 变换器中压侧端口电压 V_C 也设计为 750V。

考虑到 N 个子模块中几个模块出现故障而被切除后（采用热备用模块，即稳态时所有的模块都参与工作，切除有故障的模块后整机系统仍可以正常运行），开关电容半桥模块仍能有效地调节 SRDAB 变换器中压侧端口电压在 750V，则开关电容半桥模块上管占空比 D 稳态时不能取得太大，否则几个模块出现故障而被切除后没有调节空间，稳态时 D 暂取 0.8，根据式（11.1）可得 $N = 33.3$，实际样机中取 $N = 32$，其中 3 个模块备用，即额定占空比 $D = 0.833$。

11.4.3 开关电容半桥模块

1. 开关器件

开关电容半桥模块的稳态电压为 750V，考虑到开关过程中的电压尖峰以及 50% 的电压裕量，IGBT 选择 1700V 的电压定额。综合考虑长期过载 1.2 倍以及直流变压器整机 97% 的效率，可得稳态时中压侧电流最大值 I_{M_max} 如下式所示。

$$I_{M\_max} = \frac{P_N \times 1.2}{V_M \times \eta} = \frac{2 \times 10^6 \times 1.2}{20 \times 10^3 \times 0.97} A = 123.7A \tag{11.8}$$

为保证直流变压器的安全可靠运行，IGBT 电流定额通常按照其稳态值的两倍进行选取。考虑到中压母线故障时 IGBT 暂态电流可超过 300A（见后续实验结果），因此本设计中采用 1700/600A 的 IGBT，型号为 Infineon 公司的 FF600R17ME4。

由 FF600R17ME4 规格书可知，123.7A 工作电流下，IGBT 导通压降约为 1.2V，反并联二极管压降为 1V，IGBT 的开通损耗为 50mJ，关断损耗约为 50mJ，二极管的反向恢复损耗约为 70mJ。开关电容半桥模块工作时，中压侧电流在 $(1 - D)T_s$ 的时间内流经上管的反并联二极管，在 DT_s 时间内，流经下管的 IGBT，由此可得每个半桥模块的开关管导通损耗 P_{con} 如式（11.9）所示，单周期开关损耗 W_{sw} 如式（11.10）所示，则每个半桥模块开关损耗 $P_{sw} = W_{sw}f_s$。

$$P_{con} = 123.7 \times (0.833 \times 1 + 0.167 \times 1.2)W = 127.8W \tag{11.9}$$

$$W_{sw} = (50 + 50 + 70)mJ = 170mJ \tag{11.10}$$

2. 直流电抗器

直流电抗器（图 11.1 中中压直流侧所连接的电抗器 L_{Mf}）有两方面的作用：一是开关电容电路的电流滤波；二是在发生中压侧双极短路故障时抑制短路电流上升。所以设计直流电抗器参数时从这两方面考虑。

用于电流滤波时，N 个模块交错并联后的等效占空比 D_N 如下所示，其中，mod 为取余运算符，即取 ND 乘积的余数。

$$D_N = ND\,mod1 \tag{11.11}$$

中压侧滤波电感可按式（11.12）设计，其中，ΔI_p 为中压侧滤波电感电流纹波峰-峰值。

$$L_{Mf} = \frac{V_M}{N^2 f_s \Delta I_p} \frac{D_N (1 - D_N)}{D} \quad\quad (11.12)$$

而用于抑制短路电流时，当中压侧直流母线发生双极短路故障时，所有开关电容半桥模块中的直流滤波电容将向短路点放电，若无直流电抗器，则很容易在控制保护系统发出闭锁半桥模块指令之前，短路电流超过 IGBT 的耐受定额而损坏。在设计直流电抗器时，需要同时考虑保护系统的响应速度与 IGBT 的电流耐受能力。当故障发生时，控制系统在连续 5 次采样到过电流信号后发出闭锁指令。考虑最恶劣的故障工况，即短路故障刚好发生在采样之后，那么控制系统需要 6 个采样周期才能确定过电流故障，此外系统还需要一个周期发出闭锁指令，因此需要保证在 7 个采样周期电流不超过 IGBT 耐受电流。在该装置中，控制系统采样频率为 48kHz，7 个采样周期约为 150μs。按照 600A 的 IGBT 能够承受 900A 的峰值电流计算，那么差值为（900 − 123.7）A = 776.3A，那么可得 L_{Mf} 的最小值，如式（11.13）所示。

$$L_{Mf} \geq \frac{V_M}{\dfrac{di}{dt}} = \frac{20000}{\dfrac{776.3}{150 \times 10^{-6}}} \text{mH} = 3.9\text{mH} \quad\quad (11.13)$$

根据式（11.9）~式（11.13），可得不同开关频率下，开关电容半桥模块开关器件损耗与中压侧滤波电感值，如表 11.2 所示，在设计 L_{Mf} 时考虑中压侧滤波电感电流纹波为 I_{M_max} 的 ±0.25%。由表 11.2 可知，随着开关频率的降低，开关器件总损耗降低，而 L_{Mf} 增大。因此，在选择开关模块的开关频率时，应在考虑开关器件损耗的同时，兼顾直流电抗器 L_{Mf} 的体积与损耗以及子模块电容电压波动，此处折衷考虑最终选择半桥模块开关频率为 1kHz，L_{Mf} 可选取 10mH。

表 11.2　半桥模块不同开关频率下参数评估

开关频率/Hz	开关损耗/W	导通损耗/W	总损耗/W	L_{Mf}/mH
3000	510	127.8	637.8	2.81
1500	255	127.8	382.2	5.61
1000	170	127.8	297.8	8.42
750	127.5	127.8	255.3	11.23
500	85	127.8	212.8	16.84

11.4.4　SRDAB 变换器

1. 开关器件

开关器件的选择主要考虑以下三个因素：耐压能力、额定电流和开关频率。对于单模块 SRDAB 变换器，变换器的体积、效率取决于开关频率的大小。一方面，开关器件损耗随开关频率的升高而增大，造成变换器效率降低；另一方面，当变换器工作于低频场合时，尽管开关损耗得到抑制，但是无源元件体积和损耗大幅增加。综合考虑单模块 SRDAB 变换器功率密度与效率的要求，最终样机的开关频率选择 3kHz，同样选择 IGBT 作为开关器件。

考虑到所有备用子模块切除后（此时只剩 29 个子模块）直流变压器系统仍能满功率输出，同时结合 SRDAB 变换器工作特性可知，其功率传输时必须包含一定的无功功率，本节按照功率因数 0.9 进行计算，在效率 97.5%、1.2 倍过载条件下，SRDAB 变换器额定输入电流设计标准如下：

$$I_{\mathrm{irms}} = \frac{1.2 \times (2 \times 10^6 \div 29)}{U_1 \lambda \eta} \mathrm{A} = \frac{1.2 \times 69 \times 10^3}{750 \times 0.9 \times 0.975} \mathrm{A} = 126\mathrm{A} \qquad (11.14)$$

将开关器件额定电流按 2~3 倍裕量进行设计，在耐压方面也需要选择足够的裕量，因此综上分析选择 1700V 耐压、额定电流 450A 的 IGBT，具体采用 Infineon 公司的 FF450R17ME4。

2. 谐振元件

谐振元件直接决定了 SRDAB 功率传输容量的大小，根据样机指标及 SRDAB 功率传输表达式（11.6），可完成谐振电感以及谐振电容的设计。根据设计要求初步假定频率比 $k = 1.2$，1.2 倍过载工况下（按 29 个子模块计算），最大移相角按 $\varphi_{\max} = 5°$进行考虑以抑制无功。根据式（11.6），可得 Z_r 为 1.31，谐振频率 $\omega_r = \omega_s/k = 5000\pi$ rad/s，可得谐振电容如下式所示，最终选取 50μF 谐振电容，根据谐振频率计算得到谐振电感为 81.05μH，最终选取 90μH 谐振电感，实际特征阻抗 $Z_r = 1.34$，频率比 $k = 1.26$。

$$C_r = \frac{1}{Z_r \omega_r} = \frac{1}{1.31 \times 5000\pi} \mu\mathrm{F} = 48.6\mu\mathrm{F} \qquad (11.15)$$

11.5 实验验证

基于上述设计参数和前面的控制策略，研制了 2MW 开关电容型 ISOP 直流变压器样机，并进行了相关测试和试验。

1. 单 SRDAB 变换器试验

图 11.10 给出了 SRDAB 变换器模块的典型工作波形，可见与图 11.2 所示理论分析波形十分接近（注：在测试中模块端口电压比 750V 略高，功率也略大于额定功率），可见所有的开关管都实现了零电压开关。

2. 电压调节试验

采用电压稳压控制策略，在中压侧电压不变的情况下，设定不同的低压侧输出电压 V_L，直流变压器低压侧的电压调节能力如表 11.3 所示，额定输出电压为 750V，调节范围为 -10%~10%。额定电压输出及电压调节过程如图 11.11 所示。

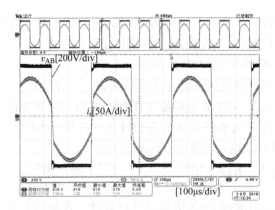

图 11.10　SRDAB 变换器模块典型工作波形

表 11.3　直流变压器低压侧电压调节范围

设定电压/V	实测电压/V	相对于额定值的调节能力（%）
825	825.64	10.09
787.5	788.16	5.09
675	673.60	−10.19

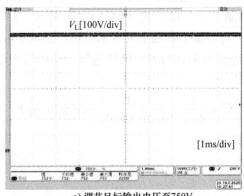

a) 调节目标输出电压至750V

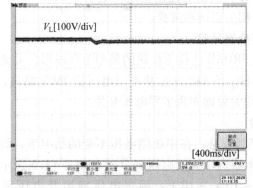

b) 目标输出电压调节变化过程

图 11.11　额定电压输出及电压调节过程

3. 功率阶跃试验

采用功率潮流控制策略,功率指令从空载突增至满载,测试波形如图11.12所示。暂态响应时间为21ms,低于一般工程要求的50ms。

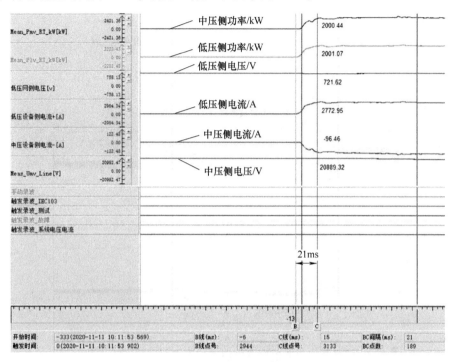

图11.12 功率阶跃测试录波数据

4. 中压侧母线低电压穿越试验

试验要求为直流变压器在中压侧母线电压跌落及恢复深度0.2pu、变化率10kV/20ms情况下不脱网不闭锁运行;电压跌落及恢复深度0.4pu,变化率50kV/20ms情况下,直流变压器在电压稳定(波动率小于±0.05pu时)后100ms内恢复正常运行。

试验结果为中压侧母线电压跌落至16.9kV,直流变压器正常运行,输出电压基本无波动,测试波形如图11.13所示。中压侧母线电压跌落至13.3kV,直流变压器闭锁等待电压恢复,电压稳定后20ms内恢复正常输出,测试波形如图11.14所示。

5. 中压故障隔离试验

中压侧发生极间短路时,如果不加控制,子模块中压侧端口电压会短时间内向中压侧母线放电,导致较大的短路电流和模块电容的失电。中压故障隔离就是首先在极短时间内将模块IGBT闭锁,阻断放电回路,从而降低放电电流和保持模块电容电压,其次等待短路故障清除后进行快速重启,恢复到稳定运行状态。

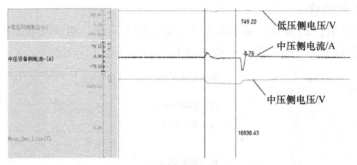

a) 录波数据

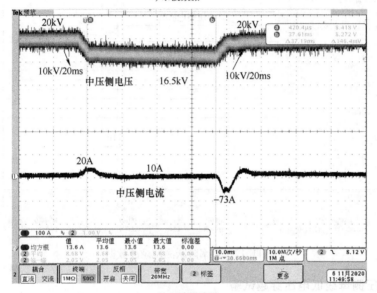

b) 示波器波形

图 11.13   电压暂降 0.2pu 测试结果

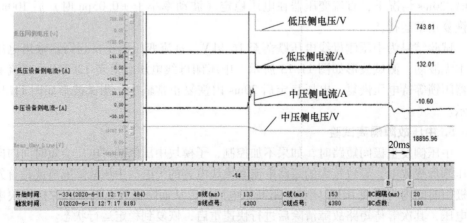

图 11.14   电压暂降 0.4pu 录波数据

试验要求为故障闭锁时间小于1ms，注入浪涌电流小于450A，并在故障切除后快速并网，20ms内达到稳定运行状态。而试验结果为故障闭锁时间小于200μs，注入浪涌电流小于350A，故障清除后14ms内达到稳定运行状态，试验波形如图11.15所示。中压侧发生极间短路后，中压侧电流几乎垂直上升，约200μs后检测到故障并闭锁所有IGBT模块，则低压侧电压和电流随着都下降到零，此后直流电抗器通过开关电容半桥IGBT的反并联二极管续流并逐渐衰减到零，故障清除（B点）后到低压侧恢复稳定输出电压（C点）耗时14ms。

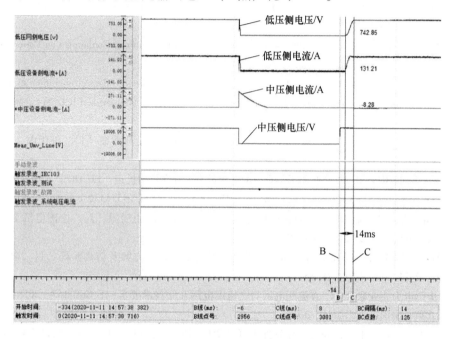

图11.15 中压侧短路故障隔离测试录波数据

11.6 本章小结

本章设计并研制了一种开关电容型ISOP直流变压器，通过在每个子模块电容前并联额外的半桥模块以避免各子模块电容直接串联，在中压短路故障工况下可实现直流变压器与故障点快速隔离，此外，该半桥模块还可实现SRDAB变换器模块的电压匹配，保证较高的运行效率。本章针对±10kV/750V/2MW应用背景，详细阐述了其参数设计、器件选取与控制方案，并构建了相应的直流变压器样机，完成了正常运行与故障工况的性能测试，最终研制的直流变压器已在某地现场应用。

参 考 文 献

[1] 中华人民共和国国家发展和改革委员会. "十四五"循环经济发展规划 [Z]. 2021-07-01.

[2] 中国电力企业联合会. 中国电力行业年度发展报告 2021 [Z]. 2021-07-08.

[3] Huang A Q, Crow M L, Heydt G T, et al. The future renewable electric energy delivery and management (FREEDM) system: The energy internet [J]. Proceedings of the IEEE, 2011, 99 (1): 133-148.

[4] Hirose K. DC power demonstrations in Japan [C]// 8th International Conference on Power Electronics-ECCE Asia, Jeju, Korea, 2011: 242-247.

[5] Cho J, Kim H, Cho K, et al. Demonstration of a DC microgrid with central operation strategies on an island [C]// IEEE Third International Conference on DC Microgrids (ICDCM), Matsue, Japan, 2019: 1-5.

[6] 徐玉韬, 谈竹奎, 郭力, 等. 贵州电网柔性直流配电系统设计方案 [J]. 供用电, 2018, 35 (1): 34-39.

[7] 国家电网有限公司. 首个智能柔性直流配电网示范工程在杭州投运 [EB/OL]. (2018-09-04) [2022-08-31]. http://www.sasac.gov.cn/n2588025/n2588124/c9534332/content.html.

[8] 曾嵘, 赵宇明, 赵彪, 等. 直流配用电关键技术研究与应用展望 [J]. 中国电机工程学报, 2018, 38 (23): 6790-6801.

[9] 苏麟, 朱鹏飞, 闫安心, 等. 苏州中压直流配电工程设计方案及仿真验证 [J]. 中国电力, 2021, 54 (01): 78-88.

[10] 中国电力企业联合会. 直流配电网与交流配电网互联技术要求: T/CEC 167—2018 [S]. 北京: 中国电力出版社, 2018.

[11] 赵彪, 安峰, 宋强, 等. 双有源桥式直流变压器发展与应用 [J]. 中国电机工程学报, 2021, 41 (1): 288-298+418.

[12] Shenoy J N, Cooper J A, Melloch M R. High-voltage double-implanted power MOSFET's in 6H-SiC [J]. IEEE Electron Device Letters, 1997, 18 (2): 93-95.

[13] Ryu S H, Agarwal A K, Krishnaswami S, et al. Development of 10kV 4H-SiC power DMOS-FETs [J]. Materials Science Forum, 2004, 457-460: 1385-1388.

[14] Mrinal K D, Capell C, David E G, et al. 10kV, 120A SiC half H-bridge power MOSFET modules suitable for high frequency, medium voltage applications [C]// IEEE Energy Conversion Congress and Exposition, Phoenix, AZ, 2011: 2689-2692.

[15] Andrew N L, Ryan C G, Roshan L K, et al. Characterization and modeling of 10-kV silicon carbide modules for naval applications [J]. IEEE Journal of Emerging and Selected Topics in Power Electronics, 2017, 5 (1): 309-322.

[16] Jeffrey B C, Vipindas P, Daniel J L, et al. New generation 10kV SiC power MOSFET and diodesfor industrial applications [C]// Proceedings of PCIM Europe, Nuremberg, Germany, 2015: 96-103.

[17] Wijenayake A H, McNutt T, Olejniczak K J. Next-generation MVDC architecture based on 6. 5kV/200A, 12.5mΩ SiC H-bridge and 10kV/240A, 20mΩ SiC dual power modules [C]// IEEE Electric Ship Technologies Symposium (ESTS), VA, USA, 2017: 598-604.

[18] 李成敏. 大容量 SiC MOSFET 串联关键技术研究 [D]. 杭州: 浙江大学, 2020.

[19] Luciano F S A, Pierre L, Pierre O J, et al. Analysis of the multi-steps package (MSP) for series-connected SiC-MOSFETs [J]. Electronics, 2020, 9 (9): 1341.

[20] 范镇淇, 侯凯, 李伟邦. IGBT 串联阀吸收电路的研究 [J]. 电气传动, 2013, 43 (7): 72-76.

[21] Sasagawa K, Abe Y, Matsuse K. Voltage balancing method for IGBTs connected in series [C]// Conference Record of the 2002 IEEE Industry Applications Conference. 37th IAS Annual Meeting, PITTSBURGH, PA, 2002: 2597-2602.

[22] Zhang F, Yang X, Ren Y, et al. A hybrid active gate drive for switching loss reduction and voltage balancing of series-connected IGBTs [J]. IEEE Transactions on Power Electronics, 2017, 32 (10): 7469-7481.

[23] Wang Y, Palmer P R, Bryant A T, et al. An analysis of high-power IGBT switching under cascade active voltage control [J]. IEEE Transactions on Industry Applications, 2009, 45 (2): 861-870.

[24] Pablo B, Javier C Z, Jonathan N. Turn-off delay compensation of series-connected IGBTs for HVDC applications [J]. IEEE Transactions on Power Electronics, 35 (11): 11294-11298.

[25] Teerakawanich N, Johnson C M. Design optimization of quasi-active gate control for series-connected power devices [J]. IEEE Transactions on Power Electronics, 2014, 29 (6): 2705-2714.

[26] Yang C, Wang L, Zhu M, Yu L. A cost-effective series-connected gate drive circuit for SiC MOSFET [C]// IEEE 10th International Symposium on Power Electronics for Distributed Generation Systems (PEDG), Xi'an, China, 2019: 19-23.

[27] Marzoughi A, Burgos R, Boroyevich D. Active gate-driver with dv/dt controller for dynamic voltage balancing in series-connected SiC MOSFETs [J]. IEEE Transactions on Industrial Electronics, 2019, 66 (4): 2488-2498.

[28] Wang T, Lin H, Liu S. An active voltage balancing control based on adjusting driving signal time delay for series-connected SiC MOSFETs [J]. IEEE Journal of Emerging and Selected Topics in Power Electronics, 2020, 8 (1): 454-464.

[29] Aggeler D, Biela J, Kolar J W. A compact, high voltage 25kW, 50kHz DC-DC converter based on SiC JFETs [C]// Annual IEEE Applied Power Electronics Conference and Exposition (APEC), Austin, TX, USA, 2008: 801-807.

[30] Song X, Huang A Q, Sen S, et al. 15-kV/40-A FREEDM supercascode: A cost-effective SiC high-voltage and high-frequency power switch [J]. IEEE Transactions on Industry Applications, 2017, 53 (6): 5715-5727.

[31] Tripathi A, Madhusoodhanan S, Vechalapu K M K, et al. Enabling DC microgrids with direct MV DC interfacing DAB converter based on 15kV SiC IGBT and 15kV SiC MOSFET [C]// 2016 IEEE Energy Conversion Congress and Exposition (ECCE), WI, USA, 2016: 1-6.

[32] Wang L, Zhu Q, Yu W, Huang A Q. A medium-voltage medium-frequency isolated DC-DCconverter based on 15-kV SiC MOSFETs [J]. IEEE Journal of Emerging and Selected Topics in Power Electronics, 2017, 5 (1): 100-109.

[33] Rothmund D, Guillod T, Dominik Bortis, Kolar J W. 99% efficient 10kV SiC-based 7kV/400V DC transformer for future data centers [J]. IEEE Journal of Emerging and Selected Topics in Power Electronics, 2019, 7 (2): 753-767.

[34] Parashar S, Kumar A, Kolli N, et al. Medium voltage bidirectional DC-DC isolator using series connected 10kV SiC MOSFETs [C]// 2020 IEEE Applied Power Electronics Conference and Exposition (APEC), LA, USA, 2020: 3102-3109.

[35] Anurag A, Acharya S, Bhattacharya S, et al. A Gen-3 10kV SiC MOSFETs based medium voltage three-phase dual active bridge converter enabling a mobile utility support equipment solid state transformer (MUSE-SST) [J]. IEEE Journal of Emerging and Selected Topics in Power Electronics, 2022, 10 (2): 1519-1536.

[36] Lu Z, Li C, Zhu A. Medium voltage soft-switching DC/DC converter with series-connected SiC MOSFETs [J]. IEEE Transactions on Power Electronics, 2021, 36 (2): 1451-1462.

[37] Cui B, Shi H, Sun Q, et al. A Novel Analysis, Design and optimal methodology of high-frequency oscillation for dual active bridge converters with WBG switching devices and nanocrystalline transformer cores [J]. IEEE Transactions on Power Electronics, 2021, 36 (7): 7665-7678.

[38] Kenzelmann S, Rufer A, Dujic D, et al. A versatile DC/DC converter based on modular multilevel converter for energy collection and distribution [C]// IET Conference on Renewable Power Generation, Edinburgh, UK, 2011: 1-6.

[39] KenzelmannS, Rufer A, Dujic D, et al. Isolated DC/DC structure based on modular multilevel converter [J]. IEEE Transactions on Power Electronics, 2015, 30 (1): 89-98.

[40] Gowaid I A, Adam G P, Ahmed S, et al. Analysis and design of a modular multilevel converter with trapezoidal modulation for medium and high voltage dc-dc transformers [J]. IEEE Transactions on Power Electronics, 2015, 30 (10): 5439-5457.

[41] Zhang J, Wang Z, Shao S. A Three-phase modular multilevel DC-DC converter for power electronic transformer applications [J]. IEEE Journal of Emerging and Selected Topics in Power Electronics, 2017, 5 (1): 140-150.

[42] Lüth T, Merlin M M C, Green T C, et al. High-frequency operation of a DC/AC/DC system for HVDC applications [J]. IEEE Transactions on Power Electronics, 2014, 29 (8): 4107-4115.

[43] Gowaid I A, Adam G P, Massoud A M, et al. Hybrid and modular multilevel converter designs for isolated HVDC-DC converters [J]. IEEE Journal of Emerging and Selected Topics in Power Electronics, 2018, 6 (1): 188-202.

[44] Li R, Chen W, Shao S, et al. A novel hybrid DC transformer combining modular multilevel converter structure and series-connected semiconductor switches [J]. IEEE Transactions on Power Electronics, 2022, 37 (5): 5669-5713.

[45] Lüth T, Merlin M M C, Green T C. Modular multilevel DC/DC converter architectures for HVDC taps [C]// 16th European Conference on Power Electronics and Applications, Lappeen-

ranta, Finland, 2014: 1 -10.

[46] Chen Y, Zhao S, Li Z, et al. Modeling and control of the isolated DC-DC modular multilevel converter for electric ship medium voltage direct current power system [J]. IEEE Journal ofEmerging and Selected Topics in Power Electronics, 2017, 5 (1): 124 -139.

[47] Shao S, Li Y, Sheng J, et al. A modular multilevel resonant DC-DC converter [J]. IEEE Transactions on Power Electronics, 2020, 35 (8): 7921 -7932.

[48] Xiang X, Zhang X, Chaffey G P, Green T C. An isolated resonant mode modular converter with flexible modulation and variety of configurations for MVDC application [J]. IEEE Transactions on Power Delivery, 2018, 33 (1): 508 -519.

[49] Xiang X, Gu Y, Qiao Y, et al. Resonant modular multilevel DC-DC converters for both high and low step-ratio connections in MVDC distribution systems [J]. IEEE Transactions on Power Electronics, 2021, 36 (7): 7625 -7640.

[50] Parida N, Das A. Modular multilevel DC-DC power converter topology with intermediate medium frequency AC stage for HVDC tapping [J]. IEEE Transactions on Power Electronics, 2021, 36 (3): 2783 -2792.

[51] Zhao C, Lei M, Li Z, et al. A novel modular DC-DC converter based on high-frequency-link for MVDC distribution application [C]// 20th European Conference on Power Electronics and Applications (EPE'18 ECCE Europe), Riga, Latvia, 2018: P. 1 -P. 9.

[52] 陈武，姚金杰，舒良才，等. 一种直流变压器拓扑及其控制方法：ZL202011295664. 7 [P]. 2020 -11 -18.

[53] Merlin M M C, Green T C, Mitcheson P D, et al. The alternate arm converter: A new hybrid multilevel converter with dc-fault blocking capability [J]. IEEE Transactions on Power Delivery, 2014, 29 (1): 310 -317.

[54] De Doncker R W A A, Divan D M, Kheraluwala M H. A three-phase soft-switched high-power-density DC/DC converter for high-power applications [J]. IEEE Transactions on Industry Applications, 1991, 27 (1): 63 -73.

[55] Feldman R, Tomasini M, Amankwah E, et al. A hybrid modular multilevel voltage source converter for HVDC power transmission [J]. IEEE Transactions on Industry Applications, 2013, 49 (4): 1577 -1588.

[56] Meshram P M, Borghate V B. A simplified nearest level control (NLC) voltage balancing method for modular multilevel converter (MMC) [J]. IEEE Transactions on Power Electronics, 2015, 30 (1): 450 -462.

[57] Liu H, Zhang C, Xu L, et al. Voltage balancing control strategy for MMC based on NLM algorithm [C]// 14th IEEE Conference on Industrial Electronics and Applications (ICIEA), Xi'an, China, 2019: 1075 -1079.

[58] 白志红，周玉虎. 模块化多电平换流器的载波层叠脉宽调制策略分析与改进 [J]. 电力系统自动化, 2018, 42 (21): 139 -144.

[59] Deng F, Yu Q, Wang Q, et al. Suppression of DC-link current ripple for modular multilevel converters under phase-disposition PWM [J]. IEEE Transactions on Power Electronics, 2020,

35（3）：3310-3324.

[60] 赵昕，赵成勇，李广凯，等. 采用载波移相技术的模块化多电平换流器电容电压平衡控制[J]. 中国电机工程学报，2011，31（21）：48-55.

[61] Tu Q, Xu Z, Xu L. Reduced switching-frequency modulation and circulating current suppression for modular multilevel converters [J]. IEEE Transactions on Power Delivery, 2011, 26（3）：2009-2017.

[62] Hagiwara M, Akagi H. Control and experiment of pulsewidth-modulated modular multilevel converters [J]. IEEE Transactions on Power Electronics, 2009, 24（7）：1737-1746.

[63] Mo R, Li H, Shi Y. A phase-shifted square wave modulation（PS-SWM）for modular multilevel converter（MMC）and DC transformer for medium voltage applications [J]. IEEE Transactions on Power Electronics, 2019, 34（7）：6004-6008.

[64] Liu X, Wang Y, Zhu J, et al. Calculation of capacitance in high-frequency transformer windings [J]. IEEE Transactions on Magnetics, 2016, 52（7）：1-4.

[65] Gowaid I A, Adam G P, Massoud A M, et al. Quasi two-level operation of modular multilevel converter for use in a high-power DC transformer with DC fault isolation capability, [J]. IEEE Transactions on Power Electronics, 2015, 30（1）：108-123.

[66] Xing Z, Ruan X, You H, et al. Soft-switching operation of isolated modular DC/DC converters for application in HVDC grids [J]. IEEE Transactions on Power Electronics, 2016, 31（4）：2753-2766.

[67] De Doncker R W A A, Kheraluwala M H, Divan D M. Power conversion apparatus for dc/dc conversion using dual active bridges：US 5027264 [P].

[68] Bai H, Mi C. Eliminate reactive power and increase system efficiency of isolated bidirectional dual-active-bridge DC-DC converters using novel dual-phase-shift control [J]. IEEE Transactions on Power Electronics, 2008, 23（6）：2905-2914.

[69] Zhao B, Song Q, Liu W. Power Characterization of isolated bidirectional dual-active-bridge DC-DC converter with dual-phase-shift control [J]. IEEE Transactions on Power Electronics, 2012, 27（9）：4172-4176.

[70] Wang Y, Song Q, Zhao B, et al. Quasi-square-wave modulation of modular multilevel high-frequency DC converter for medium-voltage DC distribution application [J]. IEEE Transactions on Power Electronics, 2018, 33（9）：7480-7495.

[71] Pineda C, Pereda J, Rojas E, et al. Asymmetrical triangular current mode（ATCM）for bidirectional high step ratio modular multilevel DC-DC converter [J]. IEEE Transactions on Power Electronics, 2020, 35（7）：6906-6915.

[72] Zheng G, Chen Y, Kang Y. Trapezoidal current modulation for a compact DC modular multilevel converter with ZVS of submodules and ZCS of voltage-balancing circuits [J]. IEEE Transactions on Power Electronics, 2021, 36（10）：10986-10992.

[73] Sun C, Zhang J, Cai X, Shi G. Analysis and arm voltage control of isolated modular multilevel dc-dc converter with asymmetric branch impedance [J]. IEEE Transactions on Power Electronics, 2017, 32（8）：5978-5990.

［74］ Sun C, Zhang J, Xu C, et al. Voltage balancing control of isolated modular multilevel dc-dc converter for use in dc grids with zero voltage switching ［J］. IET Power Electronics, 2016, 9 （2）: 270-280.

［75］ Shao S, Jiang M, Zhang J, Wu X. A capacitor voltage balancing method for a modular multi-level DC transformer for DC distribution system ［J］. IEEE Transactions on Power Electronics, 2018, 33 （4）: 3002-3011.

［76］ Zheng T, Gao C, Liu X, et al. A novel high-voltage DC transformer based on diode-clamped modular multilevel converters with voltage self-balancing capability ［J］. IEEE Transactions on Industrial Electronics, 2020, 67 （12）: 10304-10314.

［77］ Gao C, Lv J. A new parallel-connected diode-clamped modular multilevel converter with voltage self-balancing ［J］. IEEE Transactions on Power Delivery, 2017, 32 （2）: 1616-1625.

［78］ Sun C, Zhang J, Cai X, Shi G. Analysis and arm voltage control of isolated modular multilevel DC-DC converter with asymmetric branch impedance ［J］. IEEE Transactions on Power Electronics, 2017, 32 （8）: 5978-5990.

［79］ 刘瑞煌，杨景刚，贾勇勇，等. 中压直流配电网中直流变压器工程化应用 ［J］. 电力系统自动化，2019，43 （23）: 131-140.

［80］ Jain A K, Ayyanar R. PWM control of dual active bridge: Comprehensive analysis and experimental verification ［J］. IEEE transactions on power electronics, 2010, 26 （4）: 1215-1227.

［81］ Zhao B, Yu Q, SunW. Extended-phase-shift control of isolated bidirectional DC-DC converter for power distribution in microgrid ［J］. IEEE Transactions on power electronics, 2011, 27 （11）: 4667-4680.

［82］ Wu K, Clarence W d S, William G D. Stability analysis of isolated bidirectional dual active full-bridge DC-DC converter with triple phase-shift control ［J］. IEEE Transactions on Power Electronics, 2012, 27 （4）: 2007-2017.

［83］ Choi W, Rho K M, Cho B H. Fundamental duty modulation of dual-active-bridge converter for wide-range operation ［J］. IEEE Transactions on Power Electronics, 2015, 31 （6）: 4048-4064.

［84］ Guo Z. Modulation scheme of dual active bridge converter for seamless transitions in multiworking modes compromising ZVS and conduction loss ［J］. IEEE Transactions on Industrial Electronics, 2020, 67 （9）: 7399-7409.

［85］ Huang J, Wang Y, Li Z. Unified triple-phase-shift control to minimize current stress and a-chieve full soft-switching of isolated bidirectional DC-DC converter ［J］. IEEE Transactions on Industrial Electronics, 2016, 63 （7）: 4169-4179.

［86］ Zhao B, Song Q, Liu W. Current-stress-optimized switching strategy of isolated bidirectional DC-DC converter with dual-phase-shift control ［J］. IEEE Transactions on Industrial Electronics, 2012, 60 （10）: 4458-4467.

［87］ Amit K B, Batarseh I. Optimum hybrid modulation for improvement of efficiency over wide operating range for triple-phase-shift dual-active-bridge converter ［J］. IEEE Transactions on Power Electronics, 2020, 35 （5）: 4804-4818.

［88］ Shi H, Wen H, Chen J, et al. Minimum-backflow-power scheme of DAB-based solid-state transformer with extended-phase-shift control [J]. IEEE Transactions on Industry Applications, 2018, 54 (4): 3483-3496.

[89] Shi H, Wen H, Hu Y, et al. Reactive power minimization in bidirectional DC-DC converters usinga unified-phasor-based particle swarm optimization [J]. IEEE Transactions on Power Electronics, 2018, 33 (12): 10990-10996.

[90] Zhao B, Song Q, Liu W. Efficiency characterization and optimization of isolated bidirectional DC-DC converter based on dual-phase-shift control for DC distribution application [J]. IEEE Transactions on Power Electronics, 2012, 28 (4): 1711-1727.

[91] Chen G, Xu D, Lee Y S. A family of soft-switching phase-shift bidirectional DC-DC converters: synthesis, analysis, and experiment [C]// IEEE Proceedings of the Power Conversion Conference-Osaka, 2002: 122-127.

[92] Li H, Peng F, Lawler J S. A natural ZVS medium-power bidirectional DC-DC converter with minimum number of devices [J]. IEEE Transactions on Industry Applications, 2003, 39 (2): 525-535.

[93] 顾亦磊, 吕征宇, 钱照明. 一种新颖的三电平软开关谐振型 DC/DC 变换器 [J]. 中国电机工程学报, 2004, 24 (8): 24-28.

[94] Ruan X, Li B, Chen Qi, et al. Fundamental considerations of three-level DC-DC converters: Topologies, analyses, and control [J]. IEEE Transactions on Circuits and Systems I: Regular Papers, 2008, 55 (11): 3733-3743.

[95] Thomas S, De Doncker R W A A, Lenke R. Bidirectional dc-dc converter: US. 9148065 [P]. 2015-9-29.

[96] Filba-Martinez A, Busquets-Monge S, Nicolas-Apruzzese J, et al. Operating principle and performance optimization of a Three-Level NPC dual-active-bridge DC-DC converter [J]. IEEE Transactions on Industrial Electronics, 2016, 63 (2): 678-690.

[97] Liu P, Chen C, DUAN Shanxu. An optimized modulation strategy for the Three-level DAB converter with five control degrees of freedom [J]. IEEE Transactions on Industrial Electronics, 67 (1): 254-264.

[98] Jimichi T, Kaymak M, De Doncker R W. Comparison of single-phase and three-phase dual-active bridge DC-DC converters with various semiconductor devices for offshore wind turbines [C]// 2017 IEEE 3rd International Future Energy Electronics Conference and ECCE Asia, Kaohsiung, China, 2017: 591-596.

[99] Su G, Tang L. A Three-phase bidirectional DC-DC converter for automotive applications [C]// 2008 IEEE Industry Applications Society Annual Meeting, Edmonton, Canada, 2008: 1-7.

[100] Cúnico L M, Alves Z M, Kirsten A L. Efficiency-optimized modulation scheme for three-phase dual-active-bridge DC-DC converter [J]. IEEE Transactions on Industrial Electronics, 2021, 68 (7): 5955-5965.

[101] Huang J, Li Z, Shi L, et al. Optimized modulation and dynamic control of a three-phase dual active bridge converter with variable duty cycles [J]. IEEE Transactions on Power Electronics, 2019, 34 (3): 2856-2873.

[102] Pledl G, Tauer M, Buecherl D. Theory of operation, design procedure and simulation of abidirectional LLC resonant converter for vehicular applications [C]// 2010 IEEE Vehicle Power and Propulsion Conference, Lille, France, 2010: 1-5.

[103] Hillers A, Christen D, Biela J. Design of a highly efficient bidirectional isolated LLC resonant converter [C]// 2012 15th International Power Electronics and Motion Control Conference, Novi Sad, Serbia, 2012: DS2b. 13-1-DS2b. 13-8.

[104] Zhang J, Liu J, Yang J, et al. An LLC-LC type bidirectional control strategy for an LLC resonant converter in power electronic traction transformer [J]. IEEE Transactions on Industrial Electronics, 2018, 65 (11): 8595-8604.

[105] Jiang T, Zhang J, Wu X, et al. A bidirectional LLC resonant converter with automatic forward and backward mode transition [J]. IEEE Transactions on Power Electronics, 2015, 30 (2): 757-770.

[106] 陈启超, 纪延超, 王建赜. 双向 CLLLC 谐振型直流变压器的分析与设计 [J]. 中国电机工程学报, 2014, 34 (18): 2898-2905.

[107] Jung J, Kim H, Ryu M, Baek J. Design methodology of bidirectional CLLC resonant converter for high-frequency isolation of DC distribution systems [J]. IEEE Transactions on Power Electronics, 2013, 28 (4): 1741-1755.

[108] Fan H, Li H. A distributed control of input-series-output-parallel bidirectional dc-dc converter modules applied for 20kVA solid state transformer [C]// Twenty-Sixth Annual IEEE Applied Power Electronics Conference and Exposition, TX, USA, 2011: 939-945.

[109] Bento Bottion A J, Barbi I. Series-series association of two dual active bridge (DAB) converters [C]// IEEE International Conference on Industrial Technology (ICIT), Seville, Spain, 2015: 1161-1166.

[110] Ma D, Chen W, Ruan X. A review of voltage/current sharing techniques for series-parallel-connected modular power conversion systems [J]. IEEE Transactions on Power Electronics, 2020, 35 (11): 12383-12400.

[111] Sha D, Guo Z, Liao X. Cross-Feedback Output-current-sharing control for input-series-output-parallel modular DC-DC converters [J]. IEEE Transactions on Power Electronics, 2010, 25 (11): 2762-2771.

[112] Qu L, Zhang D, Bao Z. Output current-differential control scheme for input-series-output-parallel connected modular DC-DC converters [J]. IEEE Transactions on Power Electronics, 2017, 32 (7): 5699-5711.

[113] Luo C, Huang S. Novel Voltage Balancing control strategy for dual-active-bridge input-series-output-parallel DC-DC converters [J]. IEEE Access, 2020, 8: 103114-103123.

[114] Kucka J, Dujic D. Smooth power direction transition of a bidirectional LLC resonant converter for DC transformer applications [J]. IEEE Transactions on Power Electronics, 2021, 36 (6): 6265-6275.

[115] Guillod T, Rothmund D, Kolar J W. Active magnetizing current splitting ZVS modulation of a 7kV/400V DC transformer [J]. IEEE Transactions on Power Electronics, 2020, 35 (2):

1293 - 1305.

[116] Dujic D, Zhao C, Mester A, et al. Power electronic traction transformer-low voltageprototype [J]. IEEE Transactions on Power Electronics, 2013, 28 (12): 5522-5534.

[117] Sun Y, Gao Z, Fu C, et al. A hybrid modular DC solid-state transformer combining high efficiency and control flexibility [J]. IEEE Transactions on Power Electronics, 2020, 35 (4): 3434-3449.

[118] Yao J, Chen W, Xue C, et al. An ISOP hybrid DC transformer combining multiple SRCs and DAB converters to interconnect MVDC and LVDC distribution networks [J]. IEEE Transactions on Power Electronics, 2020, 35 (11): 11442-11452.

[119] Zhao B, Song Q, Li J, et al. High-frequency-link DC transformer based on switched capacitor for medium-voltage DC power distribution application [J]. IEEE Transactions on Power Electronics, 2016, 31 (7): 4766-4777.

[120] Wang Y, Song Q, Sun Q, et al. Multilevel MVDC link strategy of high-frequency-link dc transformer based on switched capacitor for MVDC power distribution [J]. IEEE Transactions on Industrial Electronics, 2017, 64 (4): 2829-2835.

[121] Song Q, Zhao B, Li J, et al. An improved DC solid state transformer based on switched capacitor and multiple-phase-shift shoot-through modulation for integration of LVDC energy storage system and MVDC distribution grid [J]. IEEE Transactions on Industrial Electronics, 2018, 65 (8): 6719-6729.

[122] Chen W, Fu X, et al. Indirect input-series output-parallel DC-DC full bridge converter system based on asymmetric pulsewidth modulation control strategy [J]. IEEE Transactions on Power Electronics, 2019, 34 (4): 3164-3177.

[123] Zhao B, Li X, Wei Y, et al. Modular hybrid-full-bridge DC transformer with full-process matching switching strategy for MVDC power distribution application [J]. IEEE Transactions on Industrial Electronics, 2020, 67 (5): 3317-3328.

[124] Zhang J, Liu J, Yang J, et al. A modified DC power electronic transformer based on series connection of full-bridge converters [J]. IEEE Transactions on Power Electronics, 2019, 34 (3): 2119-2133.

[125] Zhang J, Liu J, Zhong S, et al. A power electronic traction transformer configuration with low-voltage IGBTs for onboard traction application [J]. IEEE Transactions on Power Electronics, 2019, 34 (9): 8453-8467.

[126] Huber J E, Kolar J W. Optimum number of cascaded cells for high-power medium-voltage AC-DC converters [J]. IEEE Journal of Emerging & Selected Topics in Power Electronics, 2017, 5 (1): 213-232.

[127] Costa L F, Hoffmann F, Buticchi G, et al. Comparative analysis of multiple active bridge converters configurations in modular smart transformer [J]. IEEE Transactions on Industrial Electronics, 2019, 66 (1): 191-202.

[128] Wandre P, Flemalle T, Liege F, Wandre F. Dual bridge DC/DC power converter: US 0191258 [P].

［129］ Xue J, Wang F, Boroyevich D, Shen Z. Single-phase vs. three-phase high density power transformers ［C］// IEEE Energy Conversion Congress and Exposition, Atlanta, GA, 2010: 4368-4375.

［130］ Shi H, Wen H, Hu Y, Jiang L. Reactive power minimization in bidirectional DC-DC converters using a unified-phasor-based particle swarm optimization ［J］. IEEE Transactions on Power Electronics, 2018, 33 (12): 10990-11006.

［131］ Cúnico L M, Alves Z M, Kirsten A L. Efficiency-optimized modulation scheme for three-phase dual-active-bridge DC-DC converter ［J］. IEEE Transactions on Industrial Electronics, 2021, 68 (5): 5955-5965.

［132］ Anh D N, Huang-Jen C, Lin J, et al. Efficiency optimisation of ZVS isolated bidirectional DAB converters ［J］. IET Power Electronics, 2018, 11 (8): 1499-1506.

［133］ Huang J, Li Z, Shi L, et al. Optimized modulation and dynamic control of a three-phase dual active bridge converter with variable duty cycles ［J］. IEEE Transactions on Power Electronics, 2019, 34 (3): 2856-2873.

［134］ Guo Z, Yu R, Xu W, et al. Design and optimization of a 200-kW medium-frequency transformer for medium-voltage SiC PV inverters ［J］. IEEE Transactions on Power Electronics, 2021, 36 (9): 10548-10560.

［135］ Tourkhani F, Viarouge P. Accurate analytical model of winding losses in round litz wire windings ［J］. IEEE Transactions on Magnetics, 2001, 37 (1): 538-543.

［136］ Steinmetz Chas P. On the law of hysteresis ［J］. Proceedings of the IEEE, 1984, 72 (2): 196-221.

［137］ 张珂. 能量路由器中大功率高频变压器建模与设计 ［D］. 南京: 东南大学, 2020.

［138］ Venkatachalam K, Sullivan C R, Abdallah T, Tacca H. Accurate prediction of ferrite core loss with nonsinusoidal waveforms using only Steinmetz parameters ［C］// IEEE Workshop on Computers in Power Electronics, Mayaguez, USA, 2002: 36-41.

［139］ Baars N H, Everts Wijnands J C G E, Lomonova E A. Performance evaluation of a three-phase dual active bridge DC-DC converter with different transformer winding configurations ［J］. IEEE Transactions on Power Electronics, 2016, 31 (10): 6814-6823.

［140］ Zhang K, Chen W, Cao X, et al. Accurate calculation and sensitivity analysis of leakage inductance of high-frequency transformer with litz wire winding ［J］. 2020, 35 (4): 3951-3962.

［141］ Huber J, Ortiz G, Krismer F, et al. η-ρ Pareto optimization of bidirectional half-cycle discontinuous-conduction-mode series-resonant DC/DC converter with fixed voltage transfer ratio ［C］// 2013 Twenty-Eighth Annual IEEE Applied Power Electronics Conference and Exposition (APEC), CA, USA, 2013: 1413-1420.